hyperMILL 数控加工案例教程

主　编　易守华　王　群　田万一
副主编　朱胜昔　周少良　徐光辉
杨　林　张晨亮

北京理工大学出版社
BEIJING INSTITUTE OF TECHNOLOGY PRESS

内 容 简 介

本书以实例的形式介绍了 hyperMILL 软件进行工作的方式、方法，包括工作界面的设置、2D 线框造型、3D 实体造型、2D 零件加工、3D 零件加工、五轴零件加工等。实例采用了官方培训案例和技能竞赛试题，具有代表性和实用性，并大量采用图形，以文配图，使学习者能更清晰地进行学习和模仿制作，完成每个任务。

本书可作为本科院校、中高职业院校及技工院校的教材，也可作为从事数控加工的技术人员的参考书。

图书在版编目（CIP）数据

hyperMILL数控加工案例教程 / 易守华，王群，田万一主编. -- 北京：北京理工大学出版社, 2021.5

ISBN 978-7-5682-9815-5

Ⅰ. ①h… Ⅱ. ①易… ②王… ③田… Ⅲ. ①数控机床－加工－计算机辅助设计－应用软件－教材 Ⅳ. ①TG659.022

中国版本图书馆CIP数据核字（2021）第086944号

出版发行 / 北京理工大学出版社有限责任公司
社　　址 / 北京市海淀区中关村南大街5号
邮　　编 / 100081
电　　话 / （010）68914775（总编室）
（010）82562903（教材售后服务热线）
（010）68944723（其他图书服务热线）
网　　址 / http://www.bitpress.com.cn
经　　销 / 全国各地新华书店
印　　刷 / 定州市新华印刷有限公司
开　　本 / 889毫米×1194毫米　1/16
印　　张 / 11
字　　数 / 311千字
版　　次 / 2021年5月第1版　2021年5月第1次印刷
定　　价 / 47.00元

责任编辑 / 陆世立
文案编辑 / 陆世立
责任校对 / 周瑞红
责任印制 / 边心超

序

生产制造技术是所有产业的根本支柱，是评价该国产业技术的最佳途径。我国提出了中国制造 2025 国家战略，全面推动中国制造大国向中国制造强国转变，提升加快中国速度向中国质量转变，优先发展先进的高端装备制造业，同时提出人才强国战略，人力资源带来的技术力量是比什么都重要，这就迫切需要加快培养大批技术精湛的高素质高水平技能人才。

数控加工技术是现代生产制造技术的重要组成部分，特别是以五轴加工为代表的多轴精密加工技术在数控技术应用中难度大、技术含量非常高，也是企业实际生产中高端制造能力的标志之一。随着智能制造工业 4.0 的迅猛发展，其核心信息化技术和数控加工技术朝着智能化、易学易用的方向发展。体现在数控机床的操作上是越来越简单，最终将实现无人值守，人工被机器人所代替，如今的制造技术已经从以 CNC 中心转到以 CAM 中心。产品的质量和加工效率更多地取决于制造工艺的先进和优化，生产技术人员更多的精力是专注于精细化工艺的研究和开发。职业院校学生走向企业的技术岗位，首先要对当前世界先进的制造工艺有所了解或掌握，熟悉制造工艺知识、制造工艺技巧和制造工艺经验，而不是局限于掌握操作机床设备等低端技术含量的熟练工作。

五轴数控加工技术越来越在实际生产中体现出其工艺制造的优越性。原来三轴加工工艺改换成五轴加工工艺后，产品的质量和加工效率都得到极大的改善和提高，同时加工刀具的损耗也大大较低，五轴数控加工势必在今后的企业生产中应用越来越普及。为促进产业转型升级，加快经济发展方式的转变，发展数控多轴加工工艺开发和研究，培养专业技术人才和推广相关技术与工艺是顺应新兴产业的发展趋势的一个必然选择，也有利于构筑低碳经济，助推“两型”社会建设。

hyperMILL 软件是拥有 26 年专业经验的德国 OPEN MIND 公司开发的集成化五轴编程 CAM 软件。目前所提供的产品是完全整合 hyperCAD-S 的 hyperMILL 集成化 CAM/CAD 解决方案。也可依使用者的需求，提供多样化的集成选择 For SolidWorks 和 For Autodek Inventor。用户可以在熟悉的 CAD 界面里直接进行 NC 编程，统一的数据模型和界面，方便直接完成从设计到制造的全部工作。

OPEN MIND 公司推出的整套高性能 CAM 解决方案，通过 hyperMILL® 可完美精确地对 2D、3D、5 轴铣削 / 车削任务进行编程。同时，在同一界面环境下使用灵活的 2 轴、3 轴和 5 轴增材加工策略，实现增减复合加工编程。

26 年来，OPEN MIND 公司一直是全球多轴数控加工技术的引领者，创新的 hyperMILL® 加工方法已成为所有行业的基准，也是独立于数控机床和数控控制系统编程之外的最受欢迎的解决方案。专业的加工策略，易学易用，即使复杂的 5 轴工单也可像 3 轴操作一样轻松执行。

hyperMILL 最新的开发亮点之一是 hyperMILL® MAXX Machining 高性能套件，其包含三个创新的钻孔、粗加工和精加工模块。OPEN MIND 公司在锥形圆桶刀开发方面也首屈一指，实现了高性能精加工。这种高端刀具与 OPEN MIND 公司的创新加工策略相结合，最高可节省 90% 的加工时间。

本书的编写与出版发行是应众多的中国大陆 hyperMILL 用户和 hyperMILL 软件爱好者的要求，为满足有关院校专业建设、教育培训、技能竞赛和产教科研融合等方面的需要而组织完成的。在此，向提供软件和研究资料等多方面给予帮助 OPENMIND 公司相关人员表示深深的感谢！

北京凯姆德立科技有限公司总经理　冯斌

前言

数控技术和数控装备是制造工业现代化的重要基础。这个基础是否牢固直接影响到一个国家的经济发展和综合国力，关系到一个国家的战略地位。因此，世界上各工业发达国家均采取重大措施来发展自己的数控技术及其产业。

数控技术的应用不但给传统制造业带来了革命性的变化，使制造业成为工业化的象征，而且随着数控技术的不断发展和应用领域的扩大，他对国计民生的一些重要行业，如航天航空、汽车、模具、精密机械、医疗器械、家用电器等的发展也起着越来越重要的作用，成为这些行业中不可缺少的加工手段。因此市场对数控技术人才的需求也越来越大，要求也越来越高。

本书共分为五章。第一章为 hyperMILL 简介，主要介绍 hyperMILL 的工作界面及基本操作；第二章为 hyperCAD-S 二维及三维造型，主要介绍 hyperCAD 的 CAD 造型功能；第三章为 hyperMILL 2D 加工，主要介绍 hyperMILL 的二维加工编程功能和技巧；第四章为 hyperMILL 3D 加工，主要介绍 hyperMILL 的三轴加工编程功能和技巧；第五章为五轴加工，主要介绍 hyperMILL 的多轴加工编程功能和技巧。

本书特点如下：

1. 内容全面、以实用为主。本书详细介绍了 hyperMILL 的 CAD/CAM 常用功能和使用技巧，CAD 功能的介绍涵盖了线框造型、实体造型等 2 轴 ~5 轴的常用功能策略。

2. 本书以“实用、够用、好用”作为编写原则，使学生在最短的时间内学习最有用的知识，突出教和学过程中的“效果和效率”。

3. 本书将 hyperMILL 的软件功能分解到一个个案例中进行介绍，每个案例均融入了 hyperMILL 的实用功能。学完本书介绍的案例，读者们在以后的工作中，将能更自然和方便地完成数控加工编程任务。

4. 案例经过精心挑选和设计，所有案例来自 hyperMILL 官方培训案例和技能大赛试题，具有很大的实用性。

5. 以文配图，通俗易懂。图形中蕴含的信息量甚多，表现力比文字丰富而生动，所以本书在大多数地方采用“以文配图”的形式，以文字为脉络，以图形为主角，便于读者理解。

6. 知识点高度浓缩和集中。在进行案例介绍的同时，也重点突出了对软件中各个参数的介绍，说明该参数的意义和设置方法，并以大量的图形来辅助讲解，使读者能够根据具体应用场景进行设置和选用。

7. 案例均采用“step by step”设计，可以零基础学习。

所有案例具有详细的操作步骤，操作步骤并且对操作步骤按顺序进行了标号，并且以图形的方式表现，可以使读者零基础学习，快速入手。

本书由湖南大学现代工程训练中心易守华、王群、田万一任主编，娄底技师学院朱胜昔、衡阳技师学院周少良、常德技师学院徐光辉、贵州装备制造职业学院杨林、陕西国防工业职业技术学院张晨亮任副主编。参与本书编写的还有：娄底技师学院康一格，衡阳技师学院曹炎文，常德技师学院李永胜，湖南工贸技师学院罗海，大连市轻工业学校李京福，湖南工业职业技术学院欧阳凌江，湖南恒嘉信息科技有限公司胡新平、王芳秋，张家界航空职业技术学院于天成，河南工业职业技术学院郜鑫。

本书可作为本科院校、职业院校及技工院校机械设计制造及自动化、机电一体化、数控技术应用、模具制造技术及其他相关专业学习数控加工技术的教材，也可作为从事数控加工的技术人员的参考书。

在编写过程中得到了北京凯姆德立科技有限公司教育经理冯斌以及 hyperMILL 工程师的大力支持，在此一并致以深深的谢意。

限于编者的水平，本书中难免有不妥之处，恳请读者批评指正。

编　者

2021 年 3 月

目录

第一章 hyperMILL 简介

1.1 hyperMILL 简介

hyperMILL 是德国 OPEN MIND 公司开发的集成化 NC 编程 CAM 软件。hyperMILL 向用户提供了完整的集成化 CAD/CAM 解决方案，用户可以在熟悉的 CAD 界面里直接进行 NC 编程，统一的数据模型和界面，直接完成从设计到制造的全部工作。它是一种高端和低端都适用的 CAM 软件。

hyperMILL 具有如下特点：

（1）CAD 和 CAM 一体化操作界面，系统采用中文界面，易于应用。

（2）可应用于车间数控铣床 / 车床产品的 2 轴、3 轴、5 轴产品加工编程以及模具加工编程；

（3）系统具有虚拟加工仿真功能，可检验零件、刀具和机床是否发生碰撞及过切，指导规划高效的工单和 CAM 编程。

模型和刀具虚拟仿真功能可让用户快速轻松地确定组件内哪些元素属性与加工任务相关。通过在曲面上简单点击，用户可获得关于曲面类型（半径、平面、自由形状曲面）、最小和最大半径、位置和角度等重要信息以及所选坐标系的选取点坐标。在选择两个元素后，此功能将显示两个曲面之间的最小距离和角度。

软件还可自动搜索关于组件的所有平面和圆角，并可相应地标记它们的位置和尺寸。加工类型或公差等各种加工数据通常汇编至标准颜色表。这些数据也可存储在软件内，以便用户能够轻松获取要在组件上加工的孔或其他几何形状的公差及适合数据。

手动定位刀具的功能可让用户快速轻松地检查是否能够加工难于接触到的区域，并选择合适的加工角度。为此，软件内定义的任何刀具都能移动至任何位置并可围绕任意轴自由旋转。

凭借刀具长度优化分析功能，只要激活了碰撞检查功能并定义了铣削区域，就可检查是否会与 CAD 模型发生碰撞。此外，用户可从现有工单直接导入要分析的刀具和坐标，或将坐标导出至软件坐标列表。

（4）软件具有毛坯跟踪及管理功能，可简单透晰地跟踪加工状态。

毛坯跟踪功能会计算出任意的多个或单个工作列表的加工状态。（保存的毛坯模型可以用于限定加工范围。）工作列表及毛坯跟踪的管理功能保证了极高的精确度和高效率的材料去除。毛坯将根据所有的铣削操作自动更新数据模型。

复合毛坯功能可加工多个组件，每个组件同时都拥有自己的毛坯。不同的毛坯组合在一起，可让这些组件（及毛坯）加工时，与组合的全部毛坯都不发生碰撞。

毛坯计算显示于一个单独的窗口，在工作列表中进行统一的管理。毛坯可用于虚拟检查，方便后续的加工，例如任意毛坯的粗加工。毛坯可以采用 CAD 通用的 STL 格式进行存储。

（5）使用安全余量进行碰撞检查，具有更好的工序可靠性、更高的灵活性。

可检测碰撞可提供高效的解决方案以避免碰撞。根据刀具和加工策略，碰撞控制和预防有不同的选择。

为安全起见，未进行碰撞检查的刀具组件会被突出显示。

在执行模型的碰撞检查时，可为所有刀具组件定义不同的安全余量（主轴区域、刀柄、加长部分及刀杆）。这可使评估不同预加工条件变得非常轻松。不必为碰撞安全而更改刀具元素的几何形状。

（6）考虑具体机床的运动结构，优先选用具体的轴协调机床运动进行避免碰撞。

考虑机床的部件及具体的运动结构，提供了以下 4 种轴进行编程选择：

■ 只有 *C* 轴被使用——第五轴（*A*/*B* 摆动轴）用固定倾斜角；

■ *C* 旋转轴相对 *A*/*B* 轴优先考虑；

■ 只有 *A*/*B* 轴被使用——刀具相对 *C* 旋转轴上执行具体的前倾角；

■ *A*/*B* 摆动轴相对 *C* 旋转轴优先考虑。

除了简化编程和考虑机床的运动结构外，减少不必要的旋转轴运动使整个加工过程协调。

（7）自动优化跳刀运动，最大限度减少部件的加工时间。

软件可通过跨过或绕开几何形状，到达下一路径的起点，自动根据路径长度来优化快速移动，能让您最大限度降低工单内的跳刀运动。横向运动有助于避免在 Z 轴上大多数以较低进给率执行的不必要进给移动。软件在碰撞检查中会将毛坯计算在内，这确保快速移动的可靠性。

（8）工单之间的智能连接，有效减少跳刀。

使用连接工单可将具有相同刀具的多个加工工单组合到一个步骤中。此时，每个工单步骤仍保留不变。软件将计算这些步骤之间相对于工件的 NC 刀具路径，并执行碰撞检查。即使是倒扣区域也可以通过连接安全地加工。

这个独特的功能可让用户将多个策略组合到一个程序循环中，消除了各操作之间的退刀移动，可大幅缩短加工时间。

（9）加长刀具定义和碰撞检查。

基于默认的刀具长度，这一功能计算出最大和最小刀具长度以避免干涉，同时以保证刀具刚性。加长功能可计算较长的长度范围。缩短优化功能可计算刀具所需的夹持长度，即不得低于最小长度且完全没有必要太长。

（10）对相同或类似的几何形状复制加工工单。

如果一个组件或装夹在一起的若干相同组件内有相同或类似的几何形状，则可使用转换来复制加工这些形状的程序。通过跨空间坐标地自由转换加工步骤，用户可简化编程工作量并降低成本。也就是说，加工步骤的多个副本可沿着 X 轴和 Y 轴放置或围绕自由定义的轴旋转。

例如，用户可通过转换轻松方便地创建用于装夹在同一平面内或夹具内的多个组件的程序。由于“副本”与工单母板相关联，因此可快速轻松地对程序或几何形状进行修改。软件可将任何对工单母板的更改自动复制到关联工单之中。另外也可单独修改各个参数。由于用户可进行局部更改或甚至删除参数和依存关系，因此工作流程仍然具有高度的灵活性。

另一个功能是用户可针对已移动或旋转的程序参照于加工部件执行碰撞检查。这意味着可高效安全地编制多工位的工单。转换功能可应用于所有工单。

（11）通过加工面 / 停止曲面，灵活而准确地限定加工区域，提高加工精度。

除了使用常规的边界方式来定义加工区域外，也常常采用加工面及停止曲面来选择加工的区域，用户只需要点击几下鼠标选取直接的曲面即可直接定义加工的范围。也可以指定边界曲线和停止曲面来指定限定区域。在加工过程中，刀具将不会接触到停止曲面。

（12）提供 IGS、STEP 等通用数据接口，在保证数据完整性与一致性下进行数控编程。

（13）具有多任务批次运算能力，可将所有的工作程序一次定义完成，再让系统自动批次运算；或在实时计算时，可具有同时继续操作的能力。如动态旋转检查时，可继续定义下一个程序，甚至再新建新图档，进行下一个阶段的工作，以妥善分配时间，提高工作效率。

（14）具有在线刀具数据库及在线内定数据储存能力，使得用户可以归纳出使用的流程及参数，储存于经验数据库。

（15）采用各种圆桶刀对平面以及自由形状曲面进行高效半精加工和精加工，曲面品质更好。

1.2 hyperMILL 的工作界面

1. 工作界面

hyperMILL 挂靠在 hyperCAD-S 平台上的工作界面如图 1-1 所示。

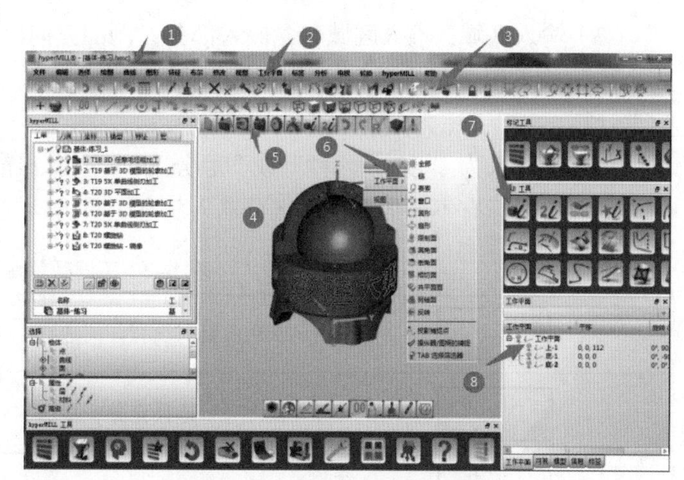

图 1-1 hypeMILL 的工作界面

图 1-1 中各数字指示的区域名称及功能如下：

①**标题栏**：标题栏显示当前打开文档的名称。若要隐藏标题栏，按 F11 键。

②**菜单栏**：软件功能可从菜单栏中访问。菜单栏是静态的，不可更改。

③**工具栏**：工具栏用于调用软件功能。使用鼠标左键单击图标。用户可创建自己的工具栏，并且可以修改工具栏内容。

④**图形区域**：图形区域可让您通过几何方式与文档图元进行交互。

⑤**图形区域中的工具栏**：工具栏中布置了几个常用的命令图标，整个工具栏固定在图形区域顶端位置。图形区域中的工具栏的内容可以更改。

⑥**上下文菜单**：上下文菜单提供与当前正进行的工作相关的若干功能，在输入文本和值的区域中也提供该菜单。若要打开上下文菜单，单击鼠标右键。

根据上下文，可在功能或选择内的图形区域中双击鼠标左键，以自动跳转至序列对应的下一条输入。上下文菜单中的继续功能或粗体显示的其他功能表示此选项。如果应用功能以粗体突出显示，则会应用输入内容并进行计算。

单击确定或退出可退出该功能。最近命令可用来从最近使用的功能列表中调出一个功能。可使用“【文件】>【选项】>【选项 / 属性】>【用户界面】”下的“【最近命令最大数】”选项控制此列表的长度。

图 1-2 对话框

按键盘上的【ENTER】键重新调用前一功能。

⑦**工具选项卡**：工具选项卡可用来通过图标调用功能。如果选项卡的内容部分隐藏，可在按住 ALT 键的同时使用滚轮浏览所有可用的功能。

⑧**选项卡工具**：选项卡工具用于结构性信息、筛选、显示消息和特性以及 hyperMILL 浏览器。

2. 对话框

软件中的对话框如图 1-2 所示。

（1）对话框顶部区域各图标的功能如表 1-1 所示。

表 1-1 对话框顶部区域各图标的功能

✓	确认	退出功能。对话框关闭
应用		输入已应用。对话框保持打开。也可使用 ENTER 键接收输入内容

续表

	显示消息	在 信息选项卡中输出警告、错误消息和信息。使用鼠标左键单击图标。 信息选项卡打开，显示消息
	默认设置	选项重置为默认设置。这也会在软件重启后进行
	重做	恢复从上一功能选择的设置
	预览	开 / 关结果预览

（2）输入区域：输入区域包含嵌入部分，例如方向的选择，它们的布局和操作在不同的功能中相同。可在小数位输入逗号或小数点。逗号会自动转换为点。将自动删除不必要的小数位。数值在输入期间可进行数学计算。

角度可输入为："度 : 分 : 秒" 或"度 分 秒（空格分隔）"，然后转换为所选格式。

（3）按钮标有不同的颜色来区分输入状态，具体含义如表 1–2 所示。

表 1–2　不同颜色按钮的输入状态

	灰色：目前没有任何选择
	浅绿色：选择充分，足够执行功能
	祖母绿：无法再处理更多的选择。可以执行功能
	黄色：必须进行更多选择
	红色：选择中的信息过多。软件将等待改正输入

撤消选择：右击按钮，从快捷式菜单选择【重设】。

可使用 Tab 键确认条目并在输入字段之间移动。

1.3 hyperMILL 的基本操作

1.3.1 文件操作

在文件菜单和其他文档管理功能中打开和关闭文档的命令，如表 1–3 所示。

表 1–3　文件菜单中的管理功能命令

图标	功能路径	用途
	文件 → 新建	创建新文档
	文件 → 打开	打开不同文件格式的文件
	文件 →［文档］	打开文档
	文件 → 合并	打开不同格式的文件并将数据合并至当前文档中

续表

图标	功能路径	用途
	文件 → 比较与合并	比较处理状态并可选传送修改后的几何物体
	文件 → 保存	保存当前文档
	文件 → 另存为	用新的名称保存当前文档
	文件 → 保存选择	将当前文档中的物体保存在新的文档中，然后可保存为不同文件格式
	文件 → 保护	通过输入用户定义密码来保护文档
	文件 → 关闭	关闭当前文档及其程序窗口
	文件 → 退出	退出当前应用程序

一、文件类型（模型文件、刀轨文件等）

在文件打开、保存中可导入 / 输出多种保存的文件格式，方便用户进行多个软件的文件转换。如表 1–4 所示。

表 1–4　文件类型

文件格式	格式说明
hyperCAD–S 文档 （*.hmc）	hmc：是 hyperCAD–S 模型数据。HyperCAD–S 是 CAM 用户专用的 CAD 应用程序
DXF、DWG 文档 （*.dxf *.dwg）	Dwg：是 AutoCAD 创立的一种图纸保存格式，为二维 CAD 标准格式 Dxf：是一种标准的文本文件，常用于 CAD 设计的交换交流
hyperCAD 文件 （*e3 *.e2 *.gkd）	gkd：为二进制文件
HyperCAD–S 文档模板 （*.hmct）	hmct：创建新文档时，将提供反复出现的设置（例如：层名称、颜色或夹具几何形状）
IGES 文件 （*.igs *.iges）	iges：是被定义基于不同电脑系统之间的通用 ANSI 信息交换标准。使用 iges 格式后，可以读取从不同平台来的 NURBS 数据
Inventor 模型文件 （*.ipt *.iam）	Ipt：是有 inventor 三维软件建模保存的图纸格式 Iam：是一个 3D 图像文件
Parasolid 型号文件 （*.x_t *.x_b）	x_t：是三维实体设计软件输出的（一般是高版本输出低版本）的一种工业标准格式文件
Siemens NX 型号文件 （*.prt）	Prt：是一种强大的参数化文档，用于产品建模、运动仿真等
SolidWorks 型号文件 （*.sldprt *.sldasm）	Sldprt：是 SolidWorks 3D 模具图片文件格式 Sldasm：是 SolidWorks 装配三维图格式
STEP 文件 （*.stp *.step）	Stp：是 CAD 绘图软件的 3D 图形文件的格式
STL 文件 （*.stl *.stla *stlb）	Stl：是最多快速原型系统所应用的标准文件类型，是用三角网格来表现 3D CAD 模型

二、打开、关闭、保存

1. 打开文件

使用“打开”命令可以打开已保存的文件，调用该命令主要有以下方式：

（1）菜单栏:【文件】>【打开】;

（2）快捷键:【Ctrl+O】。

执行上述操作后，弹出“打开”对话框，指定文件类型（可供选择的文件类型）和欲打开的文件名，然后单击“打开”按钮即可。

2. 关闭文件

使用“关闭”命令可以关闭当前的文件，调用该命令主要有以下方式：

（1）菜单栏:【文件】>【关闭】;

（2）快捷键:【Ctrl+E】。

执行上述操作后，弹出“关闭”对话框，单击“Yes”按钮即可关闭当前文件。

3. 保存文件

使用“保存”命令可以保存当前文件，调用该命令主要有以下方式：

（1）菜单栏:【文件】>【保存】;

（2）快捷键:【Ctrl+S】。

执行上述操作后，弹出“保存”对话框，指定文件类型（可供选择的文件类型），输入保存的文件名，然后单击“打开”按钮即可。

1.3.2 鼠标操作

一、物体的选择操作

鼠标的各个按钮和滚轮在物体的选择时分别具有以下功能。

1. 鼠标左键

（1）图元选择等。

（2）同时按住 SHIFT 键可向选择中添加更多图元。

（3）同时按住 CTRL 键可向选择中添加其他图元。

（4）同时按住 CTRL 键可从选择中删除图元。此操作自动考虑单击位置的所有相同曲线、边界和边缘，即使之前选择位于下方的图元也是如此。

（5）单击（长按）条目可更改条目名称，例如层的名称或工作平面名称。

（6）双击可激活条目，例如更新层、激活选择期间要筛选的图元类型或仅使所需图元类型可见。

2. 鼠标右键

（1）在功能对话框中单击一个按键，将打开一个含有“重置”功能的菜单，这可用于丢弃选择。

（2）单击右键可打开上下文菜单，其中显示了一些功能。显示的功能取决于鼠标指针的位置。

（3）如果鼠标指针位于选项卡边缘和图标上，右键单击将会显示选项卡和工具栏选择。

3. 滚轮

如果鼠标放在一个选项卡标题上，就可使用滚轮浏览所有的选项卡。如果在旋转期间使用 3D 输入设备单击图元，则视图停止更改。优先处理鼠标单击。如果稍微移动鼠标，则在旋转期间可通过 3D 输入设备实现动态突出显示。

二、通过键盘鼠标进行的视图操作

1. 平移视图

（1）按住鼠标中键不放移动鼠标；

（2）按住【Ctrl】+ 鼠标右键，移动鼠标；

（3）通过键盘上的方向键进行视图平移操作。

2. 缩放视图

（1）滚动鼠标滚轮键；

（2）按【Shift】+ 鼠标右键，移动鼠标；

（3）按【Shift】+ 键盘上的上下方向键进行缩放。

3. 旋转视图

（1）按住鼠标右键不放，移动鼠标；

（2）按住【Shift】+ 鼠标滚轮键，移动鼠标；

（4）按住【ALT】+ 键盘上的方向键进行旋转。

1.3.3 视图操作

一、观察视图

在对模型进行观察时，常常需要从不同方向进行观察，Hyper MILL 提供了 10 个标准观察方向，如图 1–3 所示，操作时可在“视图”菜单栏下“世界视图、工作平面视图”选择相应的视图即可从不同方位定向观察视图模型。

图 1–3 视图工具条

（1）世界视图：根据系统绝对坐标系，进行视图的转换。其快捷键如图 1–4 所示。

（2）工作平面视图：根据自建的工作平面，进行视图的转换。其快捷键如图 1–5 所示。

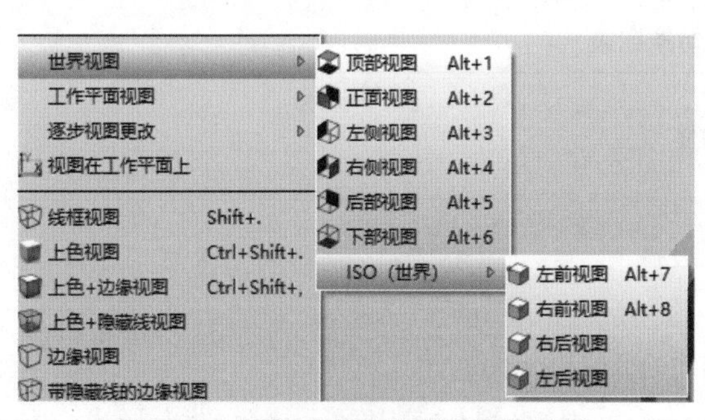

图 1–4 世界视图功能图标及快捷键

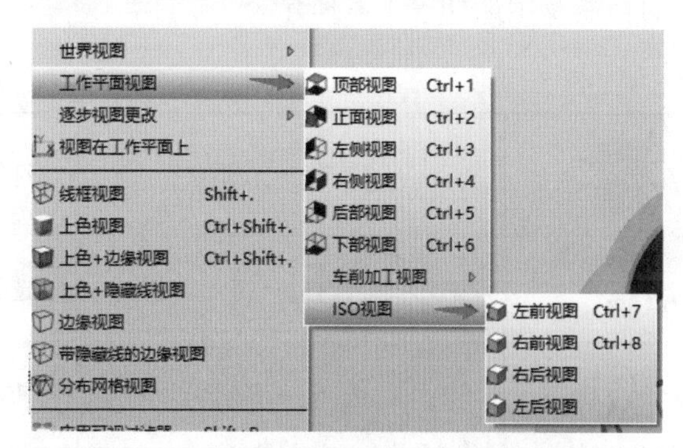

图 1–5 工作平面视图功能图标及快捷键

二、视图样式

在对模型进行观察时，往往需要改变模型的显示方式，来展示不同的显示效果，hyper MILL 提供了 7 种视图样式。操作时可在“视图”菜单栏下选择相应的显示样式即可。也可在工具栏下渲染工具条，单击相应的显示样式即可。如表 1–5 所示的 8 种视图样式。

表 1-5 视图样式列表

	视图 → 上色视图	在线框模式下显示物体
	视图 → 上色视图	上色
	视图 → 上色和边缘视图	突出显示上色和边缘
	视图 → 上色和带隐藏线的边缘视图	显示上色和隐藏的边缘
	视图 → 边缘视图	显示可见边缘
	视图 → 带隐藏线的边缘视图	显示可见和隐藏的边缘
	视图 → 分布网格视图	显示面的三角网
	视图 → 整体透明开 / 关	以透明模式显示模型的颜色
	视图 → 刷新	完全重新计算视图

1.3.4 图形选择与图层操作

一、图形选择

在 CAD 设计绘图过程中，经常会对图形对象进行选择，即包括图形的添加和删除以及对象的选择等，Hyper MILL 为用户提供了相应的选择方法。合理运用图形选择方法，可有效提高设计（绘图）速度。选择方法的功能及用途如表 1-6 所示。

表 1-6 图形选择功能列表

	选择 → 全部	选择所有物体
	选择 → 链	选择轮廓或边界
	选择 → 套索	使用折线描绘的区域选择物体
	选择 → 窗口	选择矩形选择区域内的物体
	选择 → 圆形	选择圆形选择区域内的物体
	选择 → 扇形	选择以弧形排列的物体

续表

	选择 → 套索可视物体	选择折线描绘的区域内从查看方向可见的所有物体
	选择 → 窗口可视物体	选择矩形选择区域内从查看方向可见的所有物体
	选择 → 圆形可视物体	选择圆形选择区域内从查看方向可见的所有物体
	选择 → 扇形可视物体	选择从查看方向可见的以弧形排列的所有物体
		选择 hyperMILL® 工单的物体
	上下文菜单 → 选择实体	选择子物体所属的实体
	上下文菜单 → 选择组	选择子物体所属的组
	选择 → 限制面	在实体或面模型内，选择相邻面中的所有面
	选择 → 圆角面	选择实体或模型内恒定圆角路径中的面
	选择 → 倒角面	选择实体或模型内恒定倒角路径中的面
	选择 → 相切面	选择实体或面模型内与切向过渡“相链接”的面
	选择 → 共平面	选择共平面
	选择 → 同轴面	选择实体中的同轴面
	选择 → 反转选择	反转进行物体的选择
	选择 → 筛选物体 → ...	设置选择物体的筛选条件
	选择 → 重设选择筛选器	将选择筛选器重置为之前的设置

在标题栏中“选择”下可调出图形选择命令，进行应用，也可按快捷键调出命令，如:“全部”的快捷键“A”“链”的快捷键“C”。

二、图层操作

在许多设计软件中都有“图层”这个重要的概念，图层主要用来管理当前窗口的模型，合理的利用图层能使我们的工作界面更加简洁，不容易出错，可有效提高设计（绘图）与编程的速度。

图层操作主要是通过如图 1-6 所示的可视选项卡中的图层管理器来进行的。图层的操作可以通过鼠标右键调出的快捷式菜单来进行。主要有以下操作:

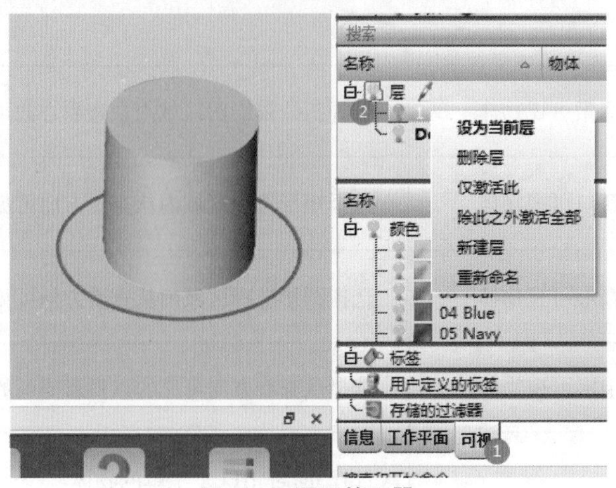

图 1–6 图层管理器

（1）新建层：在软件右侧图层管理器中，单击右键【新建层】来创建新图层。

（2）设为当前层：将所选择的图层设为当前工作层，也可以用鼠标双击所要设为当前层的图层来进行设置，当前层的层名将以粗体字显示。

（3）删除层：选择需要删除的图层，右击鼠标，选择【删除层】即可。当前层不可以删除。

（4）图层的激活：图层的激活操作就是控制该图层上的图素的显示与隐藏。可以通过单击图层名称前的灯泡来进行控制，灯泡颜色为绿色则表示图层激活（该图层上的图素显示），灯泡颜色为灰色则表示该图层未激活（该图层上的图素隐藏）。

（5）仅激活此：如选择该选项，只显所选择的图层上的图素。

（6）除此之外激活全部：除了所选择的图层不显示之外，其他的图层全部显示。

（7）重新命名：选择新要重命名的图层，右击鼠标选择【重新命名】，输入图层的名称进行重命名。

（8）将图素移动到指定图层：如图 1–7 所示，将图中的圆移动到第一层的操作如下：

1）先选择要移动的图素（如图中❶处的圆）；

2）再从图形区域底部的工具栏中选择图层图标（如图中❷所示）；

3）最后选择目标图层（如图中❸所示）。

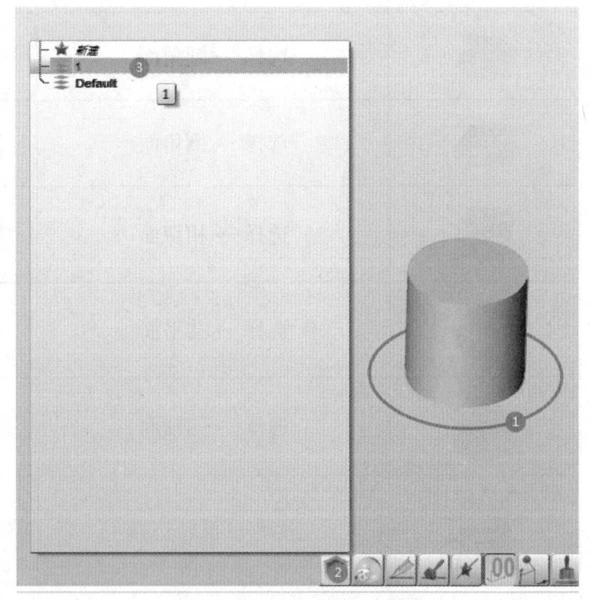

图 1–7 更改图素的图层

第二章 hypeCAD-S 二维及三维造型

使用 CAM 系统进行 NC 编程时，往往需要强大的 CAD 功能作为编程支撑，如绘制边界曲线、辅助曲面、修补 CAD 模型。OPEN MIND 公司已经开发了自己的 CAD 系统：hyperCAD®-S，该系统与 hyperMILL® 完美融合，而且其设计可充分满足 CAM 用户的需求。无论用户是使用网格、面还是实体来创建精确部件和工具，hyperCAD®-S 都能满足其编程要求。该软件是一款强大的 64 位软件应用程序，也是 OPEN MIND 公司的 hyperMILL® 的 CAD 平台。因此在学习 hyperMILL 之前，需要掌握 hyperCAD-S 的基本操作。在本章主要介绍了 hyperCAD-S 的二维和三维造型功能。

2.1 二维线框造型

本节通过新建一文档，绘制如图 2-1 所示的图形，来熟悉 hyperCAD-S 的二维线框造型功能。具体作图过程如下。

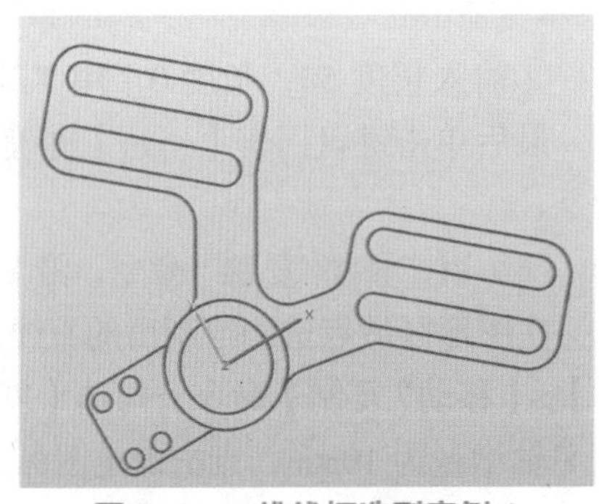

图 2-1　二维线框造型案例 1

（1）创建一个长 70mm，宽 40mm 矩形，顶点坐标为（-10mm，-10mm）。

点击菜单栏【绘图】>【矩形】，选择【作为线】，【对角点】模式。同时，点击【选择】>【捕捉】>【坐标】，输入起点坐标（-10，-10）。也可以按图 2-2 所示操作。

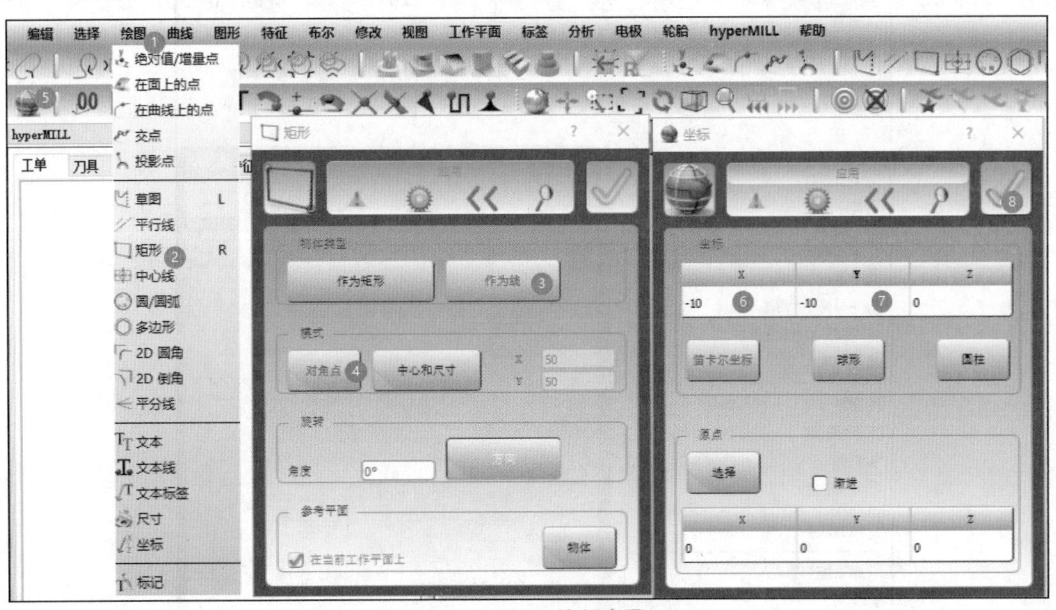

图 2-2　矩形绘制步骤

接着如图 2-3 所示输入矩形长 70、宽 40，用 Tab 键切换 X、Y 值和确认绘制。

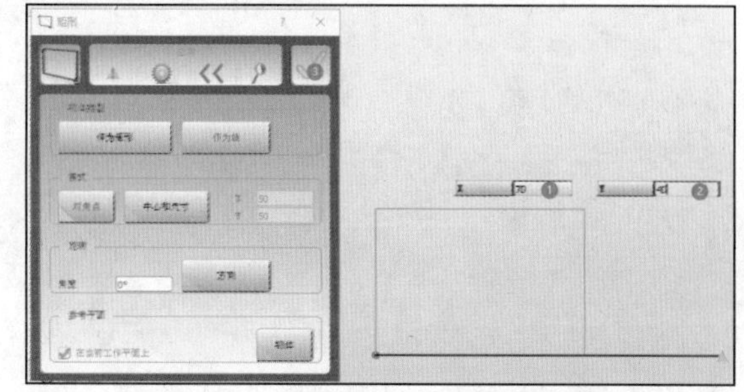

图 2-3 矩形长度和宽度的输入

（2）在矩形中创建键槽

①先画一条长 50mm 的直线。

如图 2-4 所示，点击菜单栏【绘图】>【草图】命令，选择草图对话框中点击【极坐标】、【直线】、【单个】按钮。同上输入起点坐标（0，-5），确认。

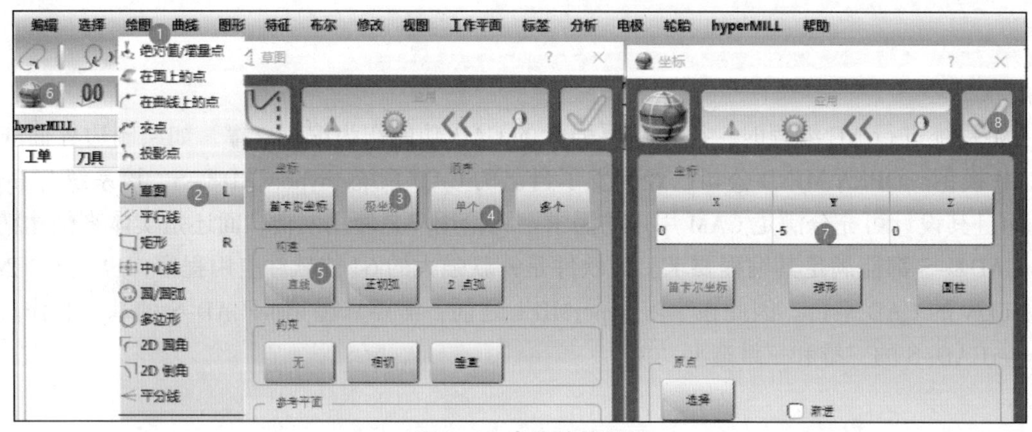

图 2-4 直线的绘制

②输入长度 50，角度 0，用 Tab 键切换长度和角度，如图 2-5 所示。最后单击键盘回车【enter】键确认后，再按键盘上【ESC】键退出命令。

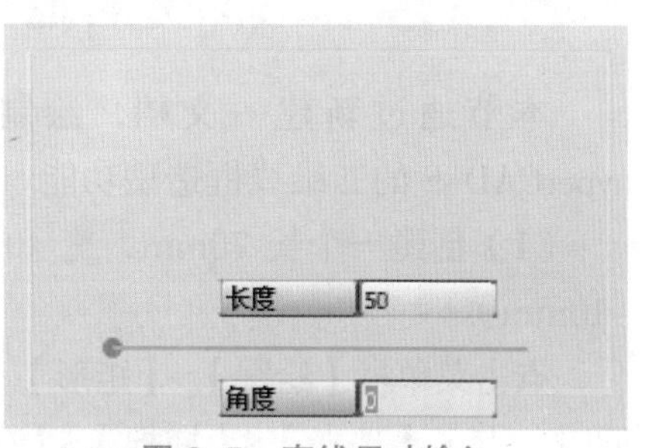

图 2-5 直线尺寸输入

（3）用“移动/复制”命令，沿 Y 轴向上 10mm 复制出第二条直线。

在图形区域点选刚绘制出的直线，按图 2-6 所示，点击菜单栏【编辑】>【移动/复制】命令，勾选【复制】选项，复制数量设置为 1，输入 Y 轴增量为 10mm，点击确定图标退出。

图 2-6 直线的复制操作

方法二：也可以使用操纵器进行操作，拖动如图 2–7 中坐标 Y 轴，在窗口中输入 Y 轴增量为 10mm。

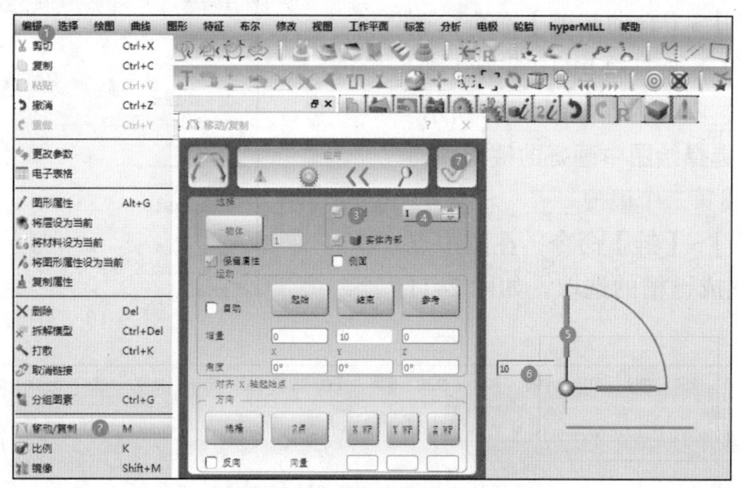

图 2–7 使用操作器复制直线

（4）用“圆 / 圆弧”画出第一个槽。

①点击菜单栏【绘图】>【圆 / 圆弧】命令，选择【圆心 + 半径】模式，输入圆弧半径 5，再点击捕捉工具条上的点坐标图标，在弹出的坐标对话框中输入圆心点坐标（0,0）。如图 2–8 所示画出了一个半径为 5mm 的圆。

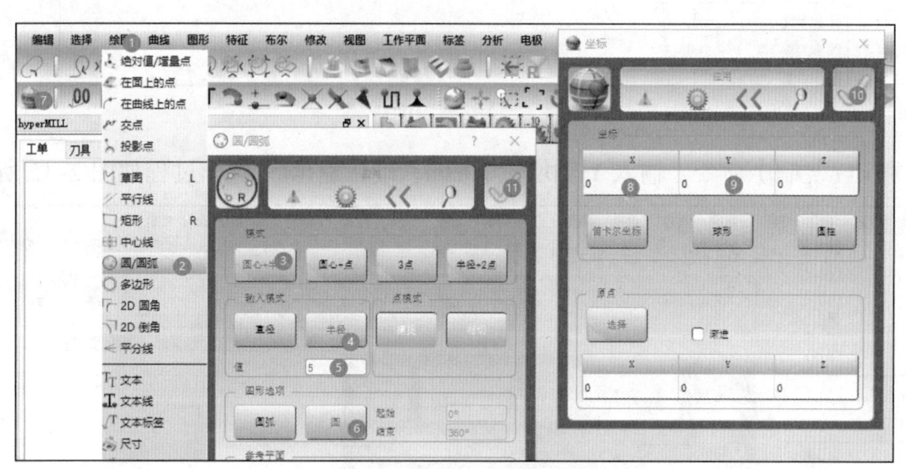

图 2–8 圆的绘制步骤

②如图 2–9 所示，采用【半径 +2 点】模式，捕捉两点的方式完成右侧圆弧的绘制。

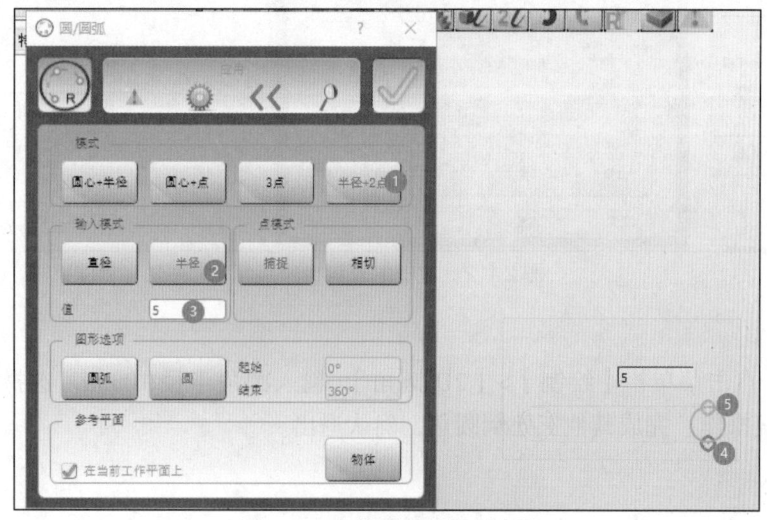

图 2–9 右侧圆弧的绘制步骤

③修剪图形。

点击菜单栏【修改】>【自动裁剪】命令，删除掉不要的圆弧（哪里不要点哪里），完成后按【ESC】键退出裁剪命令。具体操作如图 2-10 所示。

（5）用【链】工具选择绘图中画好的键槽，同时【移动 / 复制】复制出第二个键槽。

点击菜单栏【选择】>【链】命令，在图中点击键槽的一条边即可完成键槽的选取。如图 2-11 所示。

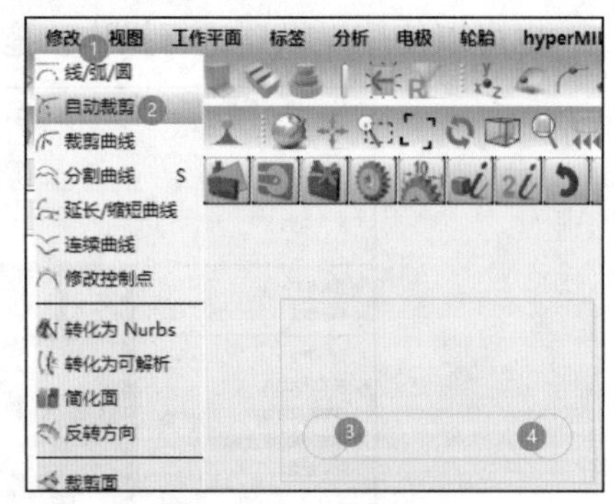

图 2-10　圆弧的修剪

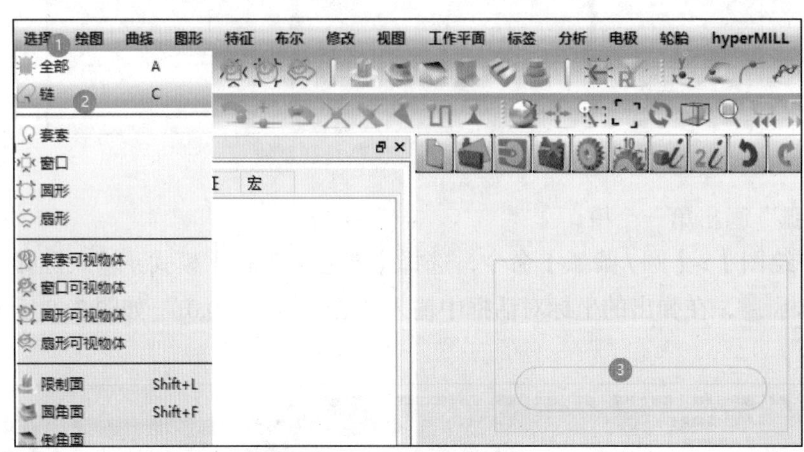

图 2-11　键槽的选取

同时选择【移动 / 复制】命令，输入 Y 轴增量 20mm，确认退出。操作过程如图 2-12 所示。

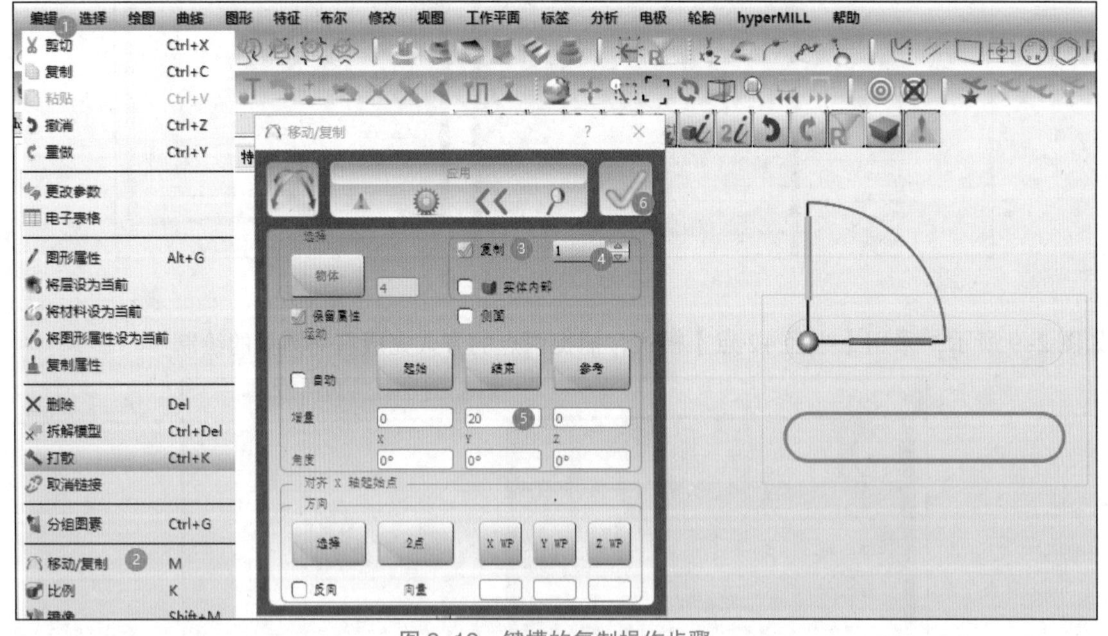

图 2-12　键槽的复制操作步骤

（6）矩形倒圆角。

如图 2-13 所示，点击菜单栏【绘制】>【2D 圆角】，输入圆角半径 10mm，选择需要倒圆角的相邻直角边，点击应用。重复操作，完成其他三处倒圆角，确认退出。

图 2–13 矩形倒圆角

（7）以第一个弧的圆心为起点，画一条斜线。长度 50mm，角度 –160°。

点击菜单栏【绘制】>【草图】，在草图绘制对话框中选择【极坐标】，捕捉圆心点作为直线的起点，输入长度 50，角度 –160° 完成绘制，如图 2–14 所示。

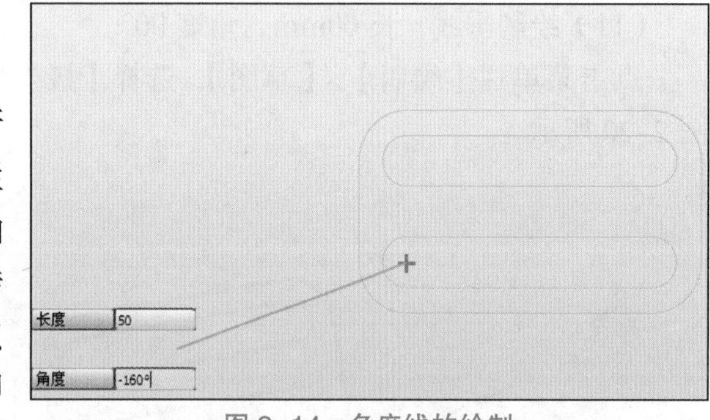

图 2–14 角度线的绘制

（8）以坐标原点为圆心，整体旋 –10°。

点击鼠标左键从左往右拉窗口框选择绘图区中的所有图素（不包含斜线），如图 2–15 所示。点击菜单栏【编辑】>【移动 / 复制】，不勾选复制即为移动。输入 Z 轴旋转角度 –10°，旋转矩形整体，确认。（这里默认的旋转中心为坐标原点，如果旋转中心不是坐标原点可以通过点击图中的【起始】按钮后，再捕捉选择所需的旋转中心即可）。如图 2–16 所示。

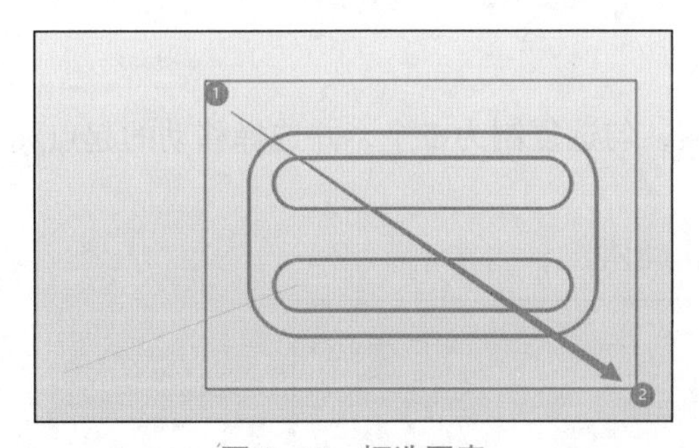
图 2–15 框选图素

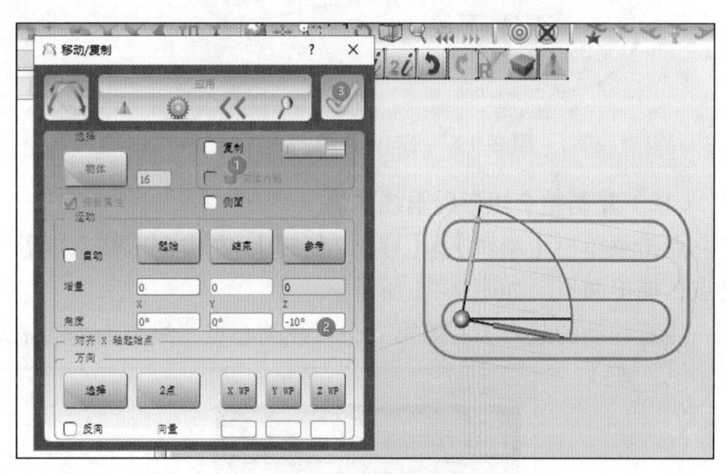

图 2–16 旋转图素

方法二：

选择旋转中点后，拖动坐标的圆弧操作杆，然后在对话框中直接输入旋转角度，确认即可。如图 2–17 所示。

（9）设定工作平面到斜线尾。

点击菜单【工作平面】>【移动】或双击绘图区的【坐标】激活坐标轴，捕捉新工作平面需运动到的原点（斜线末端端点），确认。（如需保存该坐标，可在移动窗口底端另存为工作平面 2）。如图 2–18 所示。

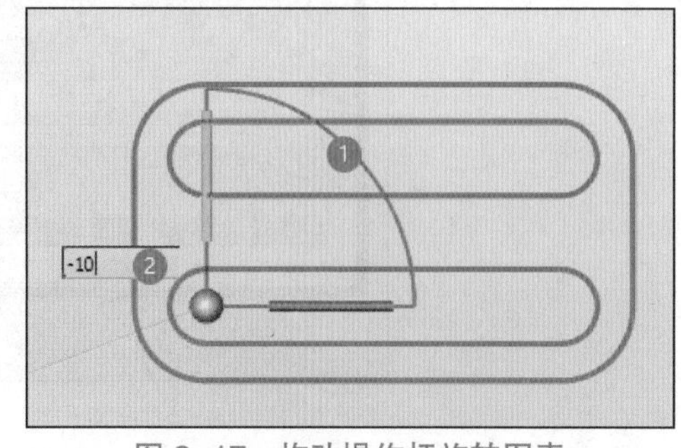

图 2–17 拖动操作杆旋转图素

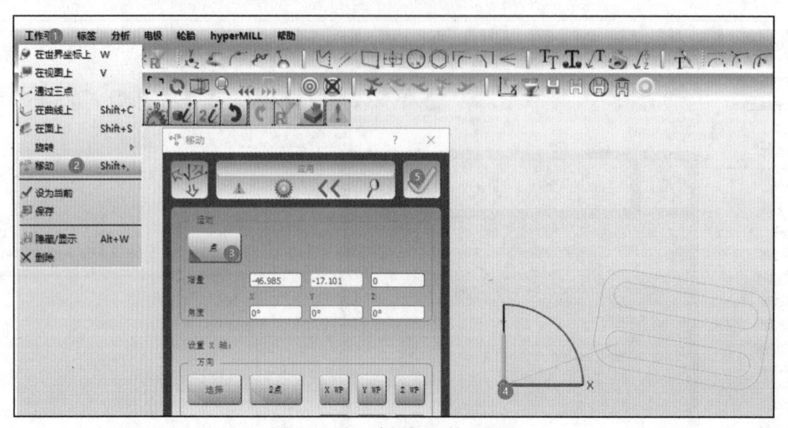

图 2-18 新建工作平面

（10）**以原点为圆心，绘制两个圆，半径分别为** 15mm、20mm。

点击菜单栏【绘图】>【圆 / 圆弧】，选择【圆心 + 半径】模式，输入圆弧半径再捕捉圆心即可。同样步骤绘制另一个圆。如图 2–19 所示。

（11）**绘制垂线，长** 60mm，**角度** 90°。

点击菜单栏【绘制】>【草图】，选择【极坐标】，输入长度 60，角度 90，绘制垂直线。确认退出。如图 2–20 所示。

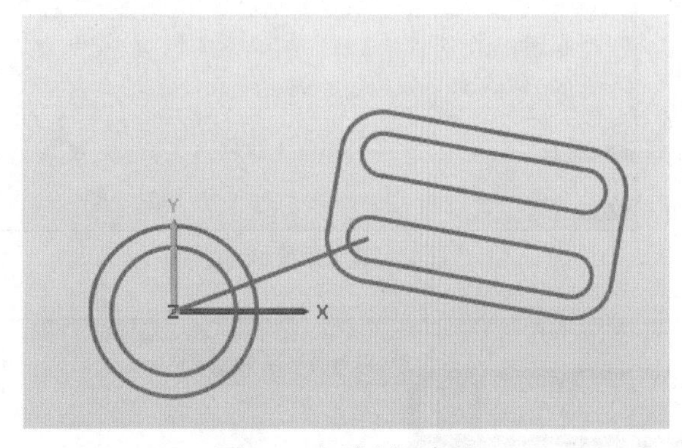

图 2–19 绘制两个圆

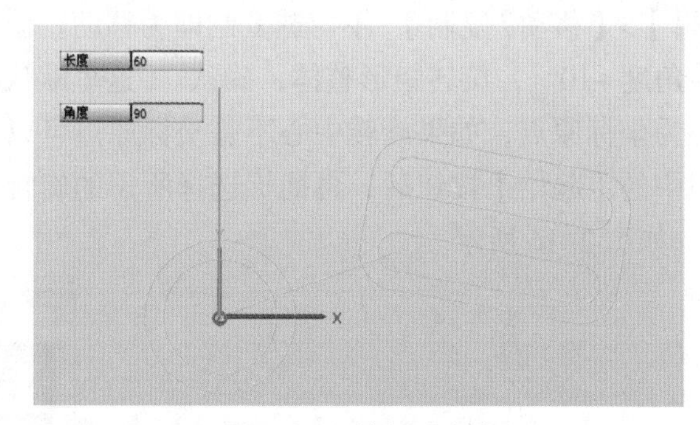

图 2–20 绘制垂直线

（12）**复制整个矩形到垂线尾端**。

点击菜单栏【编辑】>【移动 / 复制】，左击框选整个矩形图素，勾选复制为 1 个，并选择移动的起点和终点，捕捉两点。如图 2–21 所示。

注意移动的起点为右侧第二个弧线圆心点，终点为垂线末端，确认。

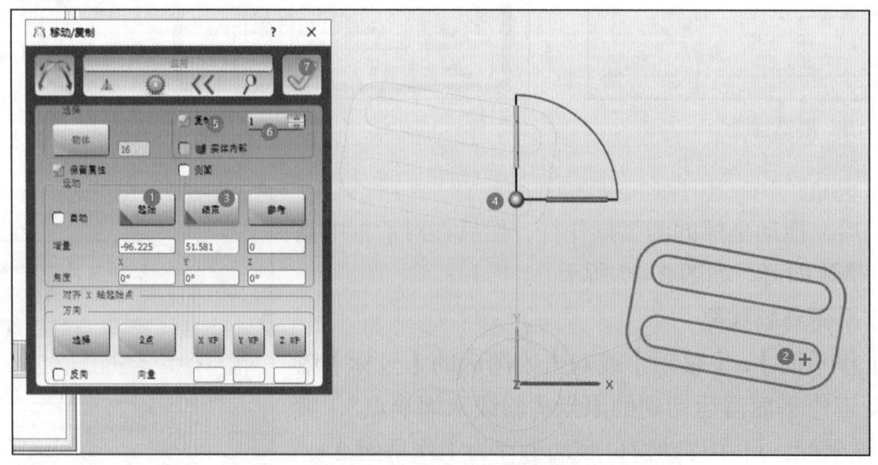

图 2–21 移动 / 复制图素

（13）复制完毕后，再次旋转坐标轴。并以内圆直径值为宽度绘制一个矩形，矩形的长为 90mm，宽为内圆直径值 30mm。

首先绕 Z 轴旋转坐标系 30°。双击坐标系，弹出【移动】对话框，在图中 Z 轴角度处输入 30° 后，确认退出。如图 2-22 所示。

然后选择【矩形】工具，以【中心 + 尺寸】模式，输入长 90，宽 30，选择圆心，确认退出。如图 2-23 所示。

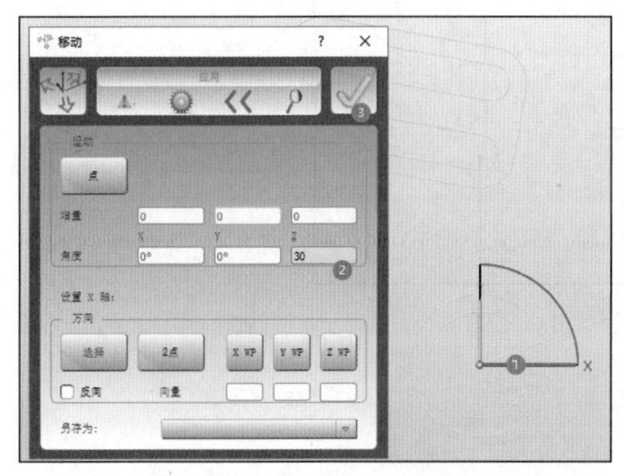

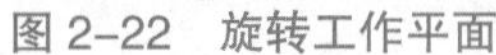

图 2-22 旋转工作平面

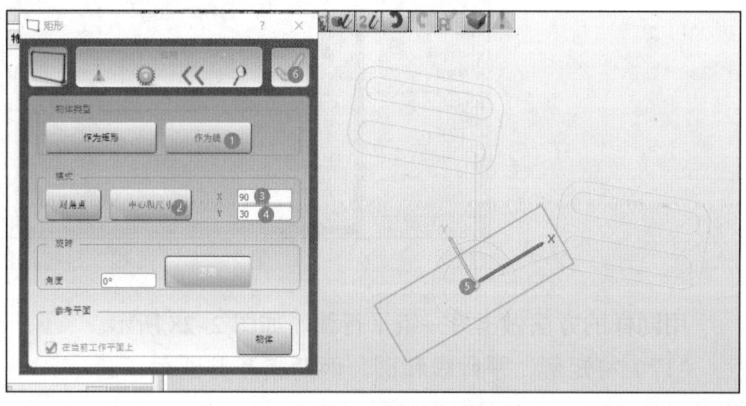

图 2-23 绘制矩形

（14）将矩形进行裁剪，选用【自动裁剪】命令，修剪成如图 2-24 的形状。再将其倒圆角，圆角半径为 5mm。

点击菜单栏【修改】>【自动裁剪】，然后删除掉不要的线。结果如图 2-24 所示。

再点击菜单栏【绘制】>【2D 圆角】，输入圆角半径为 5mm，选择需要倒圆角的相邻直角边即可。如图 2-25 所示。

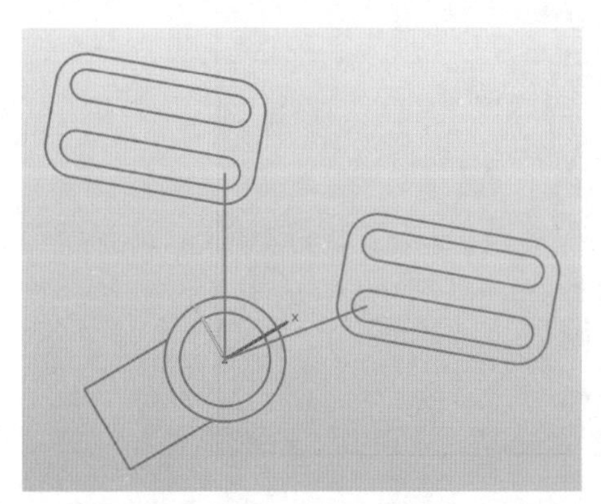

图 2-24 修剪图中的线

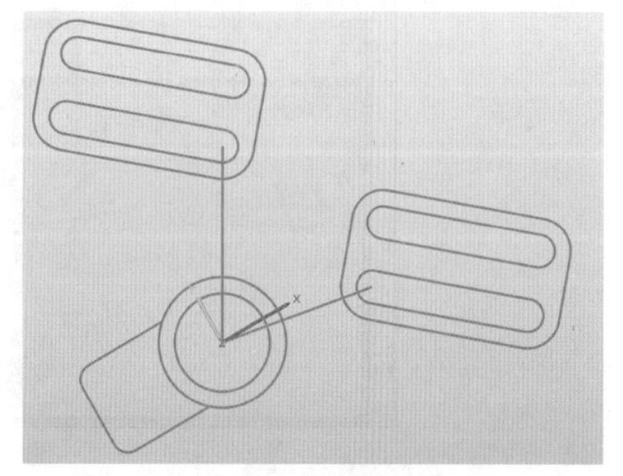

图 2-25 图素倒圆角

（15）再捕捉圆弧圆心点，绘制 2 个半径为 3mm 的圆。并沿着 X 轴方向增量 10mm 处移动复制 1 处。

点击菜单栏【绘制】>【圆 / 圆弧】，选择【圆心 + 半径】模式，输入半径 3mm，鼠标靠近圆角捕捉圆角圆心点，确认退出。同样的方法绘制出另一个圆。完成沿 X 轴方向的移动 / 复制 10mm。如图 2-26 所示。

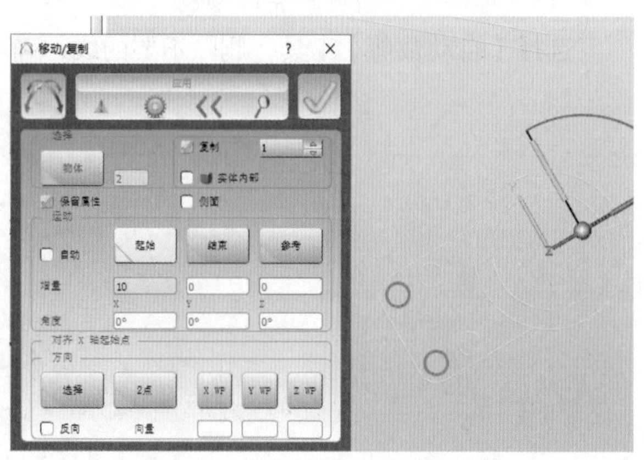

图 2-26 圆的绘制与移动 / 复制

（16）绘制垂线和斜线距离 10mm 的四条平行线。

点击菜单栏【绘图】>【平行线】，分别选择垂线和斜线作为基线，输入距离为 10mm，复制对称 1 个，点击应用即可。如图 2-27 所示。

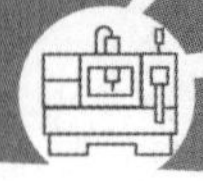

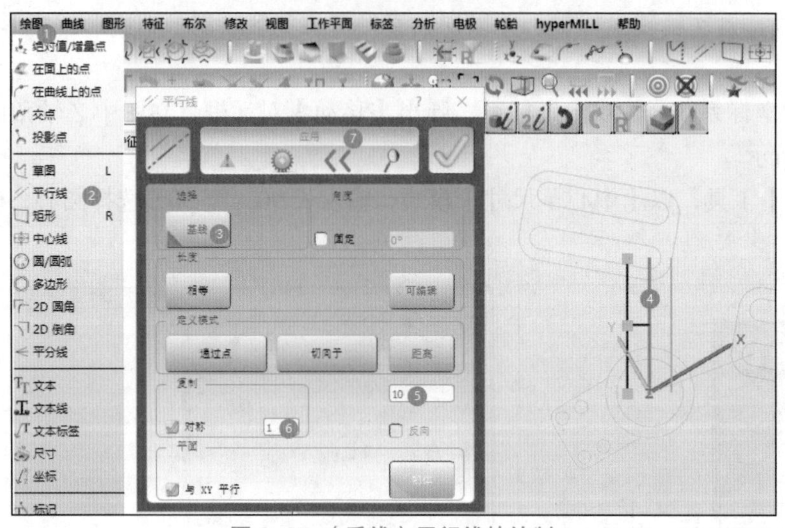

图 2-27 （垂线）平行线的绘制

用同样的方法做出另一组平行线。如图 2-28 所示。

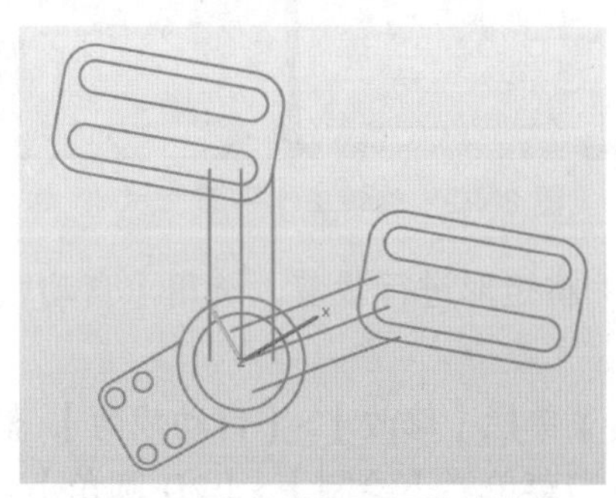

图 2-28 （斜线）平行线的绘制

（17）将矩形、平行线和圆，两两相互倒圆角，圆角半径为 10mm（注意保留圆形完整）。

点击菜单栏【绘制】>【2D 圆角】，输入圆角半径为 10mm，选择需要倒圆角的相邻直角边，点击应用。注意：部分倒圆角时，希望保留圆形，需取消左下角的“自动裁剪”命令，手动删除不需要的部分即可。如图 2-29 所示。

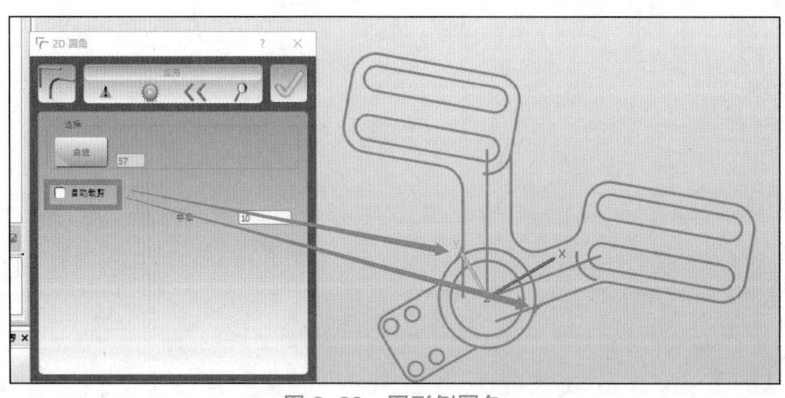

图 2-29 图形倒圆角

（18）删除多余边线，完成绘制。

选择【自动裁剪】工具，删除不要的线，确认完成。如图 2-30 所示。

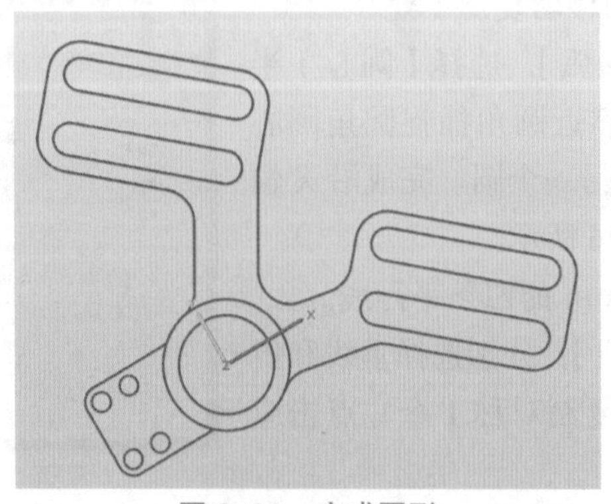

图 2-30 完成图形

2.2 三维实体造型——三爪卡盘的绘制

本节主要介绍如图 2-31 所示的三爪卡盘的实体造型建模的具体作图过程。

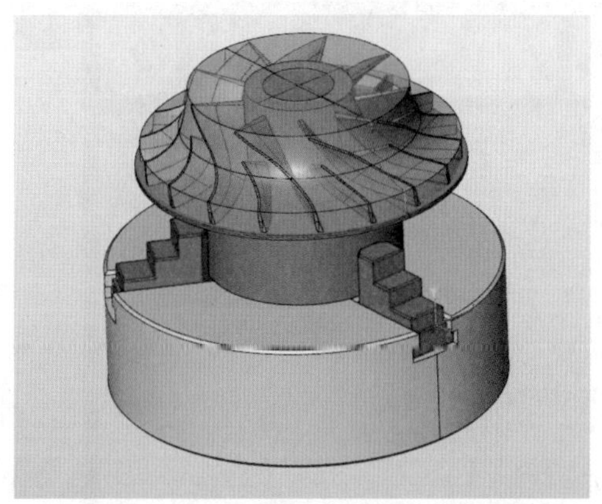

图 2-31 三维实体造型案例 1 三爪卡盘

（1）打开模型文件:“第二章\三爪卡盘绘制 .hmc ”，选择模型的底部作为工作平面 1。如图 2-32 所示。

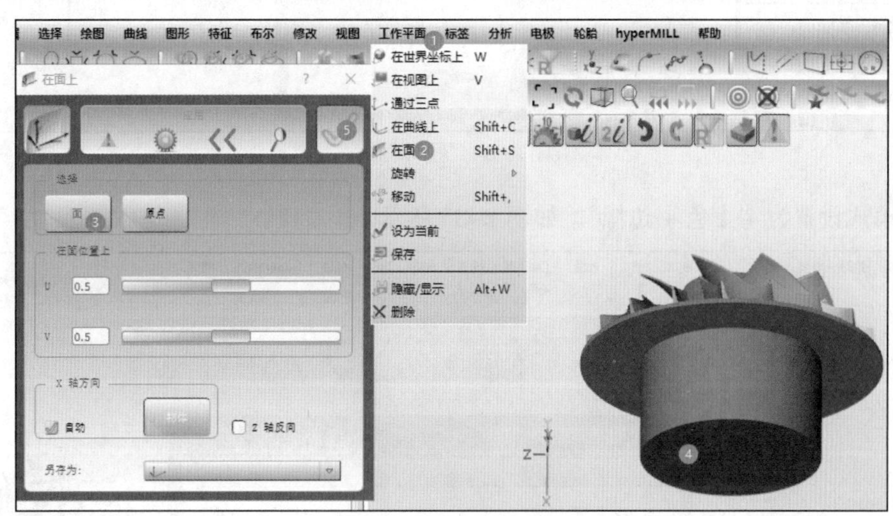

图 2-32 创建工作平面 1

接着，新建一个直径 250mm 的圆。如图 2-33 所示。

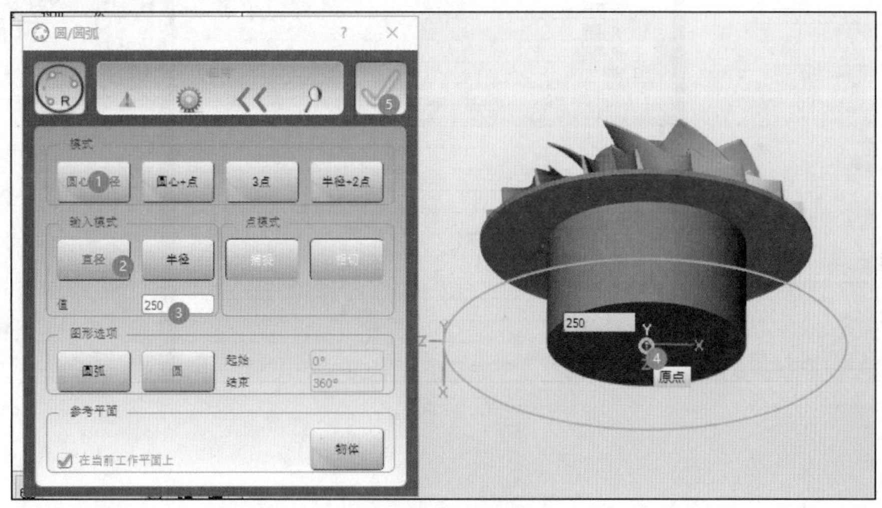

图 2-33 绘制圆

并将其反向拉伸至 80mm 高。如图 2-34 所示。

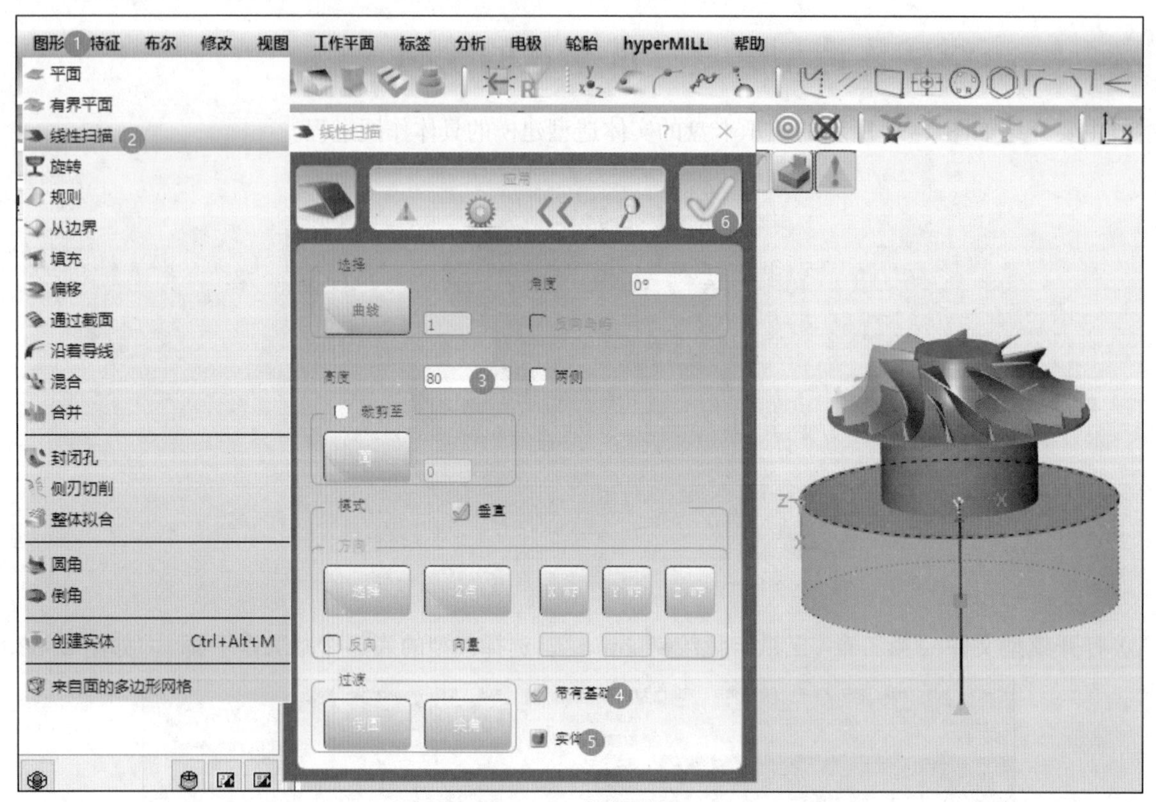

图 2-34 拉伸图形

（2）将渲染模式设置为“上色 + 边缘”，如图 2-35 所示。

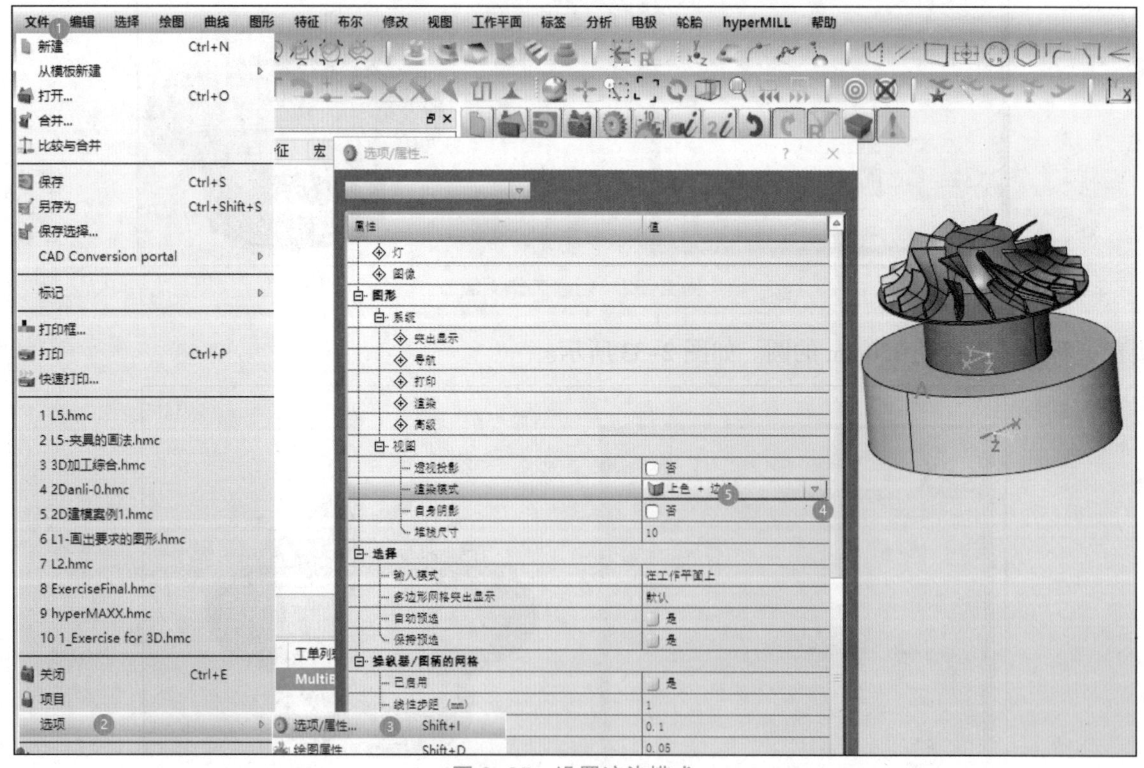

图 2-35 设置渲染模式

在图 2-35 中点 A 处新建工作平面 2，如图 2-36 所示。

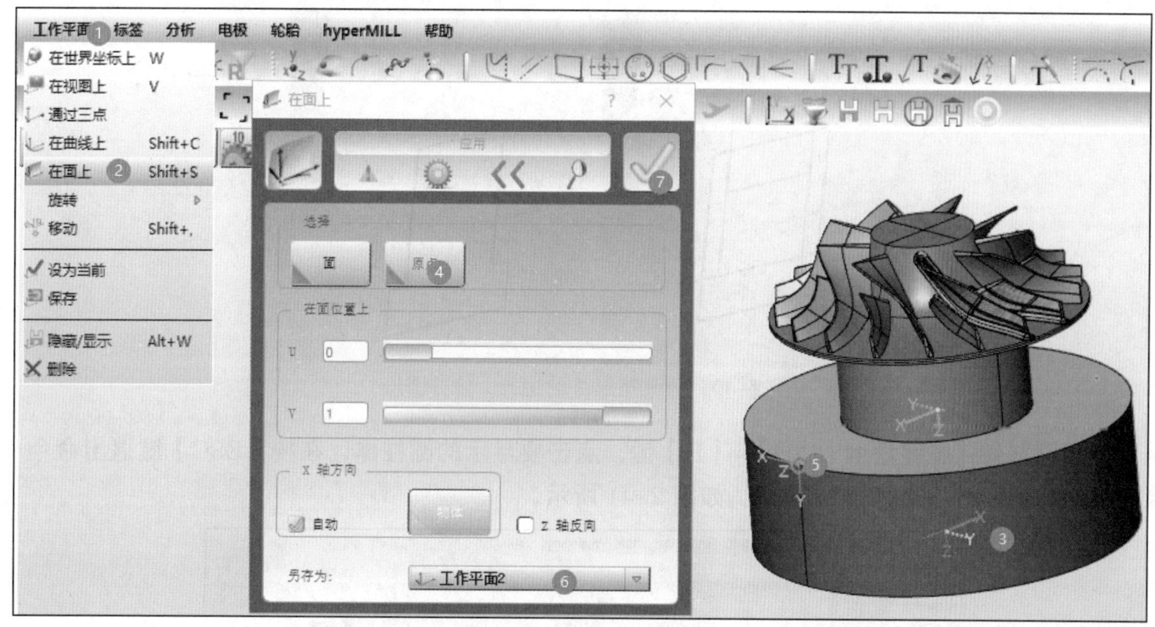

图 2-36　新建工作平面 2

以原点为中心新建矩形 1，尺寸为 50mm，50mm。启用控制器网格，按整数值调整矩形尺寸 36mm，40mm。如图 2-37 所示。

然后新建矩形 2，尺寸为 26mm，20mm。如图 2-38 所示。

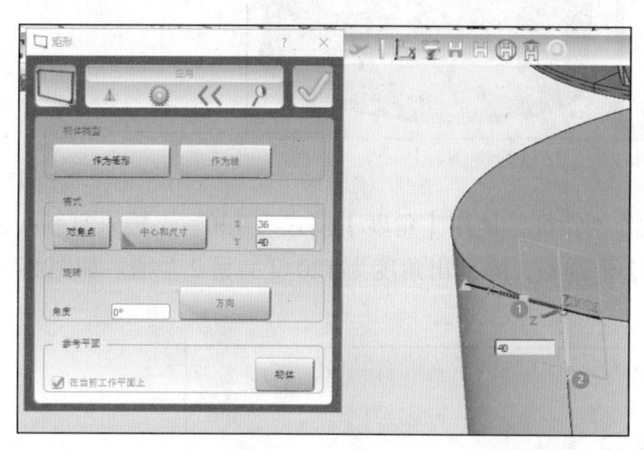

图 2-37　绘制矩形 1

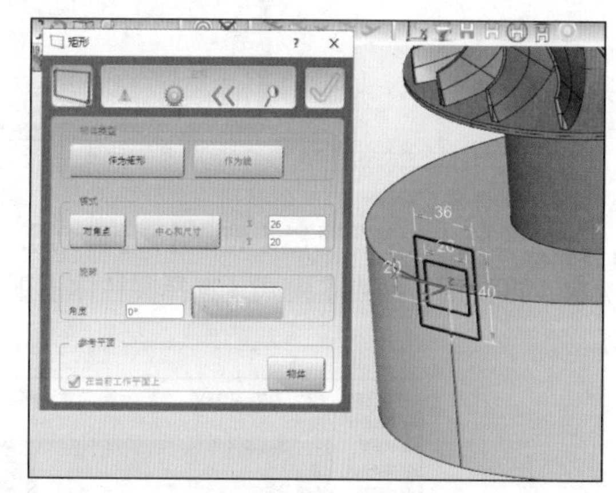

图 2-38　绘制矩形 2

（3）隐藏圆柱体：在实体上右击，从弹出的快捷式菜单中选择隐藏，如图 2-39 所示。

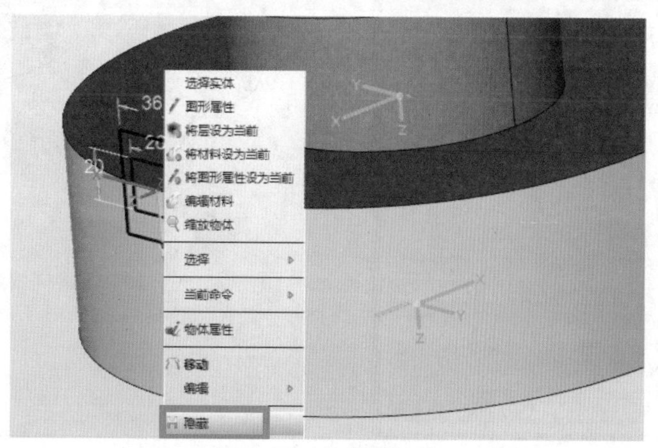

图 2-39　隐藏圆柱体

双击直线移动鼠标延长矩形 2 的边长，并裁剪出图形。如图 2-40 所示。

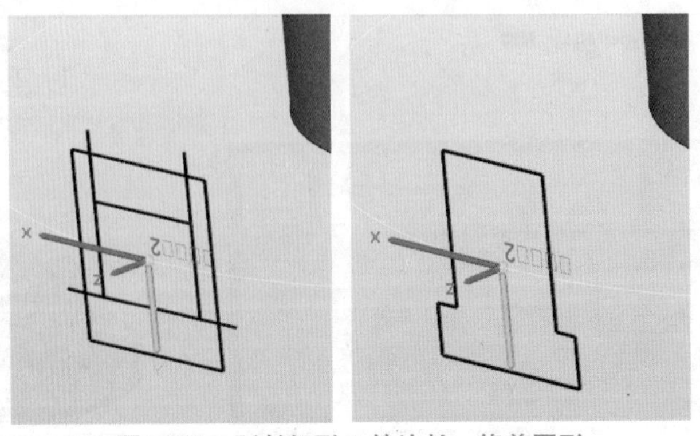

图 2-40 延长矩形 2 的边长、修剪图形

（4）显示圆柱体：按键盘上【Ctrl】+【H】键，点击要显示的圆柱体，在按【ESC】键退出命令。再与其切除出线性槽同圆柱体半径长 125mm。如图 2-41 所示。

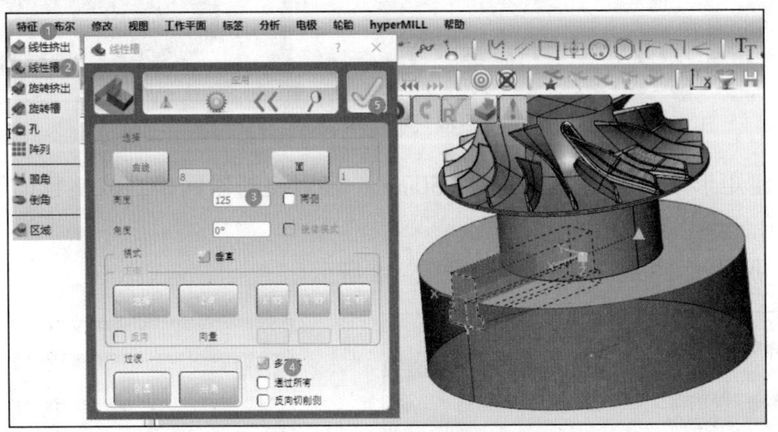

图 2-41 显示圆柱体、切除线性槽

阵列图形：点击菜单栏【特征】>【阵列】，选取阵列特征，使用【角度】模式为 120° ，输入复制次数为 3 次，再使用【两点】模式，选择圆柱体上下面的 2 个圆心，阵列出角度为 120 度的另 2 个槽。如图 2-42 所示。

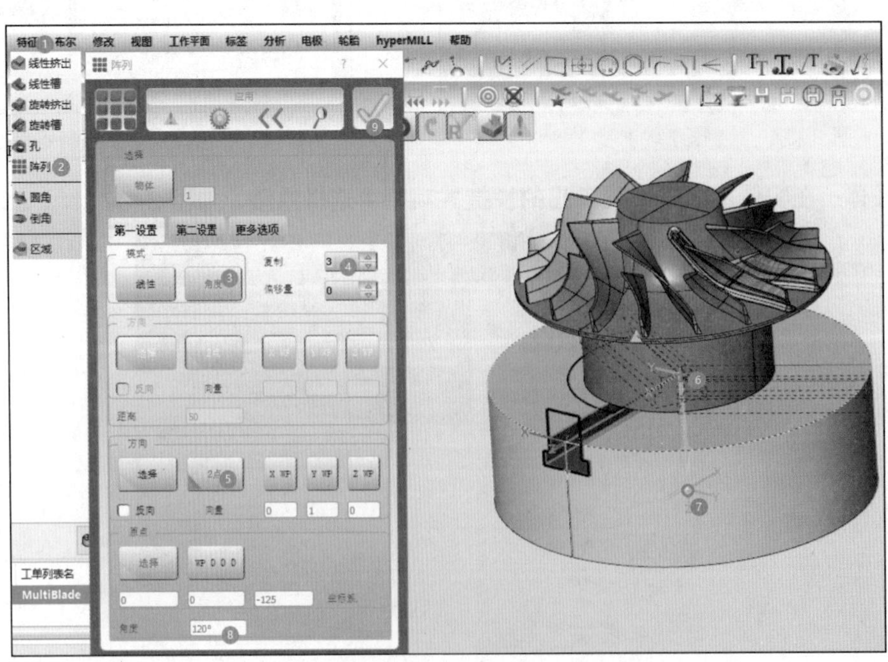

图 2-42 阵列图形

（5）选择圆柱体底面圆心，新建工作平面 3。绘制一个直径为 66mm 的圆，如图 2-43 所示。并创建线性槽，通过所有，如图 2-44 所示。

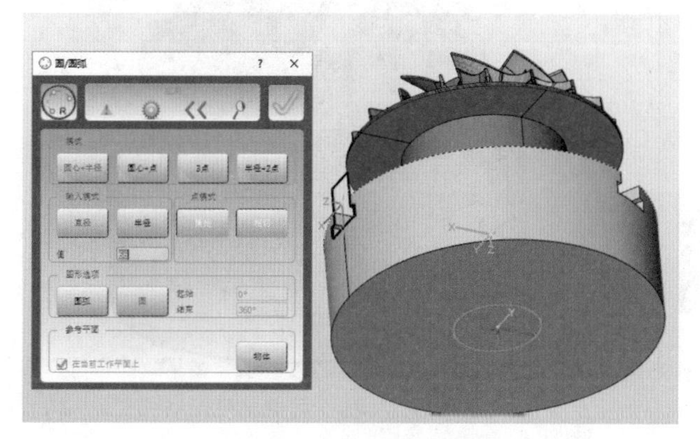

图 2-43　绘制圆

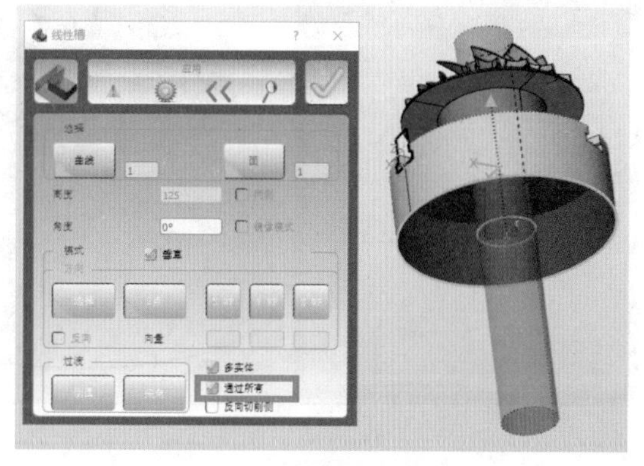

图 2-44　线性槽（拉伸除料）

（6）选择工作平面 2，如图 2-45 所示。

隐藏中间的圆柱体，按【Ctrl】+【1】显示俯视图，如图 2-46 所示。

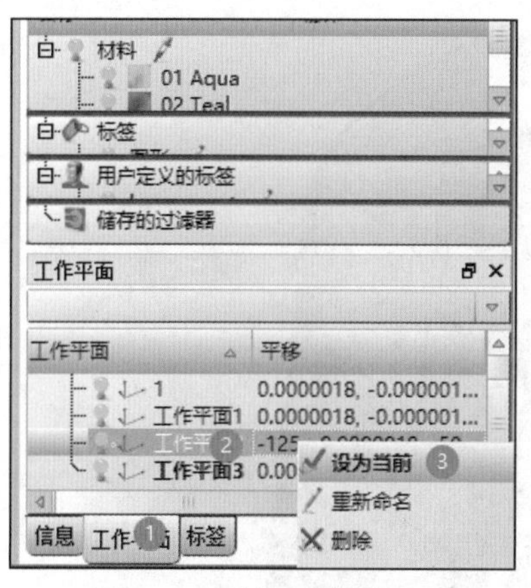

图 2-45　选择工作平面 2

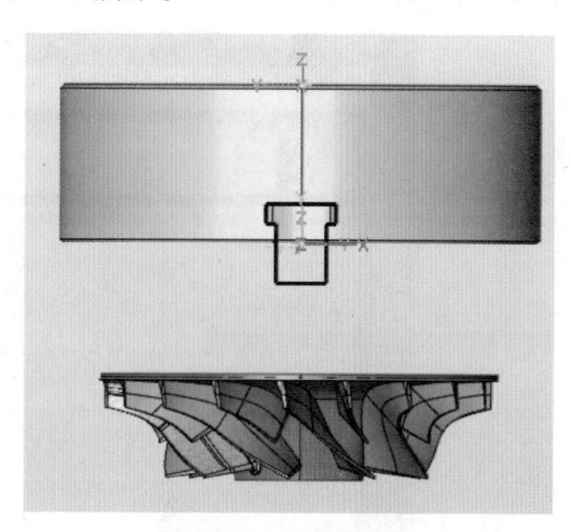

图 2-46　显示俯视图

给上方圆柱体倒角，45 度模式，距离为 2mm，除去无须倒角的边缘，圆柱上下表面一共有 15 条边需倒斜角。如图 2-47 所示。

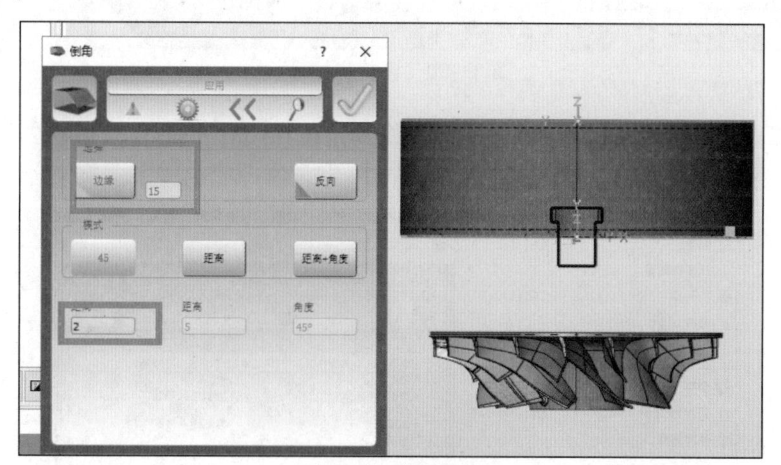

图 2-47　模型倒角

（7）选择图形，线性扫描出高度为 60mm 的实体如图，颜色为红色。完成按【ESC】键退出命令。图 2-48 所示。

双击红色实体上表面，拉伸其实体高度增高 28mm，双击鼠标中键退出命令。如图 2-49 所示。

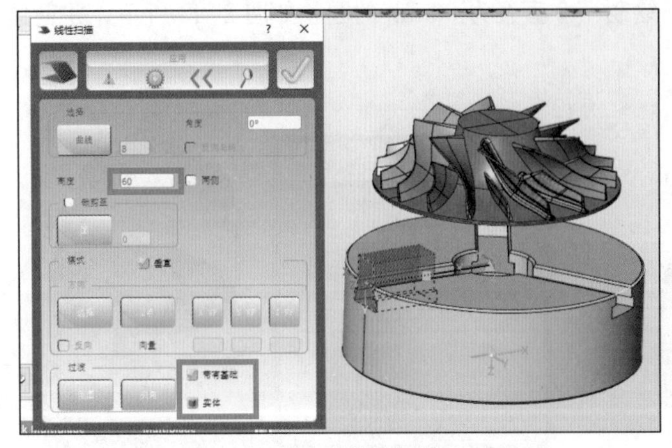

图 2-48 线性扫描

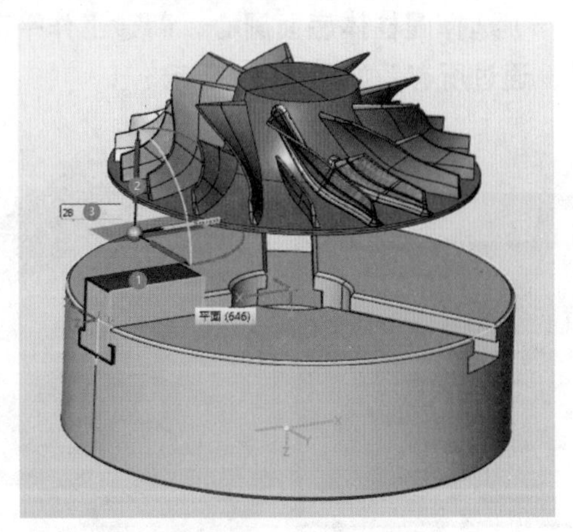

图 2-49 拉伸实体

（8）合并文件“第二章\三爪卡盘 -- 附件 .hmc”，并将其定位在工作平面上，在上色 + 隐藏线视图下可见。然后创建线性槽，并给台阶形实体倒角。

双击激活坐标轴，拖动圆弧操作器，输入 -180°，摆正坐标系。如图 2-50 所示。

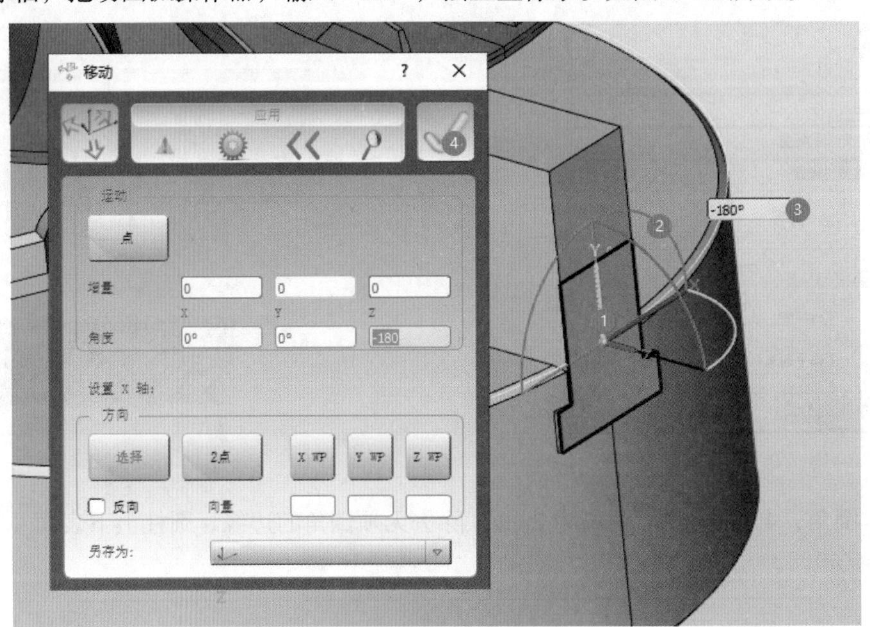

图 2-50 调整坐标系

合并文件“第二章\三爪卡盘 -- 附件 .hmc”，并将其定位在工作平面上。如图 2-51 所示。

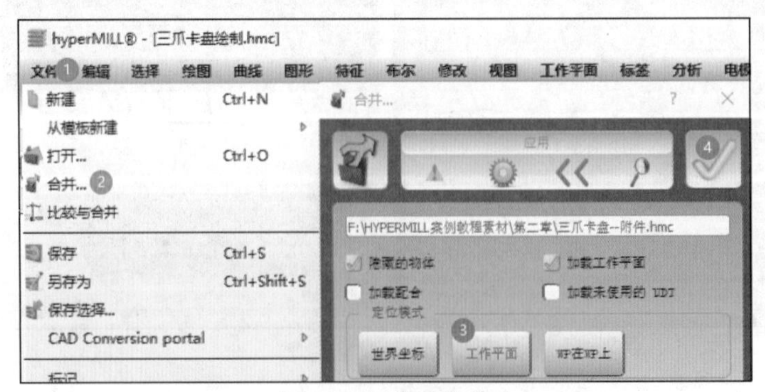

图 2-51 合并文件

在上色 + 隐藏线视图下可见，如图 2-52 所示。

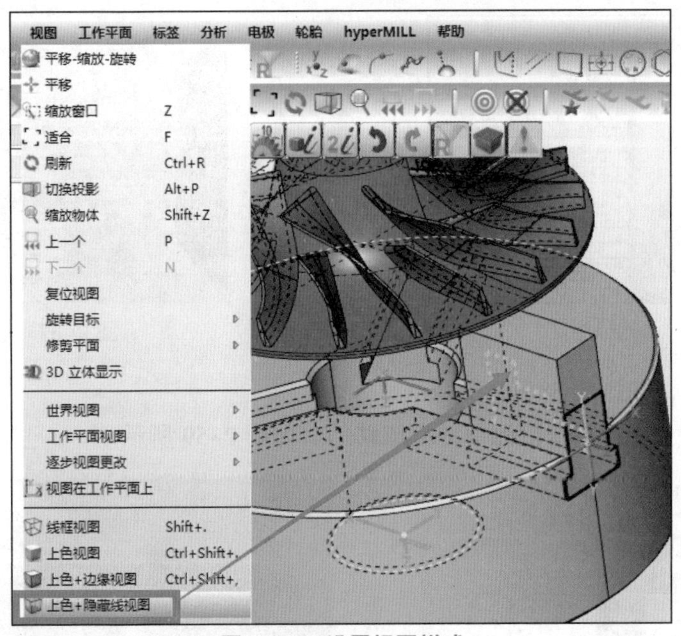

图 2–52 设置视图样式

创建线性槽，并给台阶形实体倒角。如图 2–53 所示。

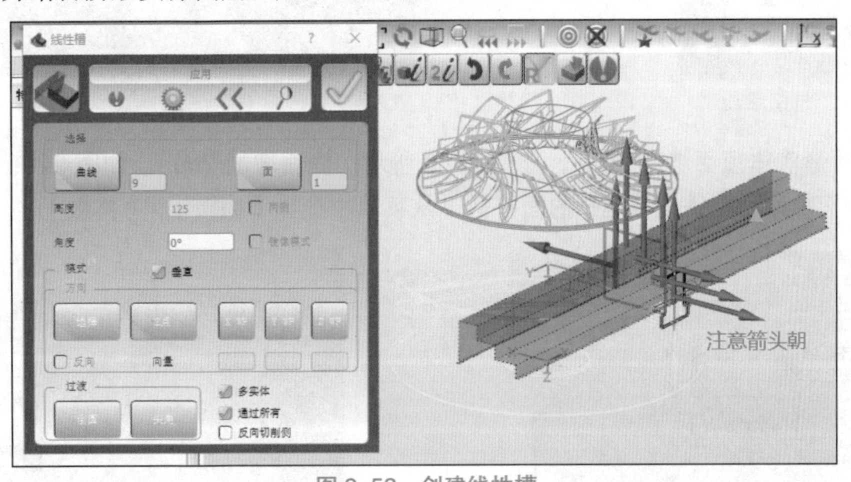

图 2–53 创建线性槽

（9）选择台阶形实体的两条边线，45 度模式距离为 5mm 倒角，如图 2–54 所示；接着，再将台阶形实体顶面边缘倒角，45 度模式距离为 1。如图 2–55 所示。

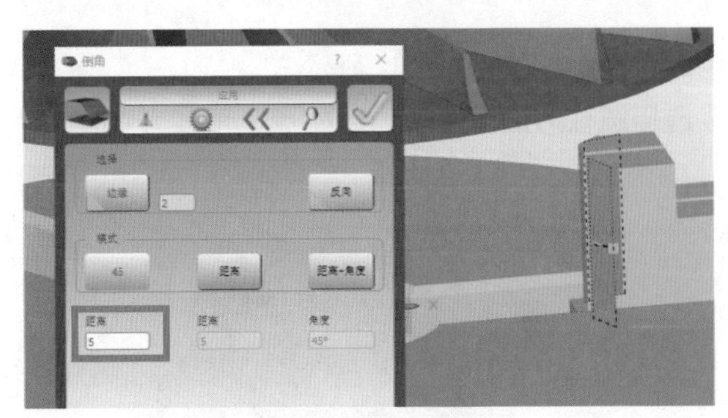
图 2–54 模型倒角

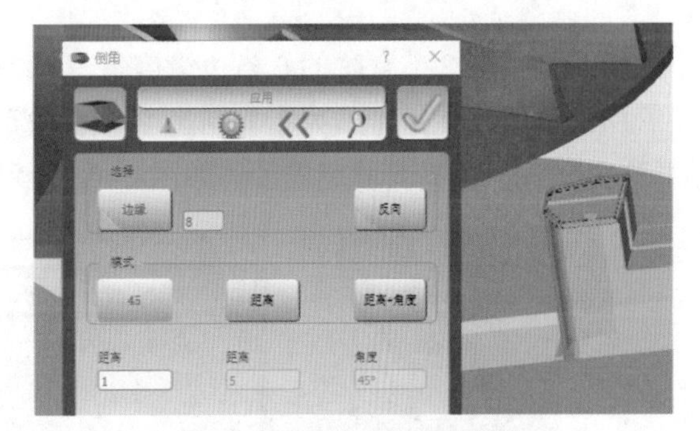
图 2–55 实体顶面边缘倒角

（10）显示所有对象。从菜单中选择【分析】>【两个物体信息】，再选择 2 点，测量台阶形实体与隐藏的圆柱体之间的最小距离。然后移动台阶形实体，使其将叶轮底部牢牢地夹住。如图 2–56 所示。

右击卡爪，选择实体，如图 2–57 所示。

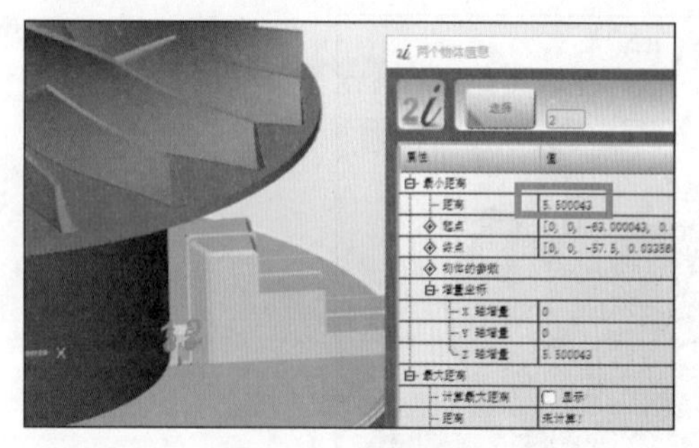

图 2-56 测量距离

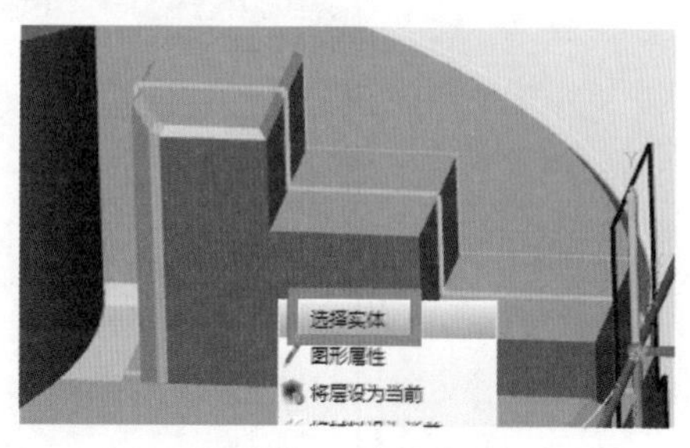

图 2-57 选择实体

右击卡爪，选择移动，如图 2-58 所示。

拖动轴操作杆，输入 -5.5，双击鼠标中键完成移动。如图 2-59 所示。

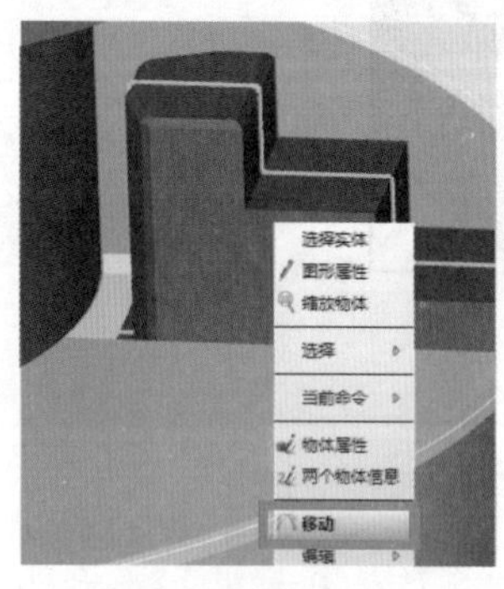

图 2-58 选择移动

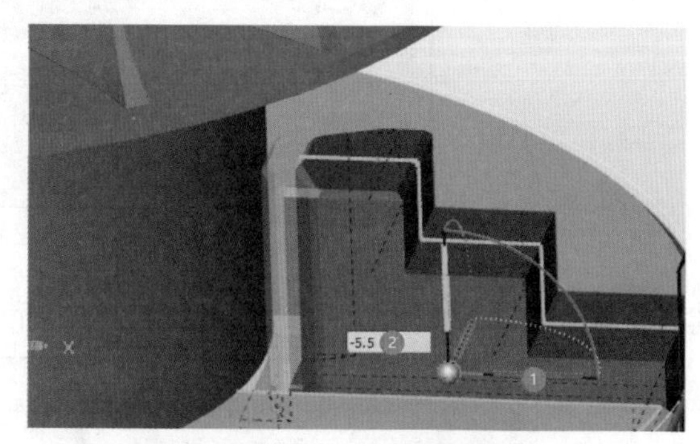

图 2-59 移动实体

（11）拉伸台阶形实体顶面增高 2mm，如图 2-60 所示。侧面增加 2mm，如图 2-61 所示。如果只对最高台阶的顶面和侧面加厚，则需先将选择的面打散（从菜单中选择【编辑】>【打散】)。

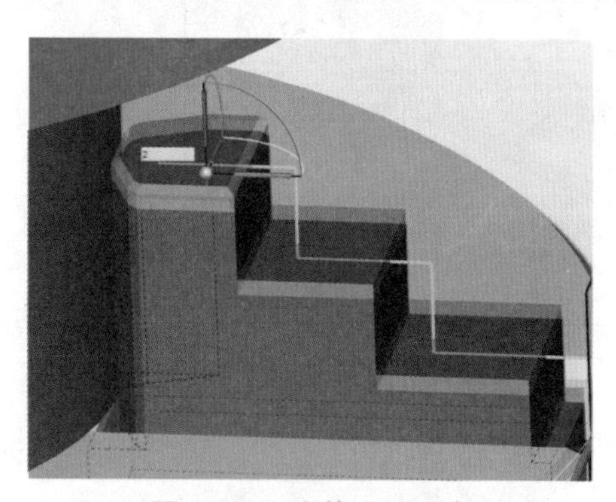

图 2-60 实体顶面增高

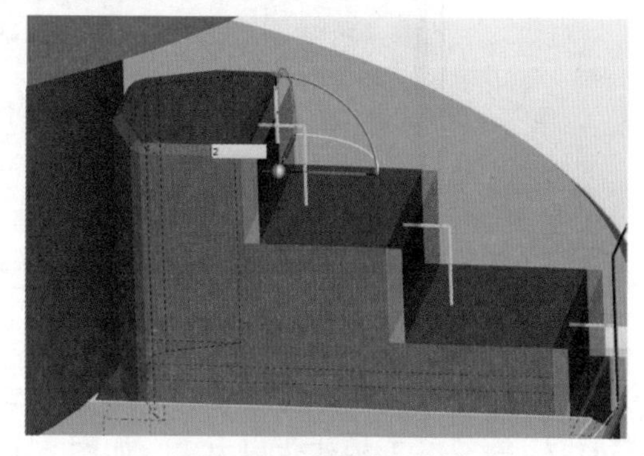

图 2-61 实体侧面增加

（12）将剩余 2 节台阶的 6 条边缘倒角，45 度模式距离为 1mm，如图 2-62 所示。

（13）最后，使用【阵列】复制出 2 个台阶形实体，选择圆柱形底面圆心为起始点，角度为 120 度。这样到这里，我们的夹具就完成了，如图 2-63 所示。

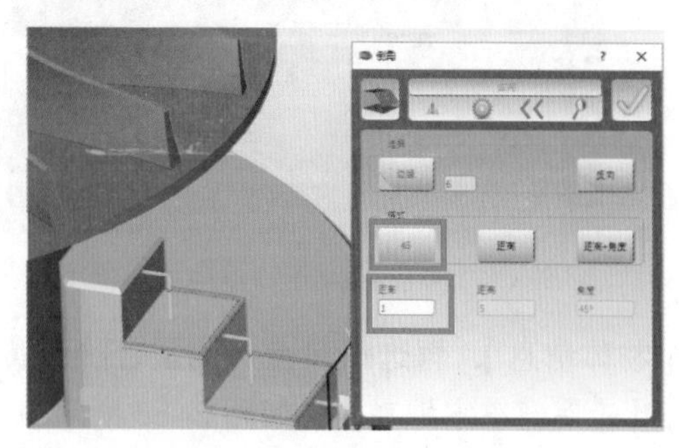

图 2-62 实体边缘倒角

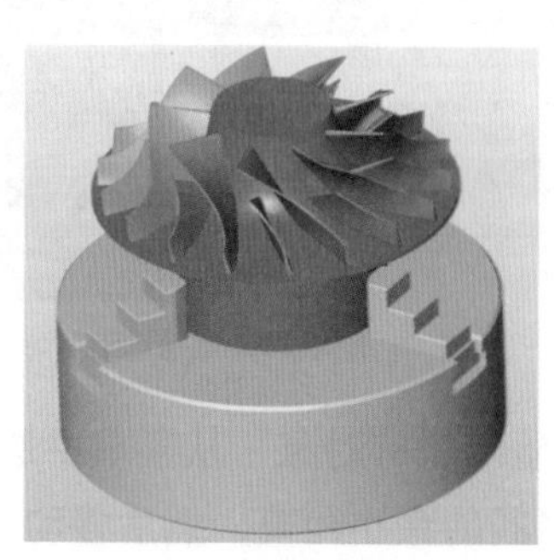

图 2-63 完成实体

第三章
hyperMILL 2D 加工

3.1 概述及工作环境设置

3.1.1 hyperMILL 编程的工作流程

基于图形自动编程过程就是从模型到获得 NC 程序的过程，hyperMILL 从模型到 NC 程序的工作流程如图 3-1 所示。

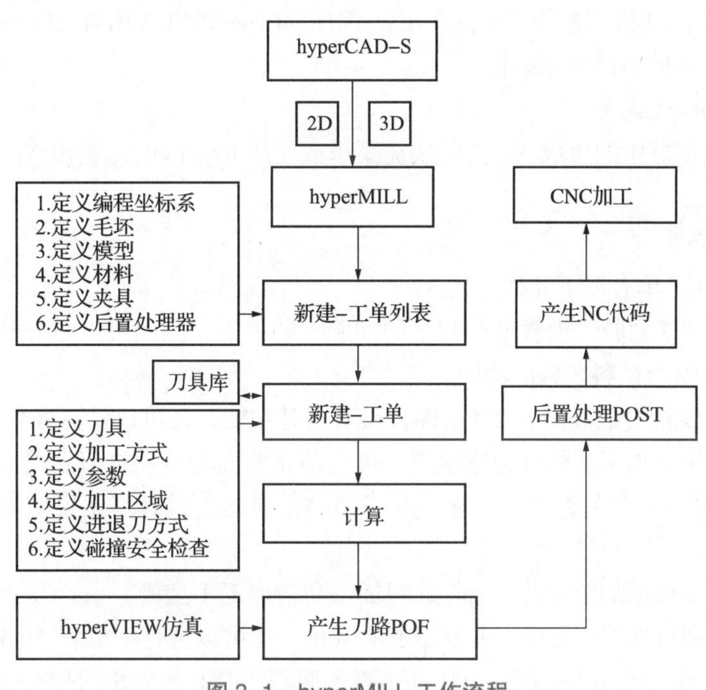

图 3-1　hyperMILL 工作流程

该工作流程包括：

（1）创建或导入 2D 或 3D 零件模型。

（2）创建工单列表。

在 hyperMILL 编程中，主要是通过工单列表和工单完成加工刀路的设置，其中在工单列表中完成共性的参数设置。在工单列表的定义中主要完成以下定义任务：

①定义编程坐标系；

②定义毛坯；

③定义模型；

④定义加工材料；

⑤定义夹具；

⑥定义后置处理器。

（3）创建加工工单。

工单的创建是 hyperMILL 编程的主体，工单可以理解为加工刀路策略，hyperMILL 工单是工单列表内的典型加工步骤。铣削加工的工单主要分为 2D 工单、3D 工单、五轴工单、钻孔工单等。

工单的创建过程主要包含以下几个任务：

①定义刀具，也可以从刀库中调用已定义好的刀具；

②定义加工方式；

③定义加工参数；

④定义加工区域；

⑤定义进退刀方式；

⑥定义碰撞安全检查。

（4）进行工单计算产生刀路。

可直接在工单定义中或在 hyperMILL 浏览器中计算刀具路径，刀具路径计算成功后会生成刀路轨迹和刀路文件。

（5）刀路模拟。

可以使用内部模拟、内部机床模拟、hyperVIEW 程序、hyperMILL VIRTUAL Machining Center 或外部模拟程序来模拟机床加工，检验刀路的正确性。

（6）后置处理生成 NC 代码。

可通过 hyperMILL 浏览器中的生成 NC 文件快捷菜单或使用 hyperVIEW 输出 NC 程序

3.1.2 hyperMILL 的 2D 工单

hyperMILL 提供的 2D 工单有以下几种：

（1）型腔加工：用于 2D 型腔（垂直型型腔壁的型腔）的加工，型腔可以是开放型的型腔，也可以是带岛屿的型腔，还具有计算参与材料区域的功能。

（2）轮廓加工：用于铣削开放和闭合 2D 轮廓，具有刀补功能，还可以计算残余材料区域。

（3）基于 3D 模型的轮廓加工：通过碰撞检查、可选停止曲面和自动进刀和退刀策略铣削开放和闭合轮廓。此工单的功能与轮廓加工工单类似，但它是基于模型生成的，具有基于模型的碰撞检查功能，因此可以生成安全的刀路。

（4）基于 3D 模型的 T 型槽加工：沿平面轮廓粗加工和精加工 T 型槽。

（5）基于 3D 模型的倒角加工：可以加工模型上的倒角，还可以进行去毛刺 / 锐边倒角加工。

（6）倾斜轮廓：加工与轮廓加工相同，可以加工斜型腔壁（具有拔模角的型腔壁）。

（7）倾斜型腔：加工与型腔加工相同，可以加工具有拔模角的型腔。

（8）矩形型腔：加工平行于轮廓的矩形型腔，可指定加工方向为顺铣或逆铣。

（9）残料加工：在型腔或轮廓加工后，加工残余材料区域。

（10）端面加工：对较大平面的面进行加工，

（11）回放加工：路径铣削过程，是通过鼠标交互在加工的平面上手动产生。

（12）下插铣削：该循环由轮廓导引，生成插铣刀具路径。可选择执行碰撞检查和毛坯模型更新。

3.1.3 工作环境设置

工作环境的设置可以根据个人习惯进行设置。为了简化设置，可以在 hyperCAD 工作环境的设置的基础上再按图 3-2 所示选择 hyperMILL 选项卡和 hyperMILL 工具工具条。

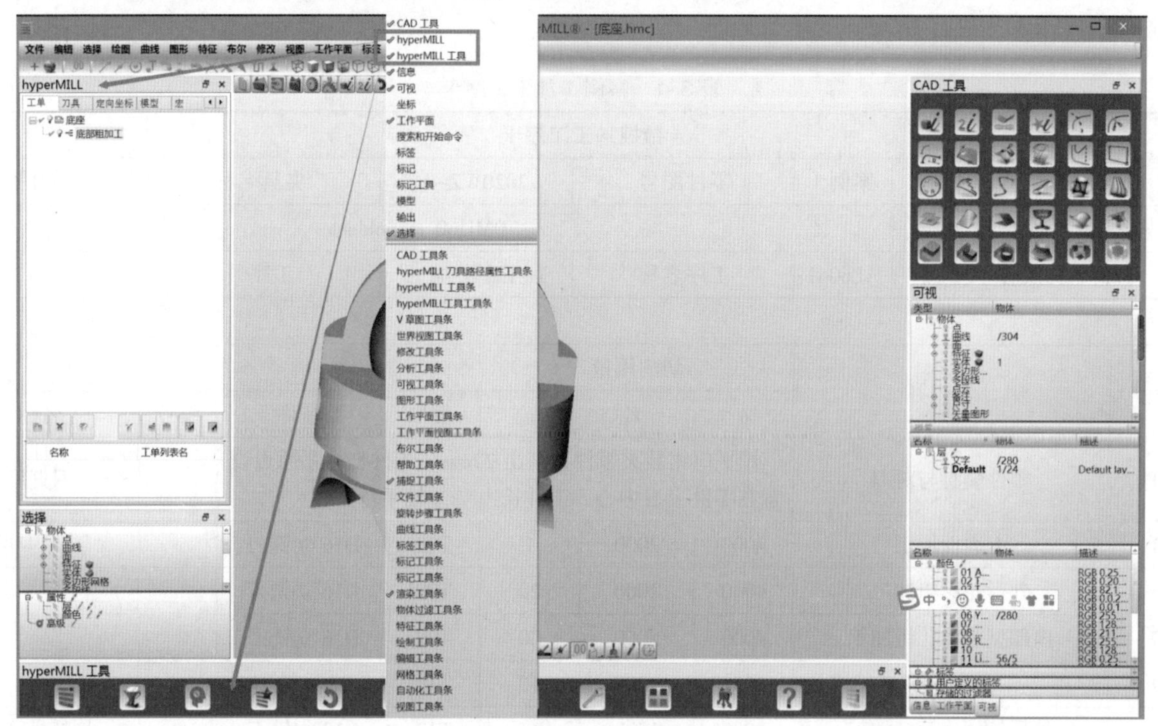

图 3-2 工作环境设置

3.2 2D 加工案例 1——基于 3D 模型

在本节，以图 3-3 所示零件的加工为例，介绍 hyperMILL 2D 加工工单的使用。

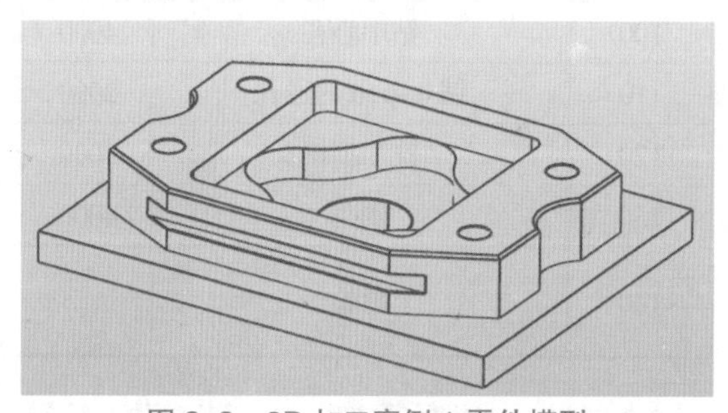
图 3-3 2D 加工案例 1 零件模型

3.2.1 工艺分析

该模型主要的加工结构有上表面、外形轮廓、型腔、孔、T 型槽、倒角结构，这些结构均可以使用 2D 工单来完成。本例使用的毛坯为长方体毛坯，材料为 AL6061 铝合金，长度和宽度尺寸与零件模型一致，高度方向高出零件模型 1mm。加工流程如下：

（1）上表面加工：用直径为 16mm 的立铣刀通过端面加工工单来完成零件上表面的加工。

（2）粗加工：可以使用直径 16mm 的立铣刀用型腔加工工单完成外形轮廓（可以看成是带有岛屿的开放型腔）的加工和内部型腔的加工（含中心通孔结构）的粗加工；

（3）二次开粗：然后用残料加工工单，使用直径为 8mm 的立铣刀加工矩形型腔圆角处的残料。

（4）精加工：

1）使用直径为 12mm 的立铣刀完成外形轮廓底面的精加工。

2）使用直径为 8mm 的立铣刀完成内部型腔底面的精加工。

3）使用直径为 12mm 的立铣刀完成外形轮廓的精加工。

4）使用直径为 8mm 的立铣刀完成内部型腔轮廓的精加工。

（5）完成孔的加工：先用 D10 倒角刀钻出中心孔，再用直径 10mm 的钻头钻孔。

（6）完成 T 型槽的加工：使用基于 3D 模型的 T 型槽加工工单完成 T 型槽的加工。

（7）完成倒角：使用基于 3D 模型的倒角加工工单来完成倒角加工。

加工工序卡如表 3–1 所示。

表 3–1 案例 1 加工工序卡

<table>
<tr><th colspan="9">数控加工工序卡</th></tr>
<tr><td colspan="2">零件名称</td><td>案例 1</td><td colspan="2">零件图号</td><td colspan="2">2020WZ–0</td><td>夹具名称</td><td>平口钳</td></tr>
<tr><td colspan="2">设备名称及型号</td><td colspan="7">DMU60 monoblock</td></tr>
<tr><td colspan="2">材料名称及牌号</td><td>AL6061</td><td colspan="2">工序名称</td><td colspan="2">加工中心加工</td><td>工序号</td><td>10</td></tr>
<tr><td colspan="9"></td></tr>
<tr><td rowspan="2">工步号</td><td rowspan="2">工步内容</td><td colspan="3">切削用量</td><td colspan="2">刀具</td><td colspan="2">量具</td></tr>
<tr><td>n</td><td>V_f</td><td>a_p</td><td>编号</td><td>名称</td><td>编号</td><td>名称</td></tr>
<tr><td>10</td><td>零件装夹与对刀</td><td colspan="5">用平口钳装夹零件，露出 22mm，工件坐标系原点设置在零件上表中心，工件长边与 X 轴平行</td><td></td><td>钢直尺</td></tr>
<tr><td>20</td><td>上表面加工</td><td>4000</td><td>2000</td><td>1</td><td>T09</td><td>D16 立铣刀</td><td></td><td>游标卡尺</td></tr>
<tr><td>30</td><td>外形轮廓粗加工</td><td>4000</td><td>2000</td><td>20</td><td>T09</td><td>D16 立铣刀</td><td></td><td></td></tr>
<tr><td>40</td><td>内部型腔及孔粗加工</td><td>4000</td><td>2000</td><td>20</td><td>T09</td><td>D16 立铣刀</td><td></td><td></td></tr>
<tr><td>50</td><td>二次开粗</td><td>5000</td><td>2000</td><td>10</td><td>T12</td><td>D8 立铣刀</td><td></td><td></td></tr>
<tr><td>60</td><td>外形轮廓底面精加工</td><td>4000</td><td>1000</td><td>0.5</td><td>T13</td><td>D12 立铣刀</td><td></td><td>深度尺</td></tr>
<tr><td>70</td><td>内部型腔底面加工</td><td>5000</td><td>1000</td><td>0.5</td><td>T12</td><td>D8 立铣刀</td><td></td><td>深度尺</td></tr>
<tr><td>80</td><td>外形轮廓精加工</td><td>4000</td><td>1000</td><td>0.5</td><td>T13</td><td>D12 立铣刀</td><td></td><td>外径千分尺</td></tr>
<tr><td>90</td><td>内部型腔轮廓及孔壁加工</td><td>5000</td><td>1000</td><td>0.5</td><td>T12</td><td>D8 立铣刀</td><td></td><td>游标卡尺
内径千分尺</td></tr>
<tr><td>100</td><td>钻中心孔</td><td>4000</td><td>500</td><td>5</td><td>T15</td><td>D10 倒角刀</td><td></td><td></td></tr>
<tr><td>110</td><td>钻 4–ϕ10 的通孔</td><td>2000</td><td>200</td><td>5</td><td>T17</td><td>D10 钻头</td><td></td><td>游标卡尺</td></tr>
<tr><td>120</td><td>铣 T 型槽</td><td>3000</td><td>500</td><td>2.25</td><td>T19</td><td>D30T 型槽刀</td><td></td><td>游标卡尺</td></tr>
<tr><td>130</td><td>倒角</td><td>4000</td><td>1000</td><td>1</td><td>T20</td><td>D10 倒角刀</td><td></td><td></td></tr>
<tr><td>140</td><td>检验</td><td colspan="5">检测零件模型的加工精度</td><td></td><td>游标卡尺
内外径千分尺</td></tr>
</table>

3.2.2 平面铣削——端面加工策略

一、创建工单列表

工单列表中主要要进行工件坐标系（在本软件中称为 NC 坐标系）、零件模型、毛坯模型、后置处理的设置。在本例中，我们把工件坐标系设置在零件上表面的中心位置，为了更好地捕捉到上表面的中心点，我们先创建一个包容零件模型的包容盒，再在顶部创建一条辅助线，以此来方便捕捉零件上表面的中心点。下面是具体的工单列表的具体操作过程。

1. 打开“第三章 \2D 加工案例 1–– 三维实体 .hmc”

2. 创建包含盒

框选所有零件模型，再选择菜单栏【分析】>【创建包容盒】命令，创建包容盒的线框模型。如图 3–4 所示。

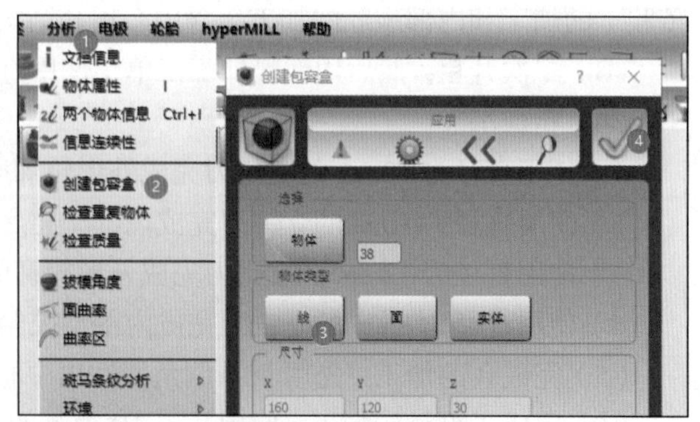

图 3–4 创建包容盒

3. 绘制如图 3–5 所示辅助线

4. 新建工单列表

在 hyperMILL 浏览器的工单项目下右击鼠标（图 3–6 中①位置），从快捷式菜单中选择【新建】>【工单列表】，打开工单列表选项卡进行设置。如图 3–6 所示。

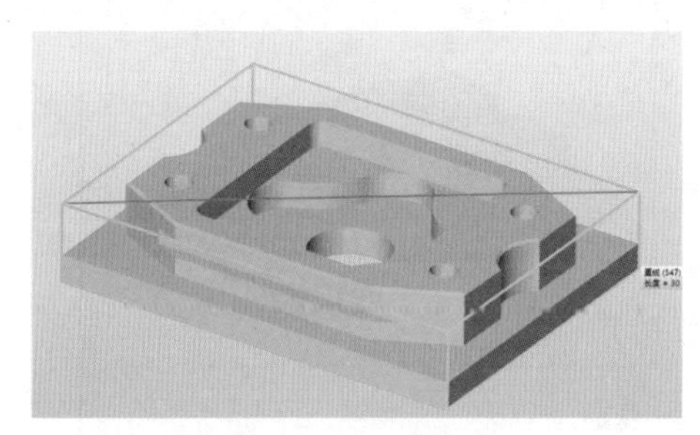

图 3–5 绘制辅助线

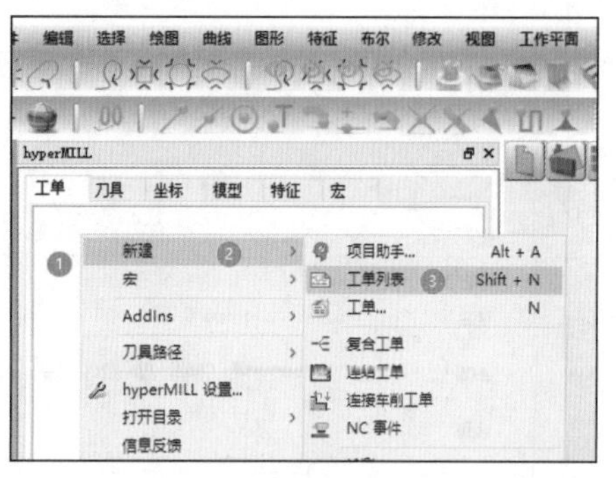

图 3–6 新建工单列表

5. 设置工件坐标系

在工单列表对话框中可以根据需求修改工单列表名称，如图 3–7 中①所示，将名称修改为：2D 加工案例 1-- 维实体 _7；设置工件坐标系的步骤如图 3–7 所示：先选择 NCS 后的图标，如图中②所示；再在加工坐标定义对话框中点击【移动】，如图中③所示；然后在零件上选择辅助线的中点，如图中④所示；最后在加工坐标定义对话框中点击【确认】图标，完成工件坐标系的设置。

图 3–7 设置工件坐标系

6. 定义零件模型

点击工单列表中的零件数据选项卡，设置好零件数据选项卡后，零件的加工区域也随之定义好了。点击可视浏览器中曲线前的灯泡，使其处于关闭状态，不显示零件上的曲线。去掉零件数据选项卡中的材料已定义选项（不设置材料）。选中模型已定义选项，在点击其后的新建加工区域图标，进行零件模型的定义。如图 3–8 所示。

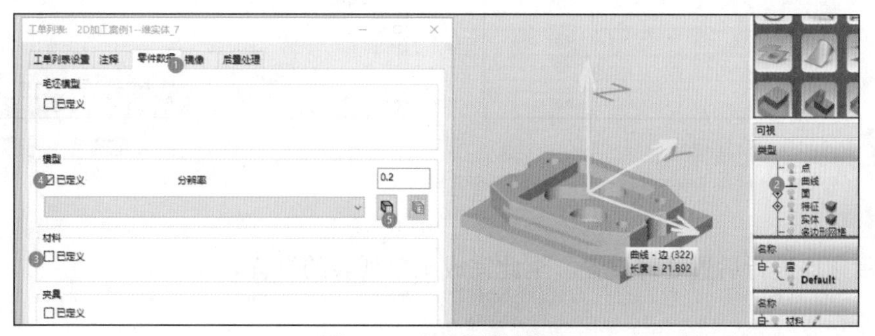

图 3–8 定义零件模型

按图 3–9 中的顺序进行操作，框选全部零件模型后确认退出，完成零件模型的定义。

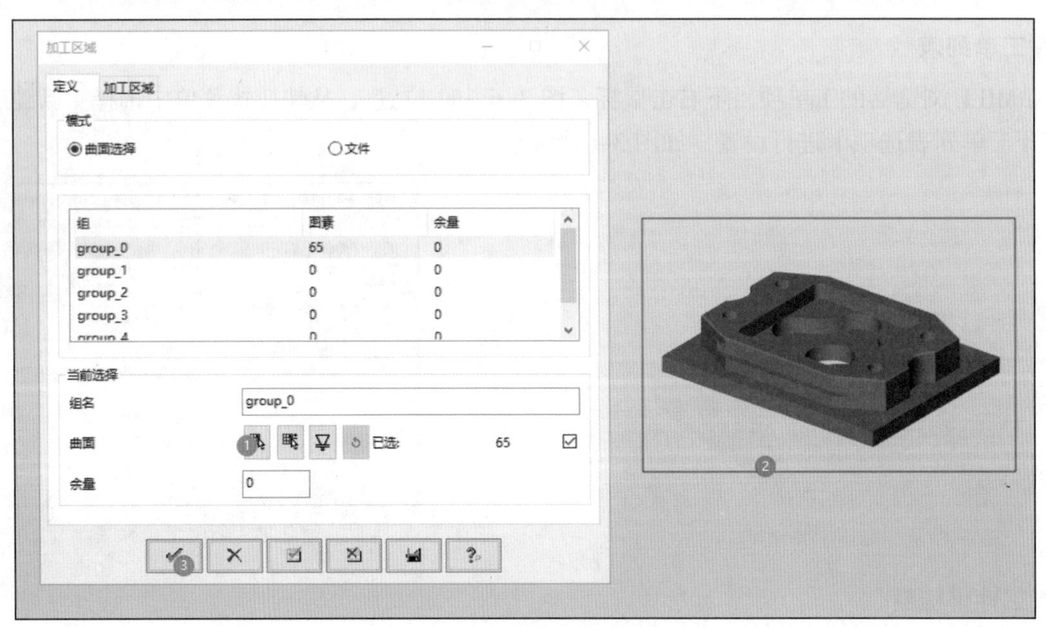

图 3–9 完成零件模型定义

7. 定义毛坯模型

勾选毛坯模型中已定义选项，点击【新建毛坯】图标进行毛坯设置，如图 3–10 所示。按图 3–11 进行毛坯定义，毛坯顶面高出零件模型 1mm，用于端面加工。

工单列表：2D加工案例1--维实体_7
工单列表设置 注释 零件数据 镜像 后置处理
毛坯模型
已定义
模型
已定义 分辨率 0.2

图 3–10 新建毛坯

图 3–11 定义毛坯模型

8. 后置处理设置

如图 3–12 所示顺序进行后置处理设置。至此完成工单列表的设置。

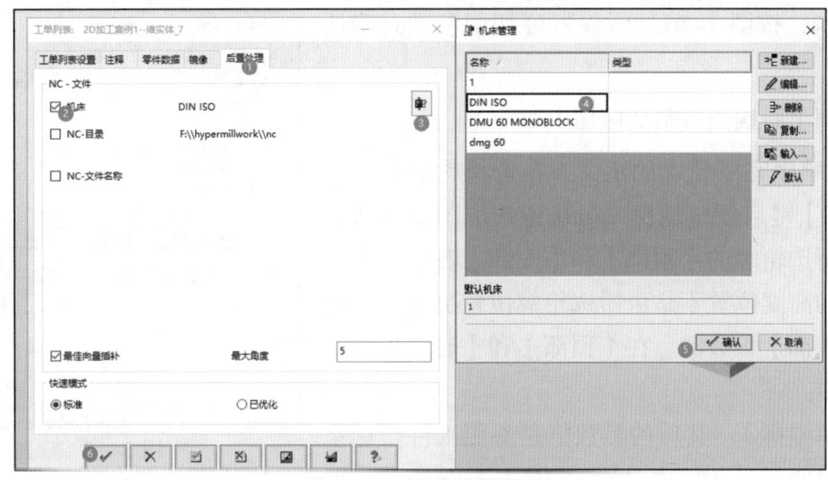

图 3–12 设置后置处理

二、端面加工设置

1. 启动端面加工策略

如图 3–13 在①处右击鼠标，从弹出的快捷式菜单中依次选取【新建】>【2D 铣削】>【端面加工】。

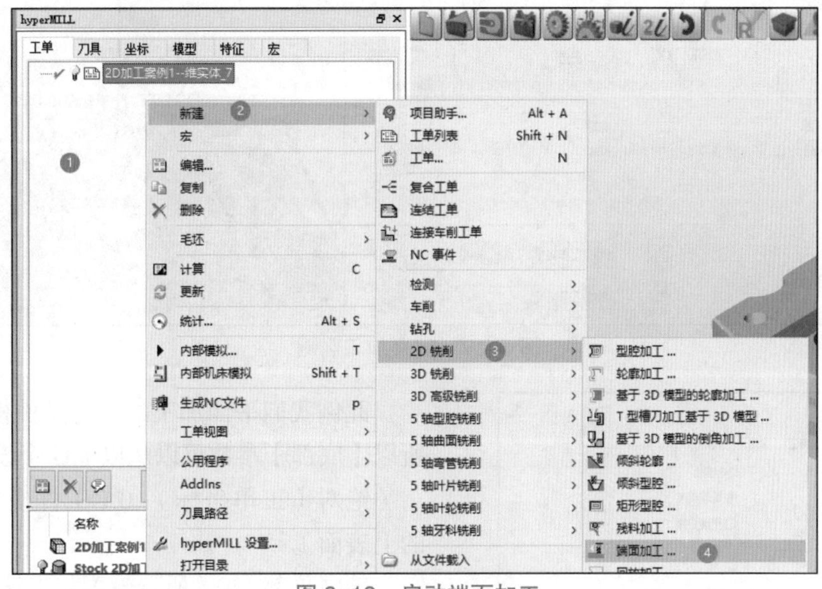

图 3–13 启动端面加工

2. 设置刀具

如图 3–14 选择立铣刀，点击新建刀具图标进行刀具参数设置。

在图 3–15 中将刀具直径设置为 16。

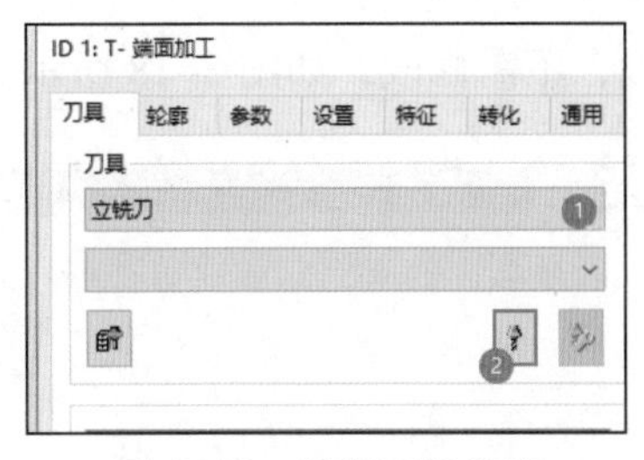

图 3–14 选择刀具类型

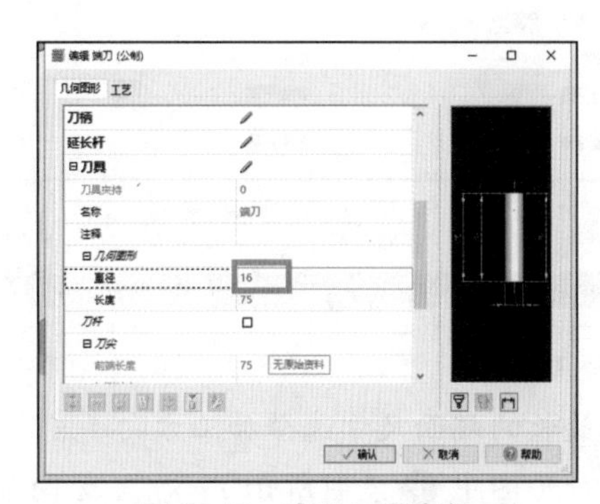

图 3–15 定义刀具直径

点击工艺选项卡，按图 3-16 所示设置好切削参数。确认后完成刀具的设置。

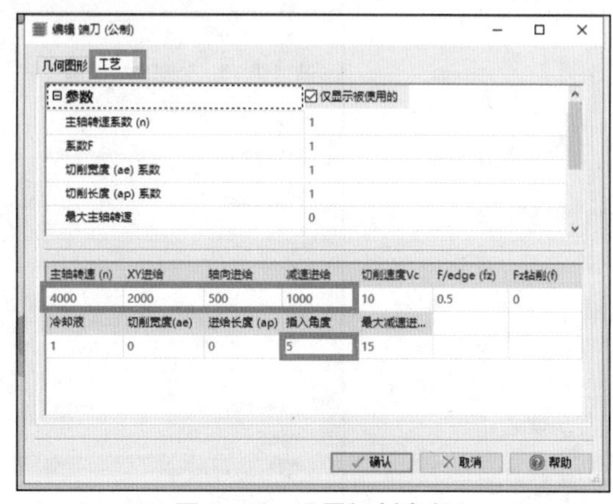

图 3-16 设置切削参数

3. 设置加工轮廓（即端面铣削的区域）

按图 3-17 所示顺序完成轮廓的定义，在选择轮廓时，可以选用按键盘上【C】键启用链选模式可快速选取图中③所示的矩形。然后设置所选轮廓的【顶部】和【底部】参数。要注意的是平面的铣削的高度位置不是由所选轮廓位置决定的，而是由【顶部】和【底部】参数的。在【顶部】和【底部】参数设置中，有四个选项：

（1）绝对（工单坐标）：其后的参数值是参照工件坐标系给出的 Z 坐标的绝对值。

（2）轮廓顶部：其后的参数值是参照轮廓顶部给出的 Z 坐标的绝对值。

（3）轮廓底部：其后的参数值是参照轮廓底部给出的 Z 坐标的绝对值。

（4）顶部相对值：其后的参数值是参照零件模型顶部给出的 Z 坐标的绝对值。

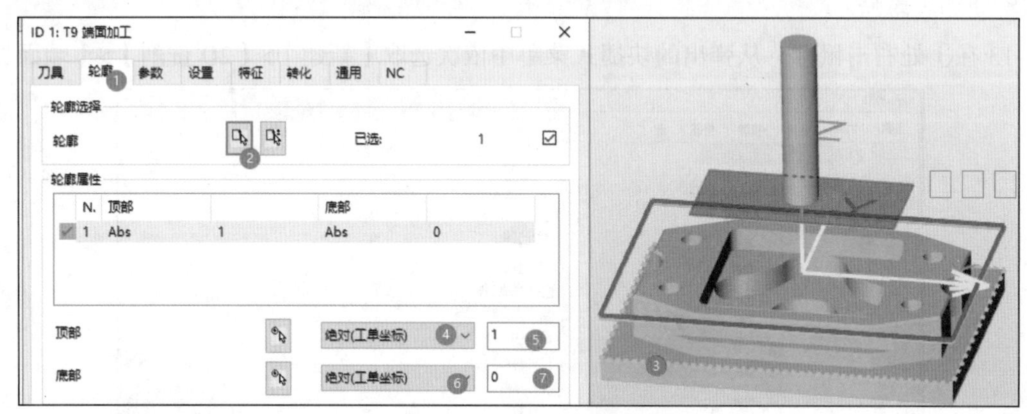

图 3-17 定义加工区域

图 3-18 参数选项卡

此例我们平面加工的面为零件模型的上表面位置，所以【底部】参数可以从以下四个设置中任选一个：

绝对（工单坐标）：0（工件坐标系的原点在工件的上表面）。

轮廓顶部：20（所选轮廓与工件上面再 Z 轴方向上的距离为 20mm）。

轮廓底部：20（所选轮廓与工件上面再 Z 轴方向上的距离为 20mm）。

顶部相对值：0（零件模型的顶部即为端面铣削加工面）。

3. 设置参数选项卡

默认设置，不需修改，如图 3-18 所示。

参数选项卡中参数介绍

1）加工模式

根据最长的端面尺寸选择加工方向。

X 平行（图中❶左图所示）：沿 X 方向加工，沿 Y 方向进给。

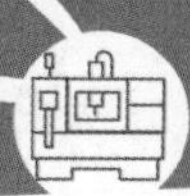

Y 平行（图中 ❷ 左图所示）：沿 Y 方向加工，沿（−X）方向进给。

加工角度：绕 Z 轴旋转坐标系统也可以进行倾斜加工。指定所需的旋转角度。（图（a）、（b）中右图所示），如图 3–19 所示。

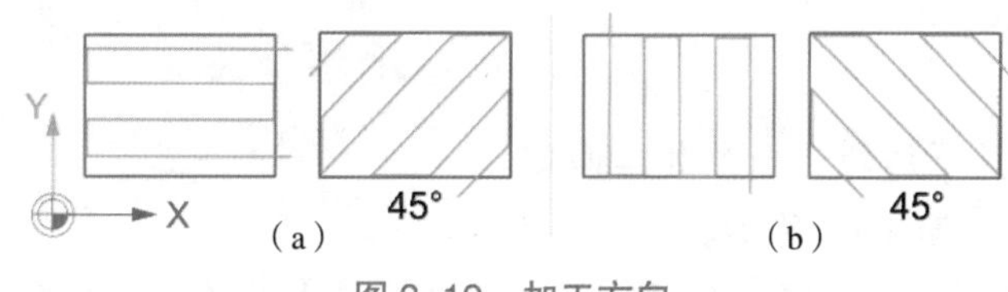

图 3–19 加工方向

2）进给模式

直接双向：加工方向随截面变化。进给沿最短路径移动。两个相邻截面之间的水平步距按加工进给率（G1）进行。如图 3–20（a）所示。

平滑双向：加工方向随截面变化。进给路径类似于循环（G2/G3 运动）。此模式主要用于高速加工。如图 3–20（b）所示。

单向：各截面的加工方向保持不变。可选择以逆铣方式进行加工。如图 3–20（c）所示。

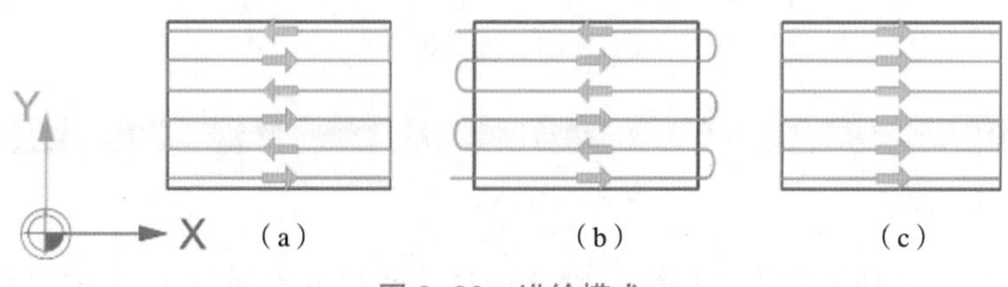

图 3–20 进给模式

3）进给量

垂直步距：从 NC 坐标的 Z 轴方向，至下一个加工平面的 Z 轴步距，可以理解为背吃刀量。如图 3–21 中 ❶ 所示。

步距（直径系数）：XY 平面内的步距，可以理解为切削宽度，但用刀具直径系数表示。如图 3–21 中 ❷ 所示。例如：刀具直径为 10mm，此参数设置为 0.5 时，步距为 5mm。

4）安全余量

毛坯 Z 轴余量：Z 方向上的余量。如图 3–21 中 ❹ 所示。

5）进 / 退刀系数

如图 3–22 所示，按当前加工平面的【进刀系数】和【退刀系数】指定的距离 ❸ 延伸刀具的进刀和退刀路径。【进刀系数】和【退刀系数】大于 0.5 可以确保在削切前后，刀具处于待加工区域之外。

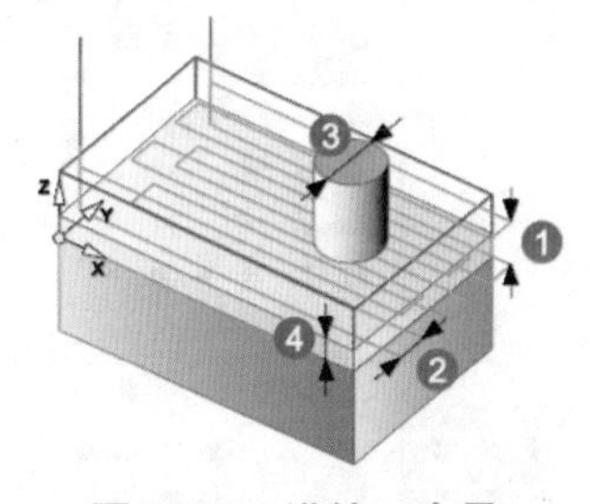

图 3–21 进给、余量

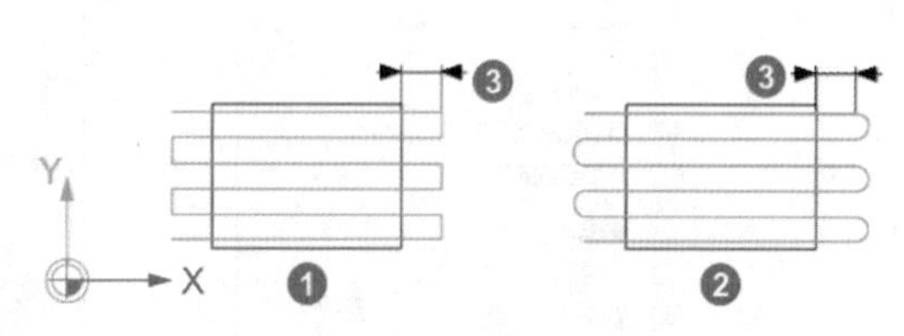

图 3–22 进退刀系数

6）重叠参数

考虑圆角半径：使用圆鼻铣刀时，在加工结束执行额外切削以防止材料剩余。

适合步距：为改善刀具切削部分，调整步距。使用圆鼻铣刀时，避免加工结束时有残余材料。

在图 3–23 中：

（a）图:【考虑圆角半径】和【适合步距】未激活;
（b）图:【考虑圆角半径】已激活;
（c）图:【适合步距】已激活;
Ⓐ为步距方向

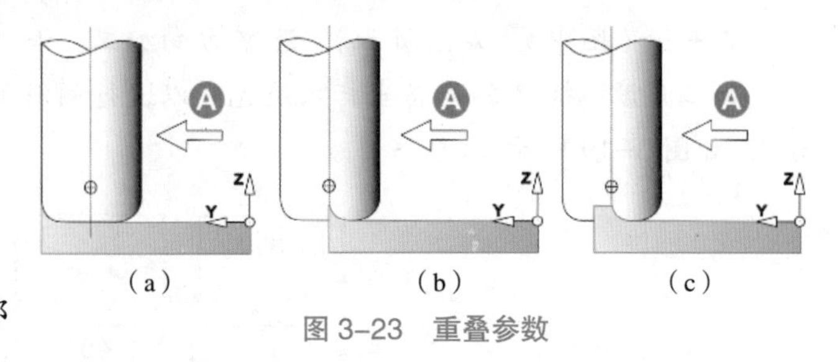

图 3-23 重叠参数

7）退刀模式

安全平面：所有抬刀以及下切到下一个加工面都要返回到安全平面上。如图 3-24（a）所示。

安全距离 / 切入位置：如图 3-24（b）所示，从【安全距离】开始，进行铣削，无 Z 向退刀。

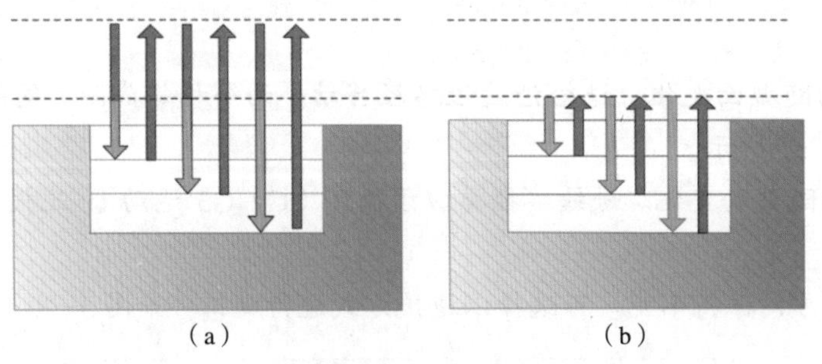

图 3-24 退刀模式

4. 生成刀具路径

设置完参数选项卡后，其他选项不需设置，默认就行，然后点击如图 3-25 所示的对话框中的计算按钮进行刀路的生成计算。

图 3-25 生成刀具路径

5. 加工仿真

在 hyperMILL 浏览器中右击生成的端面加工工单，从弹出的快捷式菜单中选择【内部机床模拟】，如图 3-26 所示。

如图 3-27 所示，在毛坯计算对话框中点击确认按钮，在加工模拟对话框中点击开始仿真按钮开始仿真。

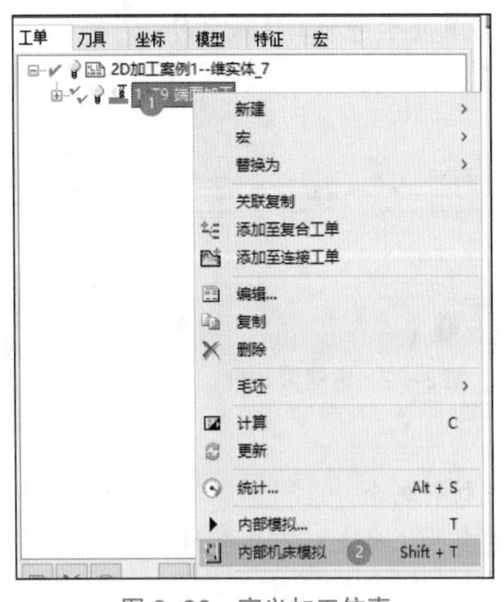

图 3-26 定义加工仿真

图 3-27 模拟仿真

如图 3–28 所示的操作，可以进行刀轨的显示与否的切换。

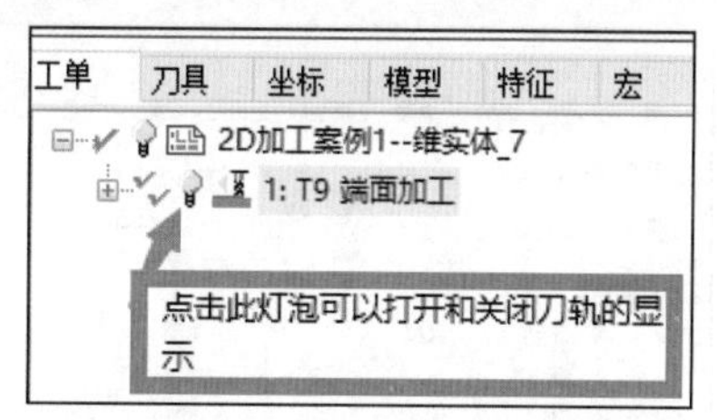

图 3–28 设置刀轨显示 / 隐藏

6. 后处理

如图 3–29 所示，右击生成的工单，选择生成 NC 文档，完成刀轨的后处理。双击图中❸的位置，即可以打开生成的如图所示的 NC 程序文档，如图 3–30 所示。

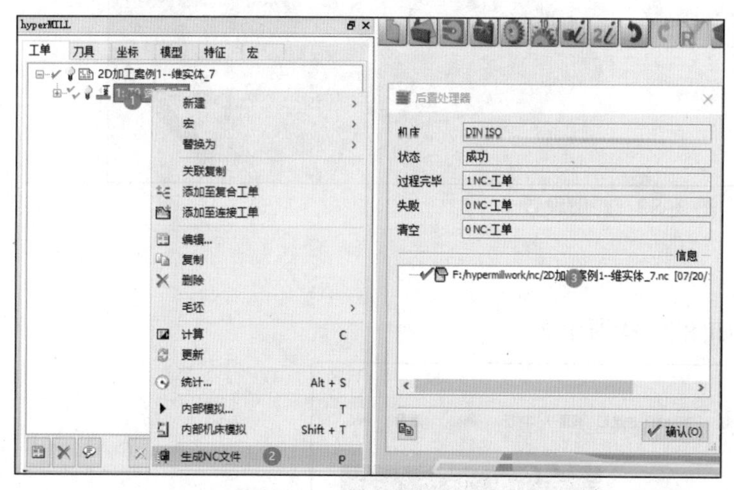
图 3–29 生成 NC 文件

图 3–30 NC 程序文档

3.2.3 零件粗加工——型腔铣削策略

一、粗加工外轮廓区域

1. 启动型腔加工策略

如图 3–31 在❶处右击鼠标，从弹出的快捷式菜单中依次选取【新建】>【2D 铣削】>【型腔加工】。

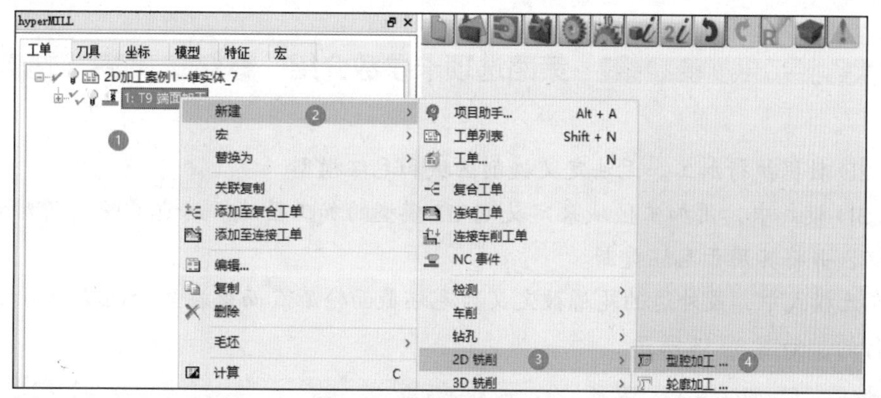
图 3–31 新建型腔加工

2. 刀具设置

如图选择上次使用的 $\phi16$ 立铣刀，如图 3–32 所示。

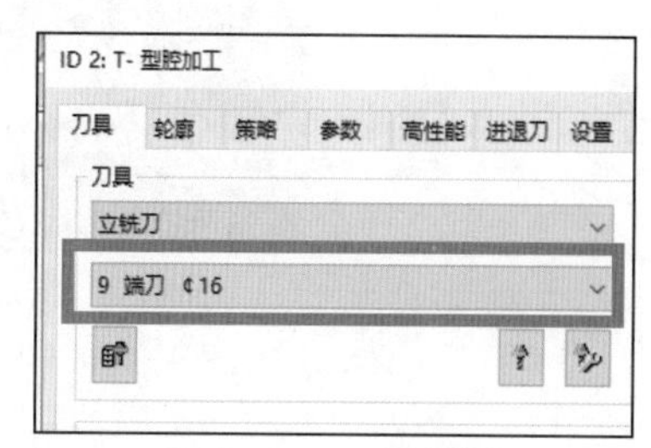

图 3–32 刀具设置

3. 轮廓设置

在选择轮廓时可以采用链选方式（在选择时，按【C】键开启链选功能）进行快速选取，所选的两个轮廓其顶部设置为：绝对（工单坐标）0，底部设置为：绝对（工单坐标）–20，如图 3–33 所示。

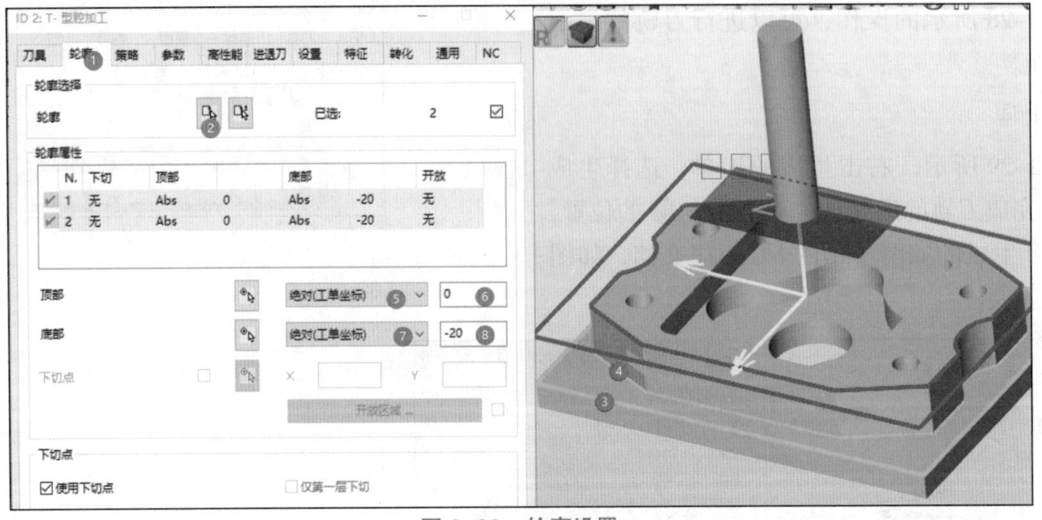

图 3-33 轮廓设置

4. 策略选项卡设置

点选 3D 模式（也可以使用毛坯模式），如图 3-34 所示。

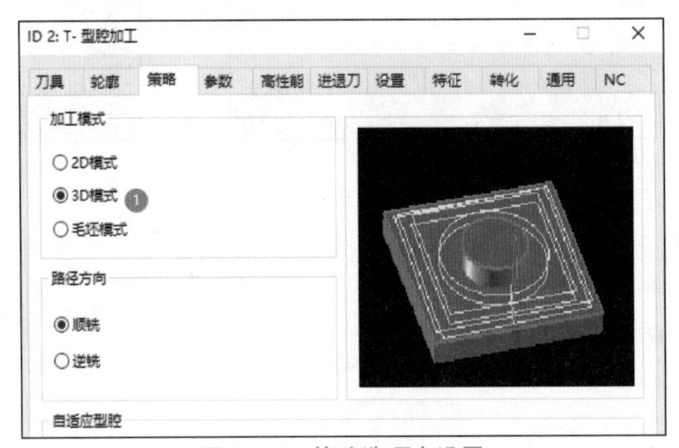

图 3-34 策略选项卡设置

策略选项卡参数介绍

1）加工模式

2D 模式：用 2D 数据执行加工。无法定义铣削区域和毛坯模型。

3D 模式：在 3D 模式中，用加工区域来定义 CAD 模型的加工区域。这也意味着已对它经过碰撞检查。还可生成一个毛坯，并将其用于毛坯更新。

毛坯模式：在此模式中，最外边的轮廓被定义为毛坯截面轮廓。而落在里面的轮廓则被看成岛屿。加工总是从外向内进行的。如图 3-35 所示。

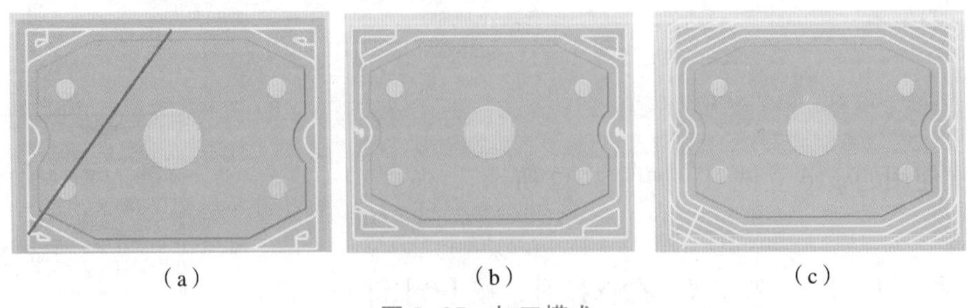

（a） （b） （c）

图 3-35 加工模式

（a）2D 模式;（b）3D 模式;（c）毛坯模式

2）路径方向

选择【顺铣】或【逆铣】作为刀具切削模式。

在进行顺铣时，以下切削模式设定适合于顺时针旋转刀具：

加工型腔轮廓时采用逆时针，如图 3-36 中 ❷ 所示；

加工岛屿轮廓时采用顺时针，如图 3-36 中 ❶ 所示；

对于逆时针旋转刀具的来说，如果您想进行顺铣，就要选择逆铣。顺铣和逆铣也可用于高性能模式。

图 3-36 切削模式

3）自适应型腔

使用自适应型腔：优化的矩形型腔的加工（也带有倒圆），以及带开放和封闭同心岛的开放和闭合圆形型腔，如图 3-37 所示。可用于 2D 模式和毛坯模型模式，本例型腔不规则，不能采开启此项功能。

图 3-37 自适应型腔

以下适用于加工矩形型腔：

根据刀具对比型腔的比例，hyperMILL 将自动计算最有效的去除运动，如图 3-38（a）所示的螺旋（采用小直径刀具），如图 3-38（b）所示的轮廓平行（采用大直径刀具）。

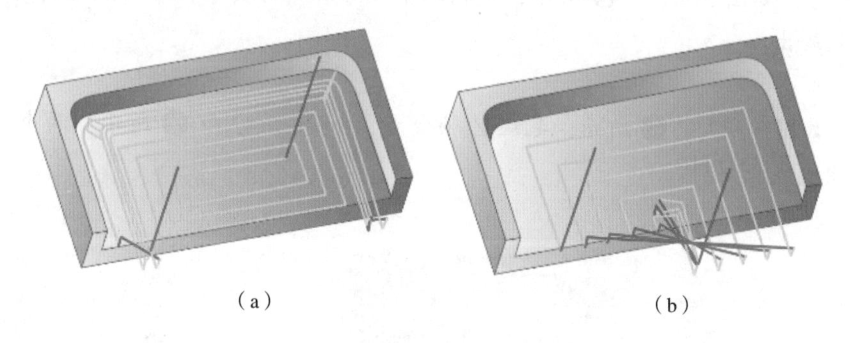

图 3-38 自适应型腔方式

自适应型腔参数：在满刀行为条件下调整进给率和进给的选项。可以在满刀切削条件下采用降低进给速度和分层切削来改善机床和刀具的负载情况。如图 3-39 所示。

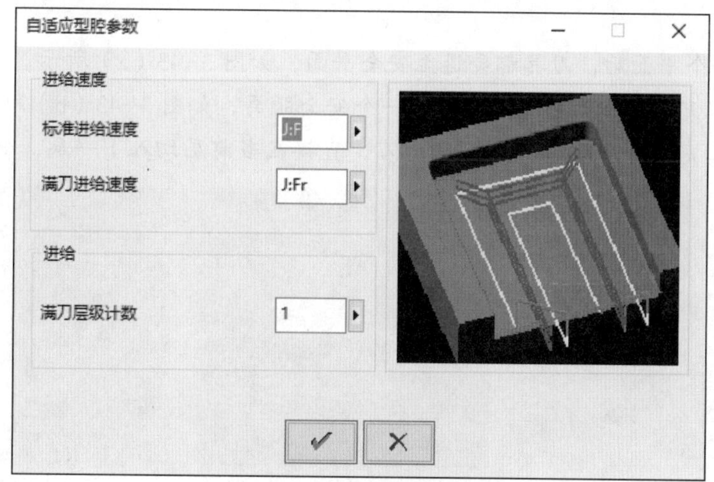

图 3-39 自适应型腔参数

5. 参数选项卡的设置

设置参数选项卡。垂直步距设为 20mm，水平步距设为 0.2（即刀具直径的 0.2），侧面和底面的精加工余量均设为 0.5mm，其他参数使用默认，如图 3-40 所示。

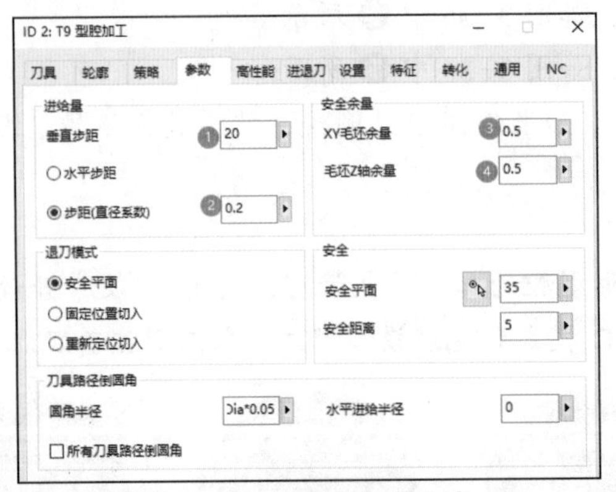

图 3-40 设置参数选项卡

参数选项卡参数简介

1）进给量

垂直步距：如图 3-41 中 ❶ 所示。含义与端面加工工单中的【垂直步距】类似。如果顶部区域位于两个定义的加工平面之间，系统将自动减小垂直下刀步距并插入一个中间步距。

步距（直径系数）：如图 3-41 中 ❷ 所示，是指两个相邻加工刀具路径中心点之间的距离，通常当作加工刀具的直径的系数给出。

2）安全余量

XY 毛坯余量，如图 3-42 中 ❶ 所示；毛坯 Z 轴余量，如图 3-42 中 ❷ 所示。两个余量都是要在后续的精加工操作中去除的残余材料。

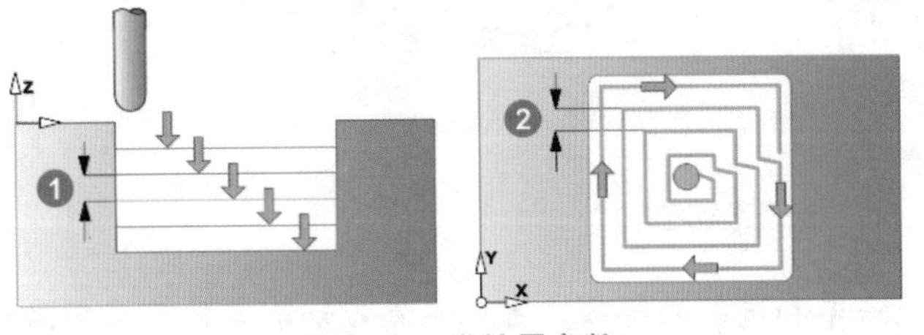

图 3-41 进给量参数

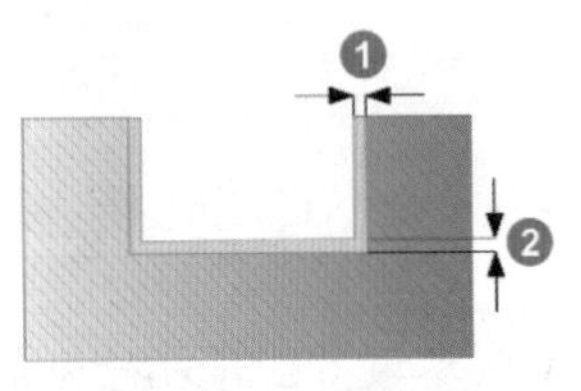

图 3-42 余量参数

3）退刀模式

安全平面：加工完每个平面后，刀具都会退至安全平面，如图 3-43（a）所示。

固定位置切入：加工完每个平面后，刀具退回一个安全距离，如图 3-43（b）所示。

重新定位切入：加工完每个平面后，无 Z 向退刀，直接在当前层切入下一层，如图 3-43（c）所示。

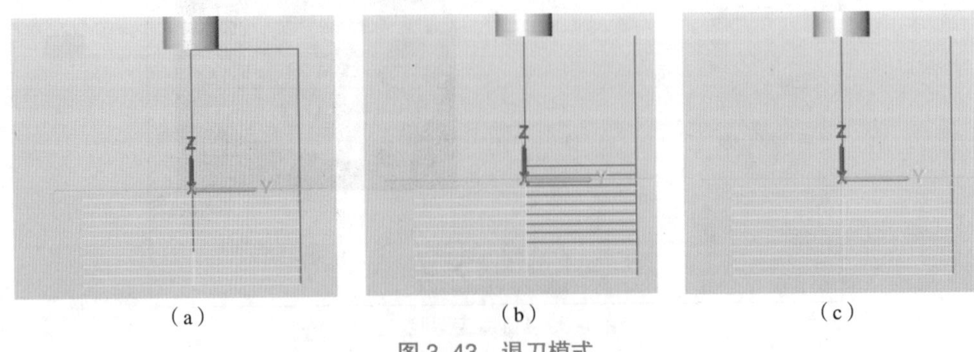

（a） （b） （c）

图 3-43 退刀模式

4）刀具路径圆角

可以对平面内的刀具路径做平滑处理。

圆角半径：用指定的半径对切削刀具路径内方向上的突然变化做修圆处理，如图 3-44 中❷所示。

水平进给半径：刀具路径之间的水平进给以水平进给半径作修圆处理，如图 3-44 中❶所示。

对所有刀具路径作修圆角处理：模型的轮廓内角都经过上述倒角半径修圆处理，结果是加工轮廓与模型轮廓在内角处有所不同，如图 3-44 中❸所示。

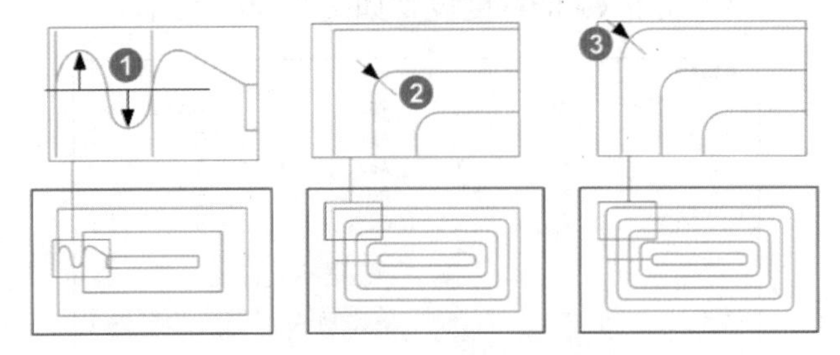

图 3-44 刀具路径圆角参数

6. 生成刀具路径

设置完参数选项卡后，其他选项不需要设置，使用默认就可以，然后点击对话框中的计算按钮进行刀路的生成计算。生成的刀路如图 3-45 所示。

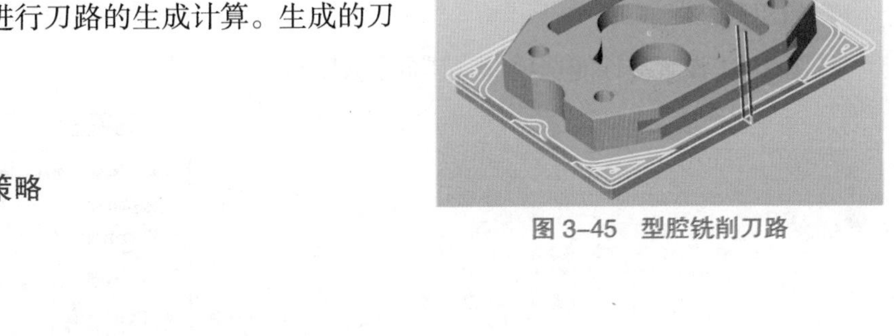
图 3-45 型腔铣削刀路

二、粗加内部型腔区域

1. 按前面的方法新建型腔加工策略

2. 选择上次使用的 ϕ16 立铣刀

3. 选择型腔轮廓

如图 3-46 所示，选择轮廓❶、❷、❸。

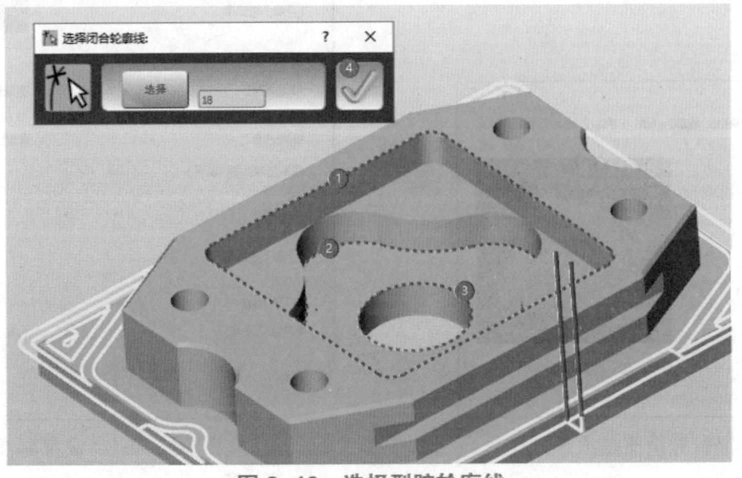

图 3-46 选择型腔轮廓线

4. 设置 3 个轮廓深度

（1）轮廓❶的深度设置如图 3-47 所示。

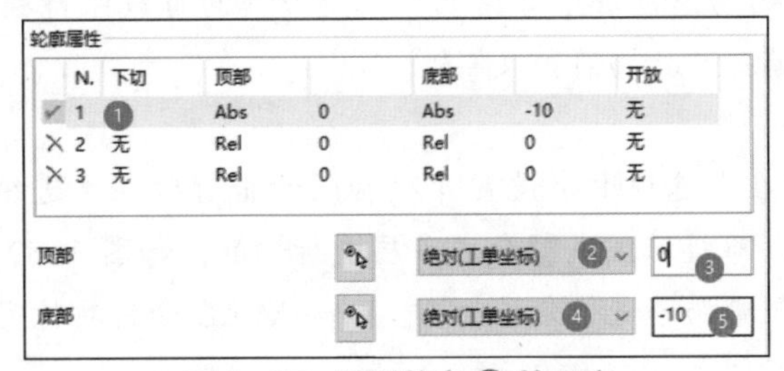

图 3-47 设置轮廓❶的深度

（2）轮廓❷的深度设置如图 3–48 所示。

（3）轮廓❸的深度设置如图 3–49 所示。

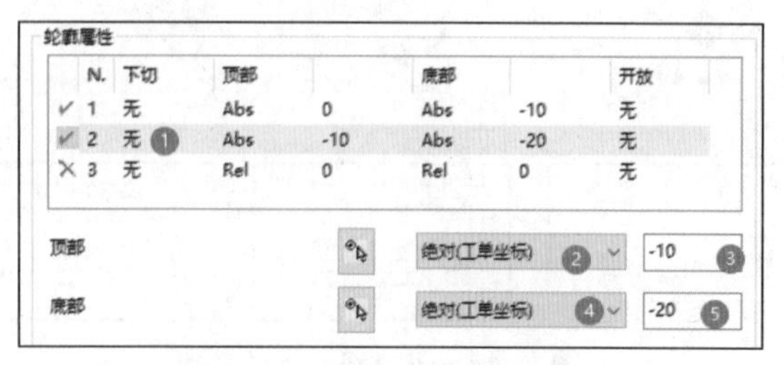

图 3–48 设置轮廓❷的深度

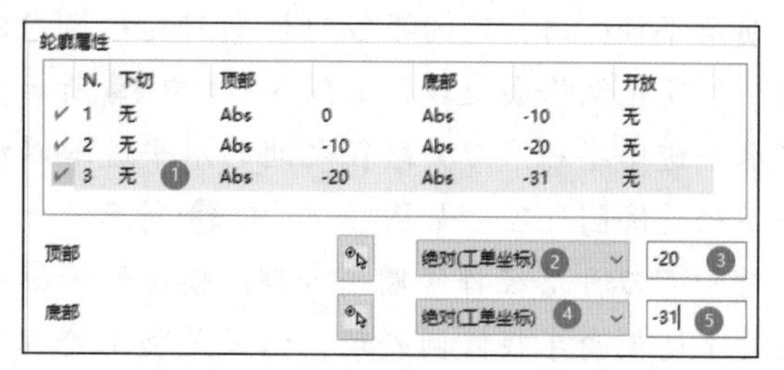

图 3–49 设置轮廓❸的深度

5. 设置策略选项卡

按图 3–50 完成设置，加工模式使用 2D 模式，由于有不规则型腔，不能开启自适应型腔选项。

6. 参数选项卡中的参数设置与上一个型腔加工刀路一致

7. 启用高性能加工

按图 3–51 设置高性能选项卡。其余参数默认。

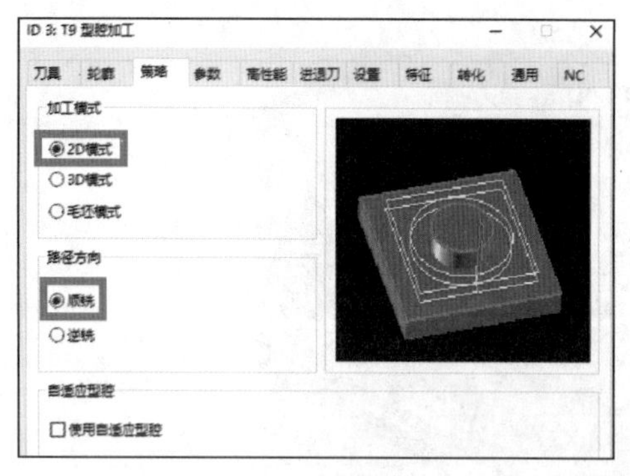

图 3–50 设置策略选项卡

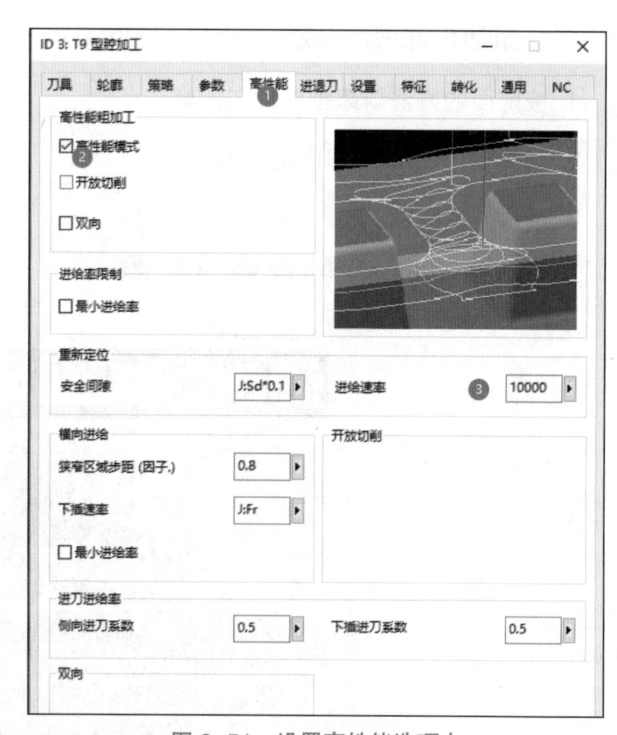

图 3–51 设置高性能选项卡

高性能选项卡参数简介

在高性能模式中，用 hyperMILL 创建的刀具轨迹已被优化为可在最短的加工时间内，达到最高的去除率，同时已将不同加工情况下的动态进给率考虑在内，使刀具的负载保持稳定。它在满刀切削的狭窄、难接触的区域提供两种不同的策略：开放切削和仅侧铣。

1）开放切削

如果该选项启用，就可以在本选项卡中设置开放切削的垂直步距、进给速率和最小进给率三个参数，这样就可以在满刀切削的狭窄、难接触区域Ⓐ分成多层进行切削，如图 3–52（a）所示。但分层过多，加工时间太长，也有可能采用摆线策略而不进行分层加工。hyperMILL 会针对特定加工情况，自动确定最合适的策略（至达到最短的整体加工时间）。

2）仅侧铣

当不勾选开放切削，就是启用仅侧铣功能，如果该选项启用，将不能进行满刀切削行为。狭窄、难接触区域Ⓐ用摆线路径切削，如图 3–52（b）所示。

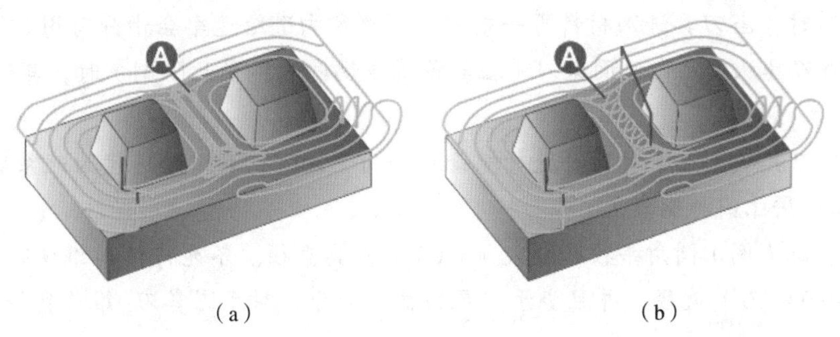

（a）　（b）

图 3–52　开放切削、仅侧铣方式

3）开放切削 / 满刀切削参数

在新版软件里，该参数名称成为满刀切削，对于满刀切削而言，垂直步距和进给速率都可根据特定的加工情况进行调整。

垂直步距：垂直步距中的步距数量是通过参数选项卡中定义的垂直步距来计算的（= 总进给）。如图 3–53 中❶所示。

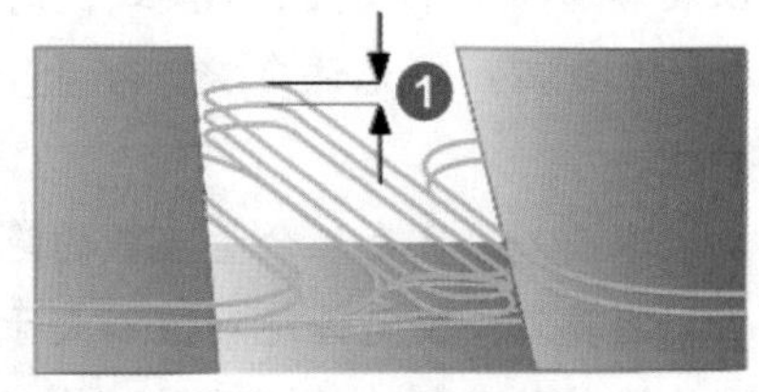

图 3–53　垂直步距

例如：如果在参数选项卡中定义的垂直步距为 6mm，就意味着在此层的狭窄区域的总切削深度是 6mm，当开放切削的垂直步距是 2mm，那么就分 3 层来加工狭窄区域。

进给率：满刀切削的最大可实现进给速率。

最小进给率：指定满刀切削进给率的最小值。

4）双向

当加工时应交替改换方向时启用此功能。勾选此选项，则还可在此选项卡中设置双向进给率因子。

5）双向进给率因子

影响反向进给率的因素。如果顺铣选作切削模式，则按指定的因子降低反向进给率，即逆铣进给率。系数 0.8 相当于进给率降低 20%。

6）重新定位

它有两个参数：安全间隙和进给率 。

安全间隙：轴向动作（Z 轴方向）将会偏离目前在加工的平面。默认值：安全距离 ×0.1。如图 3–54 中❶所示。

进给速率：进行所有动作时，在不去除材料的情况下重新定位刀具的最大可实现进给速度。

7）横向进给

狭窄区域步距（因子）：该数值将与参数选项卡中的【步距（直径系数）】相乘，用于确定在狭窄、难接触区域进行摆线动作的侧向进给量。特别是加工硬性材料时，减少密集区域的横向步距可能会是个有用的做法。如图 3–55 中❶所示。

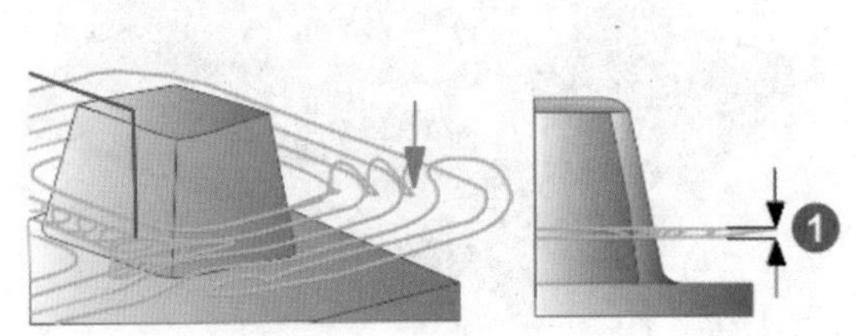

图 3–54　安全间隙

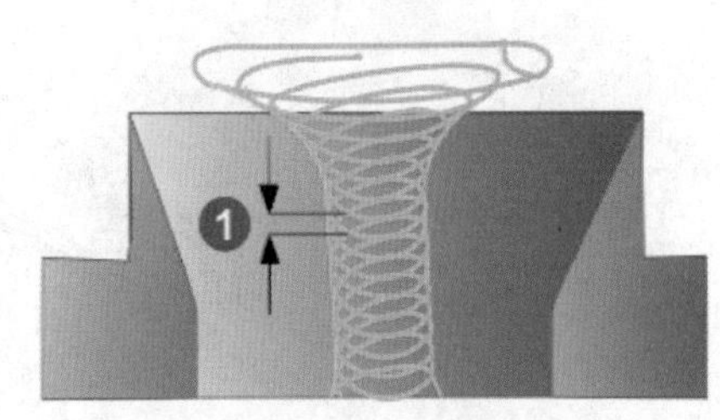

图 3–55　狭窄区域步距

下插速率：型腔切入动作的进给速度。

最小进给率：指定切入进给速度的最小值。

8）进刀进给率

在加工硬工件材料时，当刀具进入材料那一刻时，调整定向进给速率会十分有用。

侧向进刀系数：当刀具从外往内侧面进刀（在与轮廓成切向时不受此限制）时，其进给速度为此系数 × 进给速度。

下插进刀系数：当刀具从上往下对材料进行螺旋或斜向下切时，其进给速度为此系数 × 进给速度。

9）以下参数限制适用于高性能模式

（1）刀具选项卡。正（倒）圆角半径必须大于 0.05× 刀具直径。不允许使用锥度球刀;对于锥度立铣刀，则锥角直径必须小于 0.9× 刀具直径，并且小于刀具的扁平部分。对于圆鼻刀：锥角直径 ×0.5 必须小于（半径 – 圆角半径）。

（2）策略选项卡。不支持切入点。使用自适应型腔选项不可用。在 3D 模式中，不会产生 G2/G3 运动。

（3）参数选项卡。所有刀具路径倒圆角在默认情况下被启用。水平进给半径参数不可用。退刀模式：设置为退回平面。如在策略选项卡中设置为 2D/ 毛坯模式，则负毛坯余量 XY 不得大于 0.25× 刀具直径；如在策略选项卡中设置 3D 模式，则有以下限定：

立铣刀：不允许负 XY 余量。如果（毛坯余量 XY– 毛坯余量 Z）<0，这一差值的绝对值必须小于刀具半径。

球头刀：负毛坯余量 XY 的绝对值要小于刀具半径。毛坯余量 XY 必须大于毛坯余量 Z。

圆鼻刀：仅允许绝对值不大于圆角半径的负毛坯余量，如果（毛坯余量 XY– 毛坯余量 Z）< 0，这一差值的绝对值必须小于刀具的（半径 – 圆角半径）。

（4）进退刀选项卡。仅斜线或螺旋切入使用。使用螺旋切入时，会自动计算循环的螺旋半径。角度必须大于 0.01。

8. 进退刀设置

如图 3–56 所示设置进退刀参数。在进行型腔加工时，如未事先钻出落刀孔，则进刀一般使用螺旋和斜线下刀，当型腔较窄时，采用斜线进刀方式。

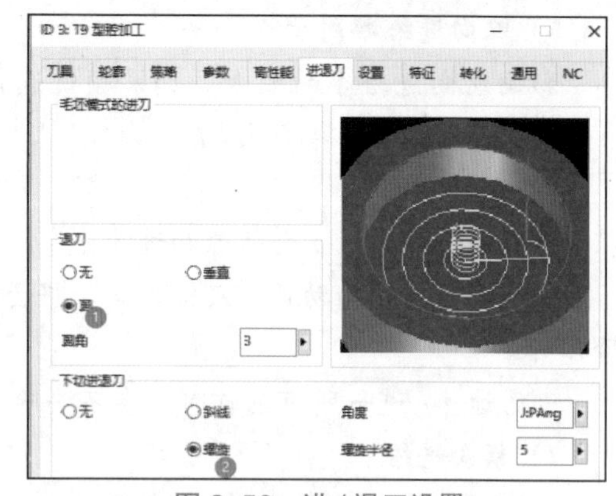

图 3–56 进 / 退刀设置

9. 生成刀具路径

设置完参数选项卡后，其他选项不需要设置，使用默认就可以，然后点击对话框中的计算按钮进行刀路的生成计算。生成的刀路如图 3–57 所示。

粗加工后仿真效果如图 3–58 所示。

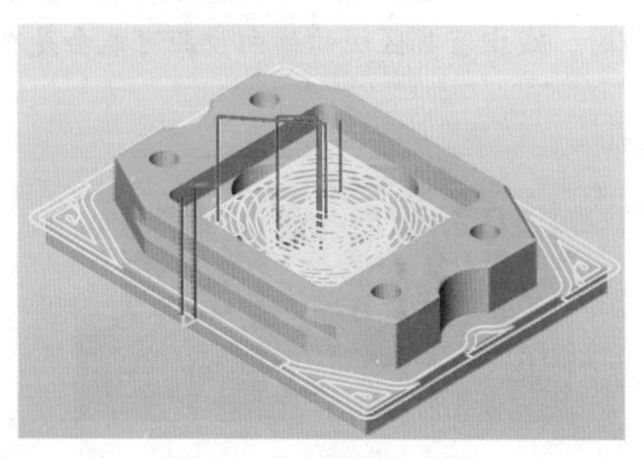
图 3–57 型腔铣削刀路

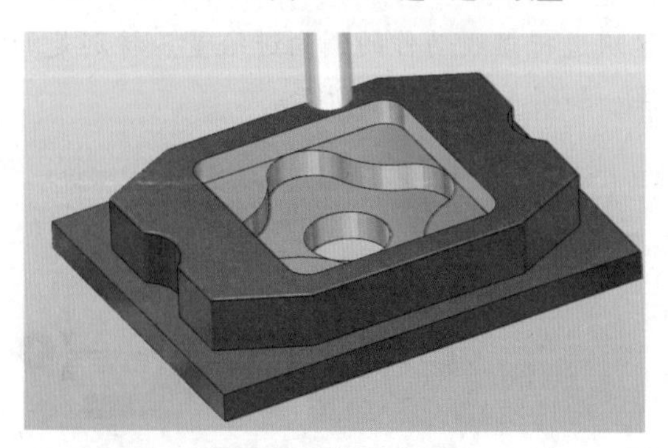
图 3–58 仿真效果图

3.2.4　零件二次开粗——残料加工策略

采用直径为 16mm 的铣刀加工圆角为 R5 的矩形型腔时，会在圆角处留下较大的残料，这时可以直径为 8mm 的立铣刀使用残料加工策略对其进行清根处理。

1. 启用残料加工策略

如图 3-59 在❶空白处右击鼠标，从弹出的快捷式菜单中依次选取【新建】>【2D 铣削】>【残料加工】。在参考工单对话框中选择第 3 号工单，点击 OK 后，再选择【是（Y）】按钮，用参考工单数据覆盖现有参数。如图 3-60 所示。

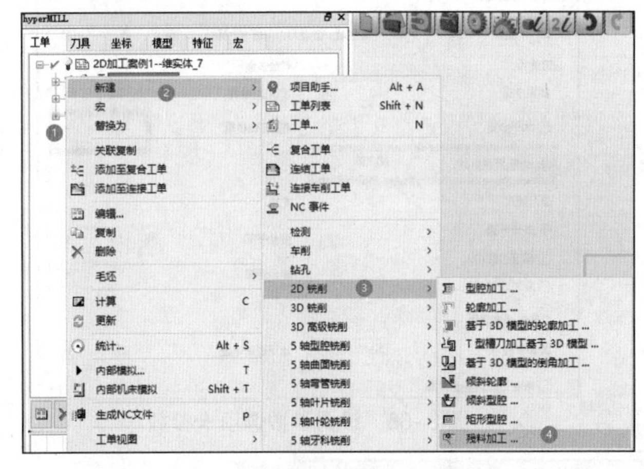

图 3-59　新建残料加工刀路

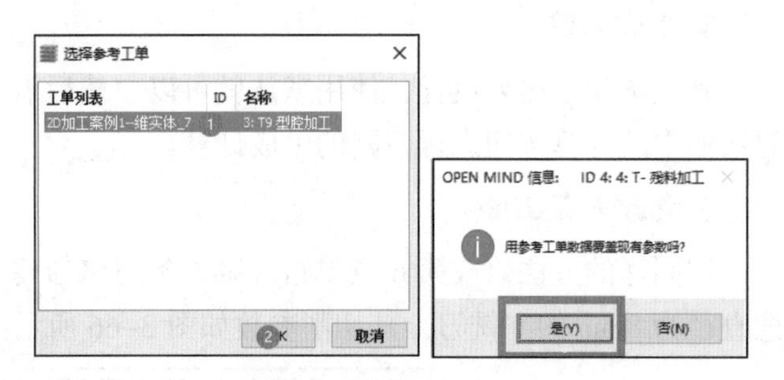

图 3-60　参考工单数据

2. 设置刀具

新建一把直径为 8mm 的立铣刀，刀具的切削参数按图 3-61 设置。

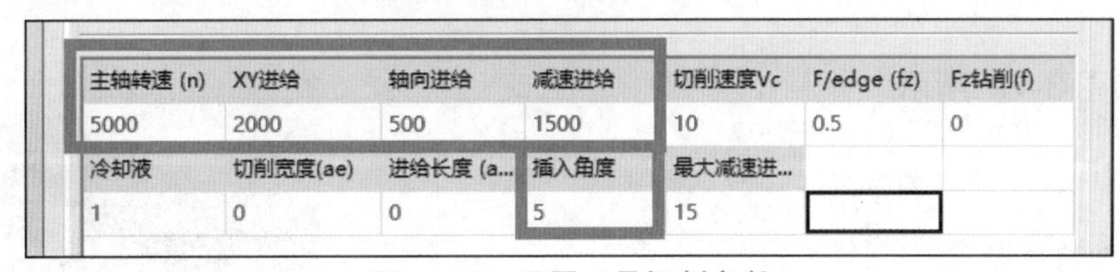

主轴转速 (n)	XY进给	轴向进给	减速进给	切削速度Vc	F/edge (fz)	Fz钻削(f)
5000	2000	500	1500	10	0.5	0
冷却液	切削宽度(ae)	进给长度 (a...	插入角度	最大减速进...		
1	0	0	5	15		

图 3-61　设置刀具切削参数

3. 生成刀具轨迹

其他选项不需要设置，使用默认就可以，然后点击对话框中的计算按钮进行刀路的生成计算。生成的刀路如图 3-62 所示。

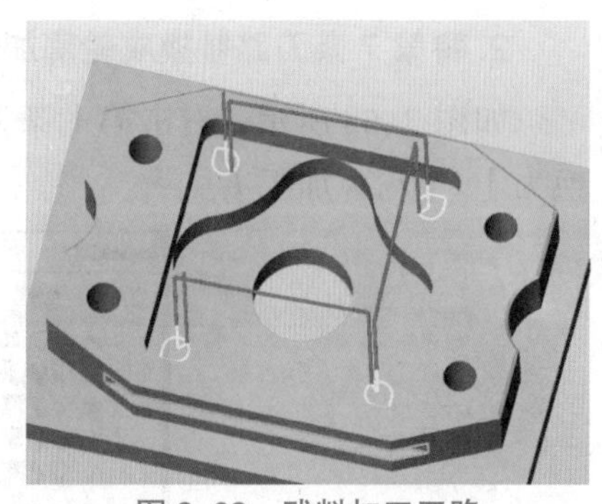

图 3-62　残料加工刀路

3.2.5　零件精加工——轮廓铣削策略

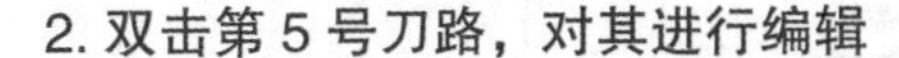

一、型腔底面精加工

1. 复制刀路

在 hyperMILL 浏览器中，按下【Ctrl】键选择第 2 和第 3 号型腔加工刀路，然后继续按着【Ctrl】键不放往下拖动鼠标，即可复制出第 5 和第 6 号刀路，如图 3-63 所示。

2. 双击第 5 号刀路，对其进行编辑

3. 设置刀具切削参数

新建一把直径为 12mm 的立铣刀，其工艺参数如图 3-64 所示设置。

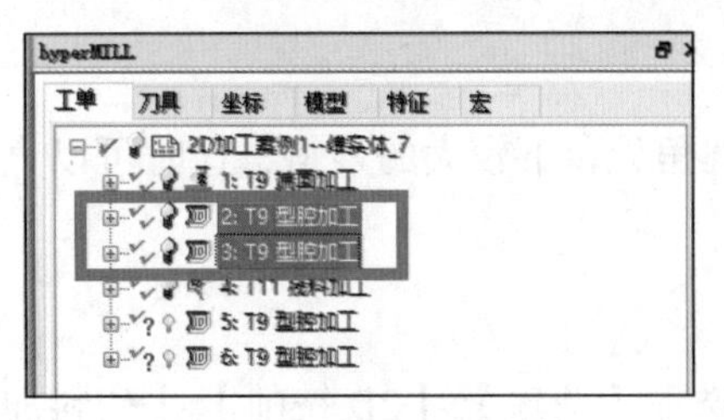

图 3-63 复制刀路文件

主轴转速 (n)	XY进给	轴向进给	减速进给	切削速度Vc	F/edge (fz)	Fz轴削(f)
4000	1000	500	800	10	0.5	0
冷却液	切削宽度(ae)	进给长度 (ap)	插入角度	最大减速进...		
1	0	0	5	15		

图 3-64 设置刀具切削参数

4. 设置参数选项卡参数

如图 3-65 所示，修改参数选项卡中的参数，【毛坯 Z 轴余量】设置为 0，【步距（直径系数）】由图中 0.75 改为 0.5。

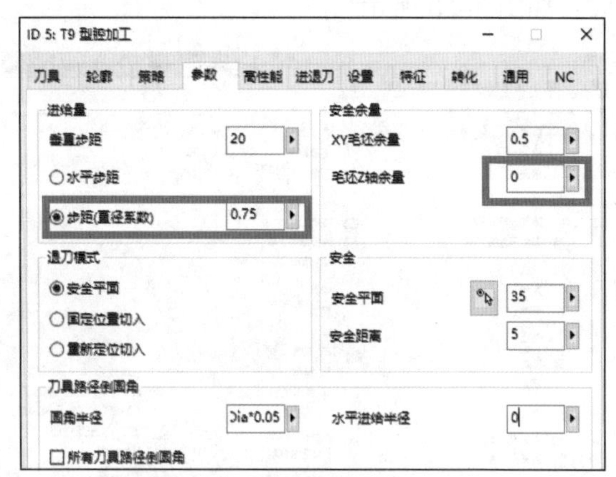

图 3-65 设置参数选项卡参数

5. 生成刀路

其他选项不需要设置，使用默认就可以，然后点击对话框中的计算按钮进行刀路的生成计算。

6. 修改 6 条刀路

用同样的方法修改第 6 条刀路。第 6 条刀路新建一把直径为 8mm 的立铣刀，其切削参数如图 3-66 所示：

主轴转速 (n)	XY进给	轴向进给	减速进给	切削速度Vc	F/edge (fz)	Fz轴削(f)
5000	1000	500	800	10	0.5	0
冷却液	切削宽度(ae)	进给长度 (ap)	插入角度	最大减速进...		
1	0	0	5	15		

图 3-66 设置刀具切削参数

7. 生成的刀路如图 3-67 所示

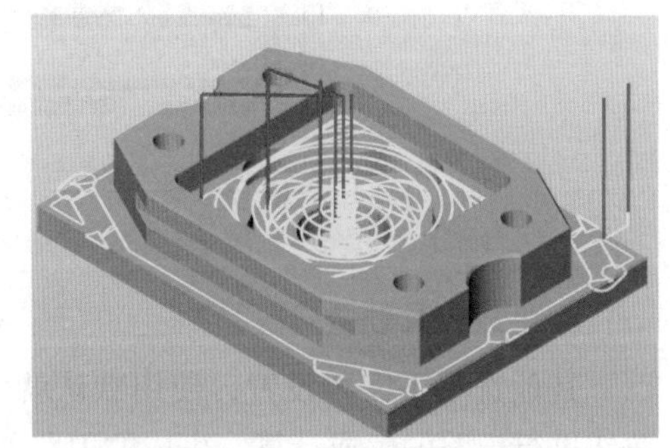
图 3-67 底面精加工刀路

二、轮廓精加工

1. 复制第 5、6 条刀具路径

在 hyperMILL 浏览器中，按着【Ctrl】键选择第 5 和第 6 条刀轨，然后按着【Ctrl】键不放，往下拖动鼠标，复制出两条刀轨。

2. 将第 7 条刀路替换成轮廓加工刀路

如图 3-68 所示，右击第七条刀路，在快捷式菜单中选择【替换为】>【轮廓加工】。

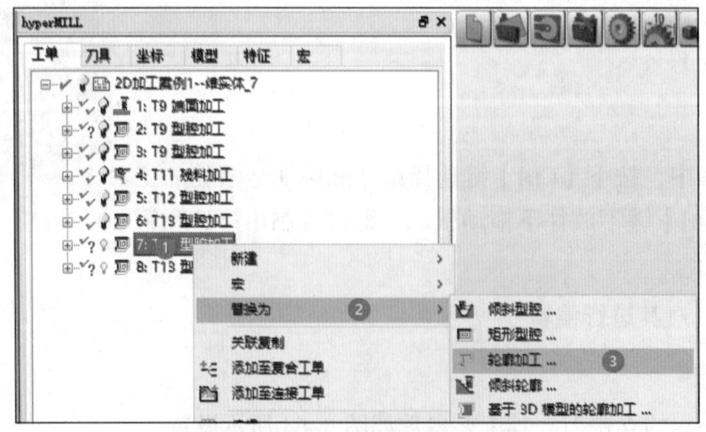

图 3-68 替换为轮廓加工刀路

3. 用同样的方法将第 8 条转化为基于 3D 模型的轮廓加工

4. 双击第 7 条刀轨进行编辑

5. 删除矩形轮廓

刀具默认，由于矩形轮廓不需加工，所以删除矩形轮廓。在图 3-69 中右击第 2 条轮廓（务必确认为矩形轮廓，以防止误删除），在弹出的快捷式菜单中选择删除即可。

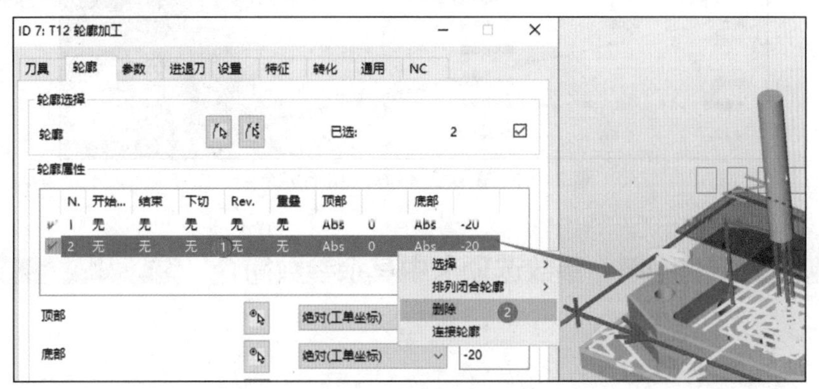

图 3-69　删除矩形轮廓

其他轮廓参数简介

1）起点和终点

可以为每个轮廓自由选择起点❶，如图 3-70 所示。

如果只加工部分轮廓，或者应该在某处有重叠，则设置一个终点❷，如图 3-71 所示。

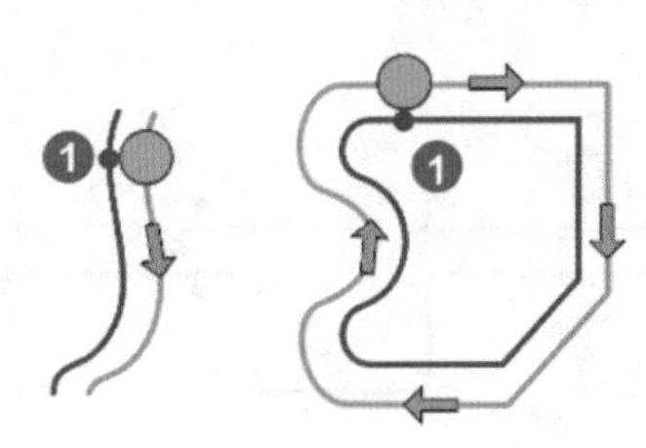

图 3-70　自由选择起点

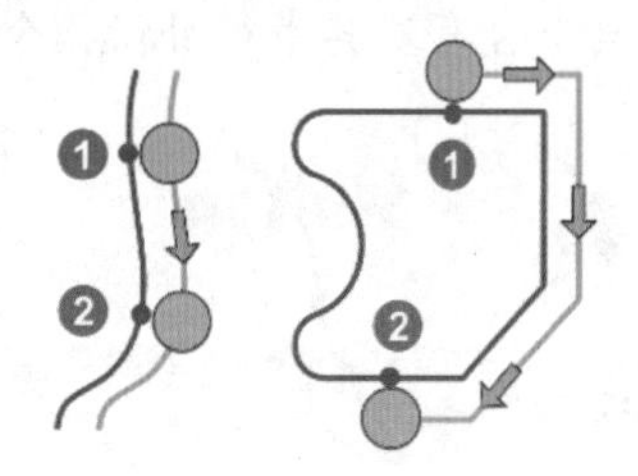

图 3-71　设置终点

2）重叠

只有封闭轮廓才允许重叠。刀具将顺着刀具轨迹通过起点❶直到达指定的终点❷，如图 3-72 所示。

3）下切点

下切点❶适用于第一个工作平面的进给。切刀从切入点直接移向起点或进刀设置位。切入点未进行碰撞检测。如图 3-73 所示。

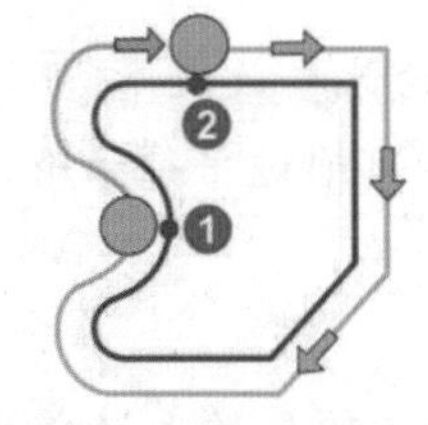

图 3-72　设置重叠

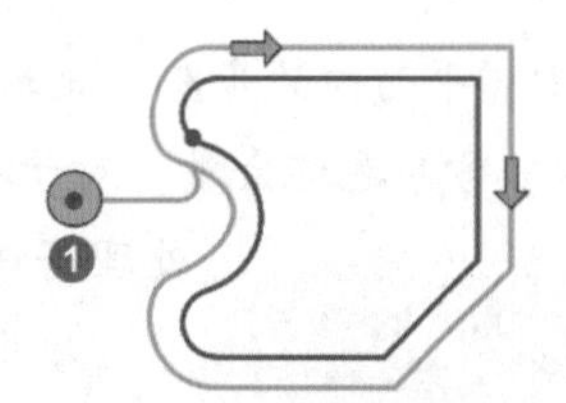

图 3-73　设置下切点

4）反向

在默认设置情况下，加工方向依循所选的轮廓的方向，这在图形预览中可见。如果所生成的刀具路径没有达到要求的加工方向，则选择相关轮廓并选择反向选项。

6. 确认刀补方向和设置毛坯余量

在参数选项卡中，通过刀具位置中的左、右选项的切换，确保刀具在轮廓的外侧，即图 3–73 中的红色箭头方向。将毛坯余量设置为 0，如图 3–74 所示。

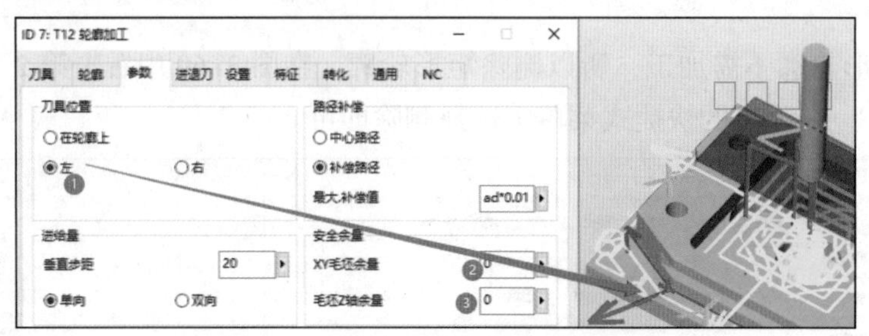

图 3–74 确定刀补方向和毛坯余量

参数选项卡中其余参数简介

1）刀具位置

左：左刀补，如图 3–75 中❶所示。

右：右刀补，如图 3–75 中❷所示。

在轮廓上：不用刀补，切刀沿轮廓移动；加工过程中不做路径补偿如图 3–75 中❹所示。

2）路径补偿

中心路径：如图 3–76 所示，中心路径❷通过轮廓❶计算而得，中心路径❷对应于 NC 路径，即按中心路径❷生成 NC 程序，程序中不含刀具半径补偿指令。

补偿路径：启用此功能，就是在 hyperMILL 中选择的轮廓❶对应于 NC 路径，即按轮廓❶生成 NC 程序，程序代码中含有刀具半径补偿指令。

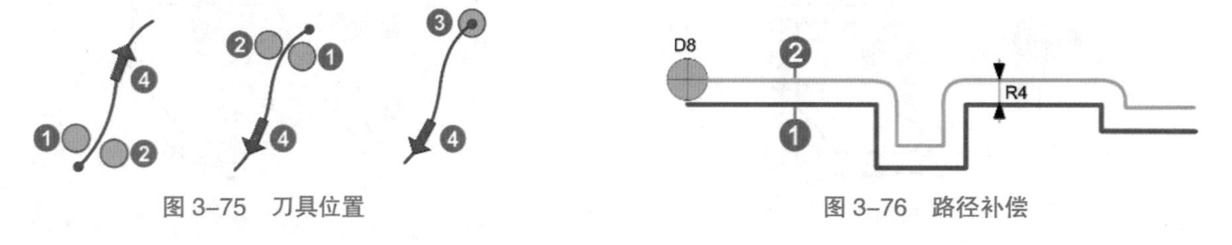

图 3–75 刀具位置　　图 3–76 路径补偿

3）进给量

垂直步距：移向下一加工回合的 Z 轴进给量。

单向：加工始终在同一个方向。

双向：加工时交替改换方向。即分层加工时，在每一加工层处的轮廓加工方向交替换向，也就是在第一层如果是顺时针方向加工，在第二层则是逆时针方向加工。

4）侧向进给区域

水平步距：XY 平面内的步距，此参数为刀具的直径系数，实际步距为此参数值 × 刀具直径。

OFFSET：XY 方向毛坯余量。对于按相同的毛坯余量的预加工轮廓，可通过平行于轮廓的多次水平步距处理将该余量去除。

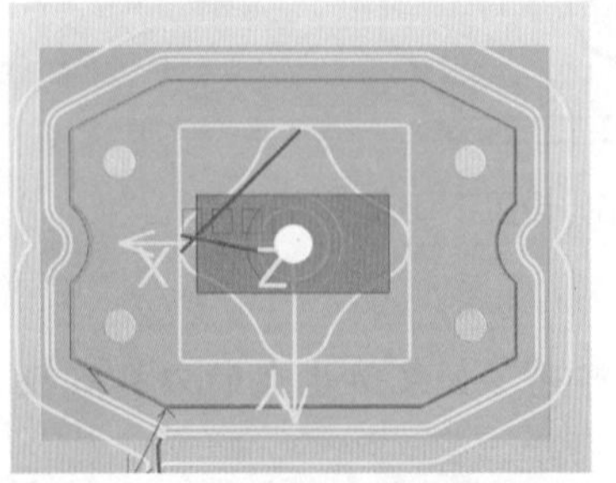

图 3–77 OFFSET 参数应用刀路

应用：

（1）如果一次水平步距不能清除预加工轮廓的毛坯余量，就需要进行二次加工。

（2）可以清除开放式的型腔。

图 3–77 所示的是将【OFFSET】参数为 20，【水平步距】参数为 0.75 时的刀具路径，从图中可以看出由于在 XY 方向有 20mm 的余量，不能一刀完

成加工，所以每次就按步距为 0.75×刀具直径进行从外到内的加工，一共需三层刀具路径才能完成加工。

5）加工顺序（如图 3–78 所示）

底部Ⓐ：依据定义的垂直步距对一个轮廓完全加工后，系统才切换到下一个轮廓❷的加工。

平面Ⓑ：在每个平面内，通过多重水平步距处理将毛坯余量清除❶，接下来通过垂直步距进入下一个加工平面❷。

6）内部圆角

内部圆角：对轮廓型腔或岛屿的内部加工路径进行光滑修圆处理。将以较低的进给率加工内部圆角。

减少圆角进给率：以较低进给率加工圆角。此参数位于基于 3D 模型的轮廓加工工单的策略选项卡中。

7）选项

以切入点结束：如果已经为加工定义切入点，而且想在这个点结束加工，请启用该选项。请注意，轮廓的起点可能并不在外角上。

由下向上铣削：一般而言，加工以向下运动完成，如图 3–79（a）所示；如果勾选【由下向上铣削】，加工则以向上运动完成，如图 3–79（b）所示。

优先螺旋：步距总是以螺旋方式通过安全间隙执行。

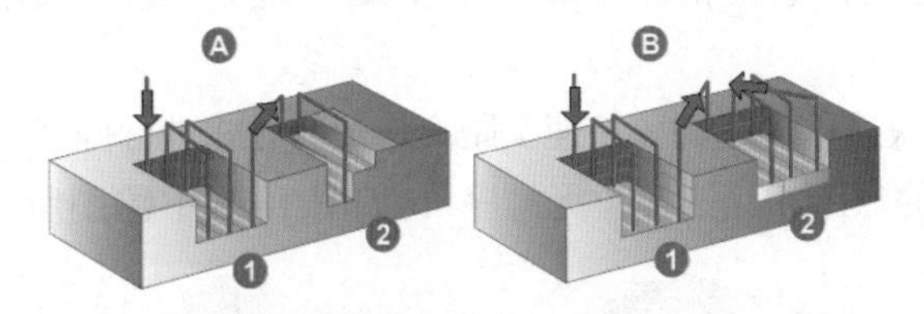

图 3–78 加工顺序

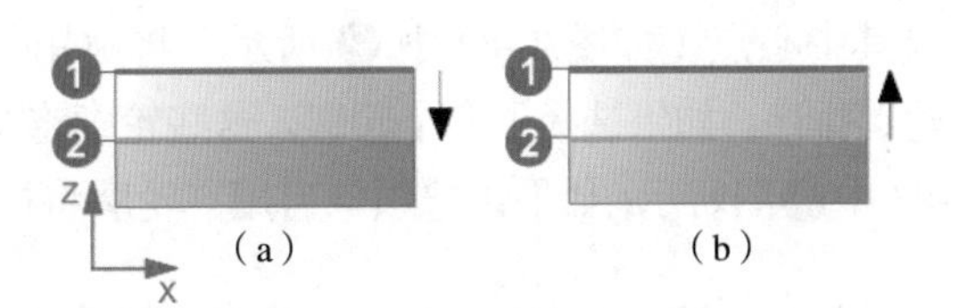

图 3–79 向下 / 向上铣削

进退刀选项卡参数的简介

1）定义刀具在起点的进刀动作及抵达轮廓终点时的退刀动作

垂直：垂直于轮廓切线，输入长度，如图 3–80 中❶图所示。

切向：在轮廓切线上，输入长度，如图 3–80 中❷图所示。

四分之一圆，半圆：输入半径，以四分之一圆或半圆，如图 3–80 中❸、❹图所示。

进退刀延伸：仅针对四分之一圆可用。进退刀按指定值扩展。这将保证刀具能完全从槽中退刀，而不会留下任何材料（如碎屑 / 刮屑），这对由下向上铣削尤其重要。

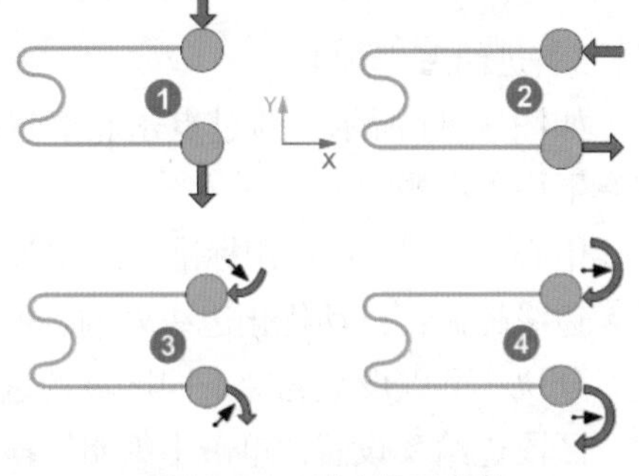

图 3–80 进 / 退刀参数

2）进刀进给率

切入进给率：设置切入时的进给速度，一般采用减速切入。

退刀进给率：设置切出时的进给速度，一般采用减速切出。

3）轮廓延伸（仅开放轮廓）

开始：指定的利于进刀运动的刀具路径延伸量。

结束：指定的利于退刀运动的刀具路径延伸量。

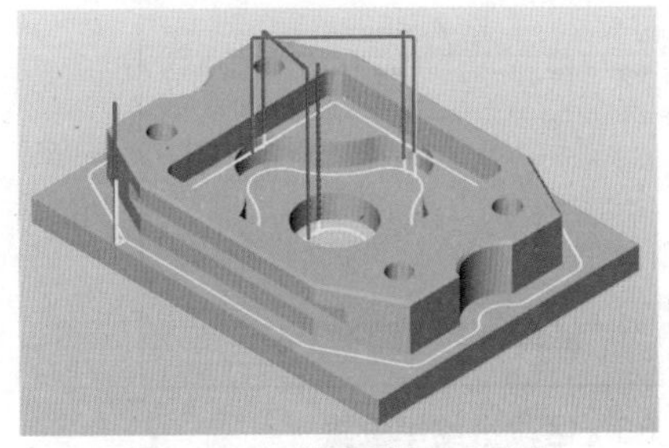

图 3–81 轮廓精加工刀路

7. 生成刀路

8. 编辑第 8 条刀路

双击第 8 条刀路进行编辑，只需对参数选项卡中的毛坯余量设为 0 即可，其他参数可以不需修改。生成的刀路如图 3–81 所示。

三、基于 3D 模型的轮廓加工策略简介

基于 3D 模型的轮廓加工可以使用下列选项对开放和封闭的轮廓进行加工：

（1）路径补偿（切削半径补偿）；

（2）自动残余材料识别；

（3）3D 模型碰撞检查；

（4）轮廓自动优化和排序；

（5）对刀具路径进行修整以适应毛坯或模型；

（6）自动进刀和退刀策略（进退刀宏）。

1. 轮廓选项卡中参数简介

1）附加余量

可以为每个单个的轮廓定义水平方向（X，Y）和垂直方向（Z）余量。

2）优化

优化起点：对于封闭轮廓，将自动进行搜索查找最佳的起点，加速无碰撞标准进刀与退刀设置宏程序的执行。如果定义的是手动起点，则该点为首选的起点。否则，最长轮廓要素的外边缘（如图 3–82 中 ❶ 所示）或其中心点（如图 3–82 中 ❷ 所示）将被用作起点。

轮廓排序：如果选择了多个轮廓，这些轮廓将按使链接快速移动运动（快速）距离最短的方式进行排序，如图 3–83 中Ⓐ图所示；如果该选项未启用，轮廓将按选择时的顺序相互链接（无排序），如图 3–83 中Ⓑ图所示。

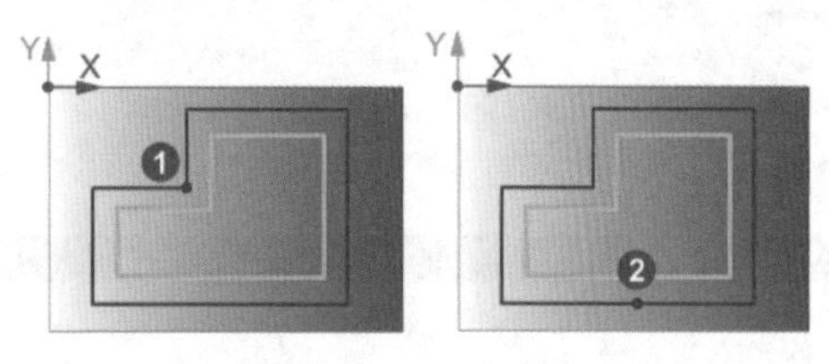

图 3–82 优化起点

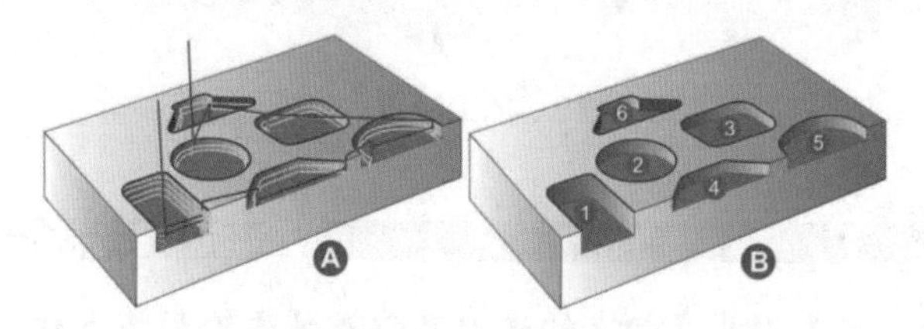

图 3–83 轮廓排序

3）进给率选项

如图 3–84 所示，通过点击轮廓选项卡中的策略标签进入进给率选项，可以调整各轮廓元素的进给率。它有下面的参数。

中心（标准）：使用标准进给率加工轮廓。

边缘控制：自动优化边缘处的进给率。

分块：可以设置轮廓不同区域的进给率。

区段进给率设置：单击【编辑区段】按钮打开区段对话框，如图 3–85 所示。

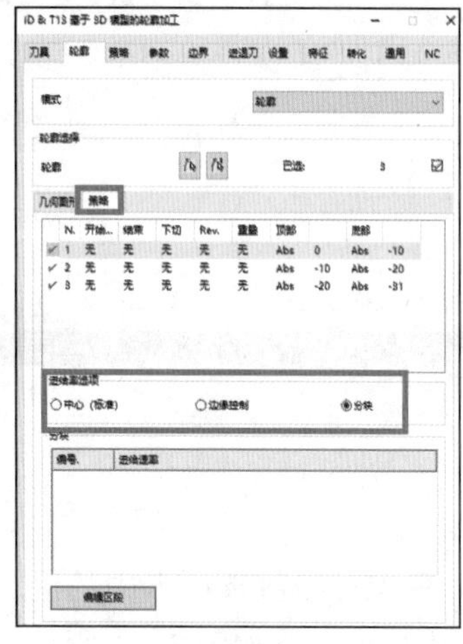

图 3–84 进给率选项

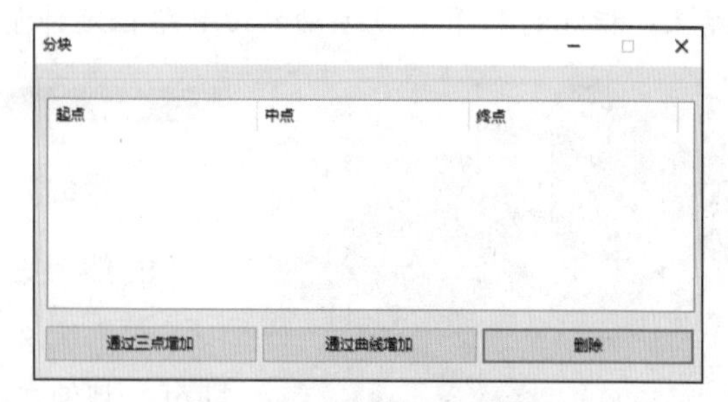

图 3–85 区段进给率设置

通过三点添加：选择起点、终点和轮廓上的另一个点。

通过曲线添加：选择曲线。将自动计算起点和终点。

切削速度：取决于用途，可手动修改或根据系数修改。

手动更改：选择区段并单击切削速度或进给率的链接图标，如图 3–86 ❶ 所示，再输入所需的值。最后点击图标更改，如图 3–86 ❷ 所示，完成手动更改。

根据因子更改：选择区段，单击链接图标并直接输入所需的因子。如图 3–87 所示。

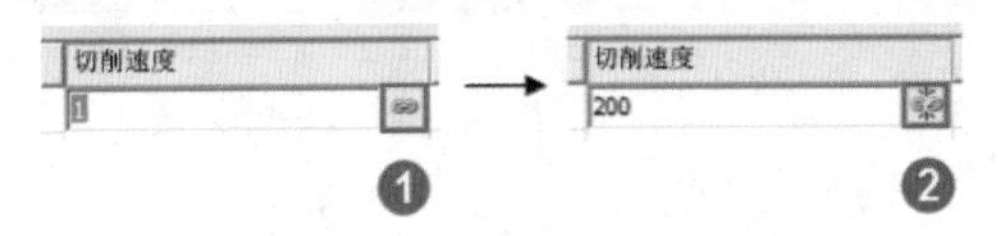

图 3–86　手动更改切削速度

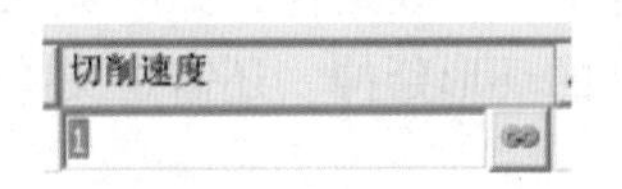

图 3–87　根据因子更改

2. 策略选项卡参数简介

1）刀具位置

选择的切刀位置正确与否取决于轮廓线的方向。

自动顺铣：轮廓方向则以使用顺铣开始加工为原则自动调整，如图 3–88 中 ❶ 所示。

左：左刀补，如图 3–88 中 ❷ 所示。

右：右刀补，如图 3–88 ❸ 中所示。

在轮廓上：切刀在轮廓上直接移动，加工过程中不做路径补偿，如图 3–88 中 ❹ 所示。

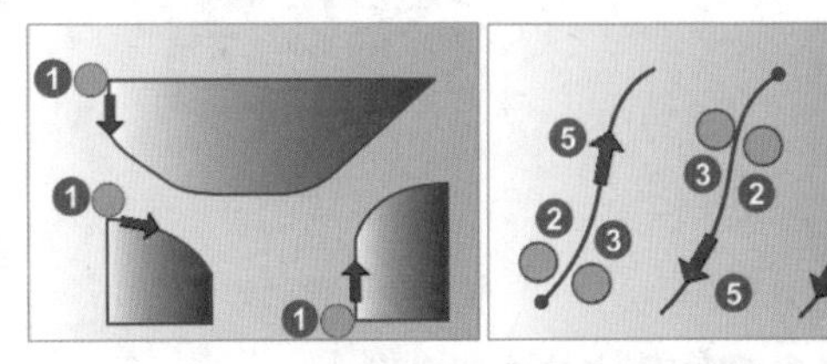

图 3–88　刀具位置

2）进给

单向：加工始终以同一个方向进行，如图 3–89（b）所示。

双向：加工时交替改换方向，如图 3–89（a）所示。

双向进给率（因子）：使用 Z 形进给加工时，可以设置一个因子值以改变反向运动进给速度。

3）加工顺序

底部、平面：这两个参数的含义与轮廓加工策略中的含义相同。

全局平面：如果有几个轮廓，则首先对所有轮廓的水平面（横断轮廓）进行处理，然后再按水平步距横越到下一个平面。也就是所有轮廓都是一起一层一层地往下切。前提条件是：所有轮廓要拥有相同的顶部和底部。如图 3–90 所示。

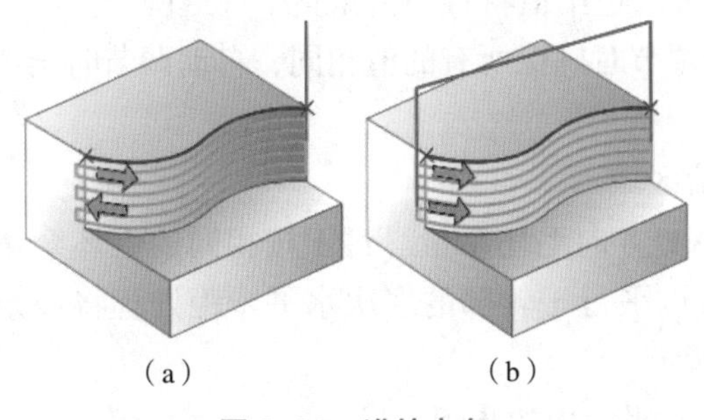

（a）　　（b）

图 3–89　进给方向

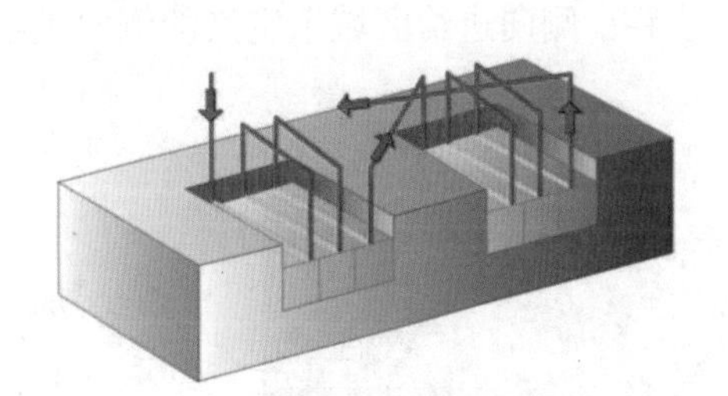

图 3–90　加工顺序

4）内部圆角

内部圆角：对轮廓型腔或岛屿的内部加工路径进行光滑修圆处理。

减少圆角进给率：将以较低的进给率加工内部圆角。

先决条件：使用的所有轮廓必须由线和弧组成。在定义轮廓时不允许圆形图素（样条）或分段轮廓。

注意:【内部圆角】和【按铣削区域裁剪】(在边界选项卡中）的组合可能导致内部圆角加工不彻底。

当设置为：内部倒圆角启用，按加工区域裁剪禁用，刀路如图 3–91（a）所示。

如设置为：内部倒圆角启用，按加工区域裁剪启用，刀路如图 3–91（b）所示，圆角加工不彻底。

5）边角行为

用于定义模型外边缘处的刀具行为，有三个选项可以选择：

滚转（标准）:边缘滚转（=标准行为，同时用于2D轮廓铣），如图 3–92（a）所示

延伸：边缘上的切线延伸，如图 3–92（b）所示

环：边缘处的环形延伸。还需定义【圆角半径】。如图 3–92（c）所示。

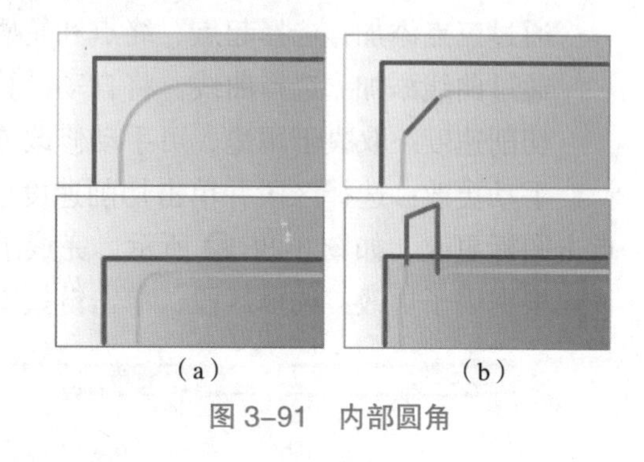

图 3–91 内部圆角

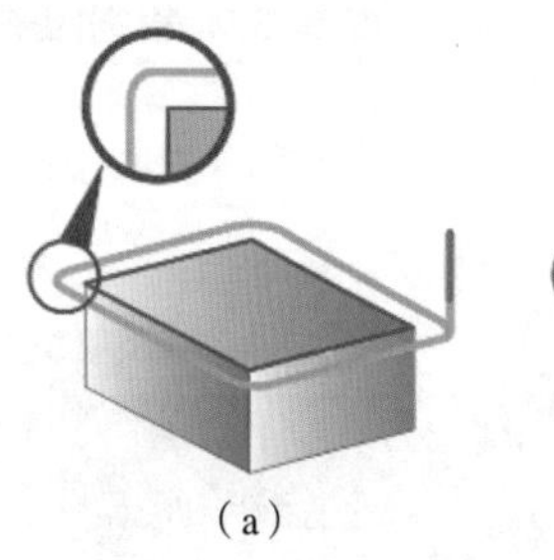
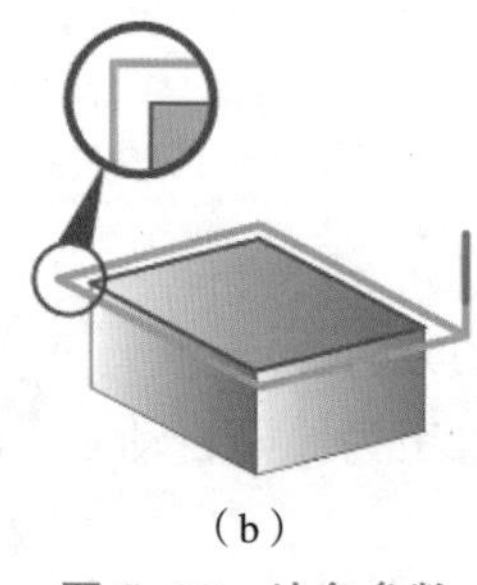
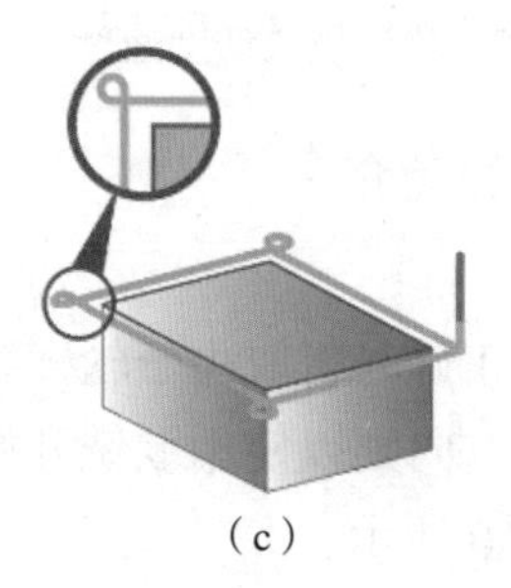

图 3–92 边角参数

3. 参数选项卡中参数简介

1）垂直进给模式

固定步距：进给项下定义的垂直进给值将保留。最后进给值将根据加工深度自动调节。如当轮廓加工深度为 18mm, 固定步距设为 5mm，则第 1 层至第 3 层的加工深度为 5mm，最后一层的加工深度为 3mm。

拟合步距：进给项下定义的垂直步距值在自动调节时确保所有的 Z 轴距离相同。自动调节时会考虑加工深度。如当轮廓加工深度为 18mm, 固定步距设为 5mm，此时如启用拟合步距功能，则实际的每层的加工深度均为 4.5mm。

精加工余量：当垂直进给模式设为拟合步距时，可设置精加工余量参数，控制最后一刀的切削深度。如当轮廓加工深度为 18mm, 固定步距设为 5mm，精加工余量为 2mm，此时实际的第 1 层至第 3 层的加工深度为 4mm，最后一层为 2mm。

2）水平进给模式

固定步距：侧向进给区域下定义的侧向进给值将保留，最后进给值将自动根据整个进给调节。

拟合步距：侧向进给区域下定义的侧向进给区域在自动调节时确保所有的值相同，自动调节时会考虑整个进给。

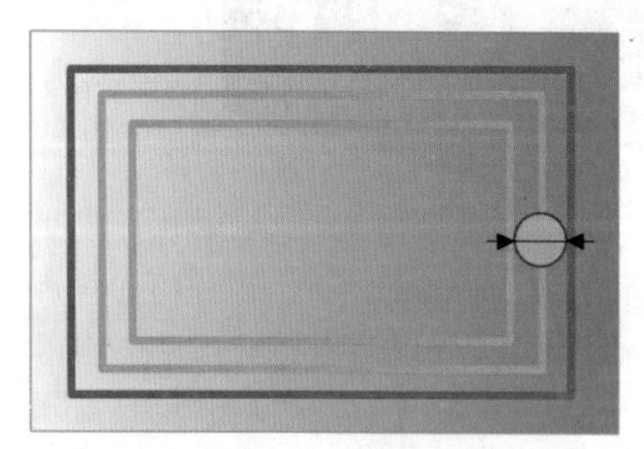

图 3–93 侧向进给区域

3）侧向进给区域

总体进给：XY 方向毛坯余量。对于按相同的毛坯余量的预加工轮廓，可通过平行于轮廓的多次水平步距处理将该余量去除。如图 3–93 所示。

水平步距：XY 平面内的步距。

如果一次水平步距不能清除预加工轮廓的毛坯余量，就需要设置好总体进给参数进行二次加工。还可以通过设置总体进给参数来清除开放式的型腔。

精加工路径：当水平进给模式设为拟合步距时，可设置精加工路径参数，此参数实际上就是精加工余量，控制在每一切削层最后一刀的切削厚度。

4）附加选项

重复路径：启用该功能可以实现光刀加工，即重复执行轮廓路径。

路径次数：光刀路径的数量

优先螺旋：如图采用螺旋方式刀具路径，一般用于封闭轮廓的加工，如图 3-94 所示。此功能需满足以下 3 个条件才能开启：

（1）垂直精加工余量必须设为 0；

（2）侧向精加工余量必须设为 0；

（3）整体进给量必须小于等于水平步距。

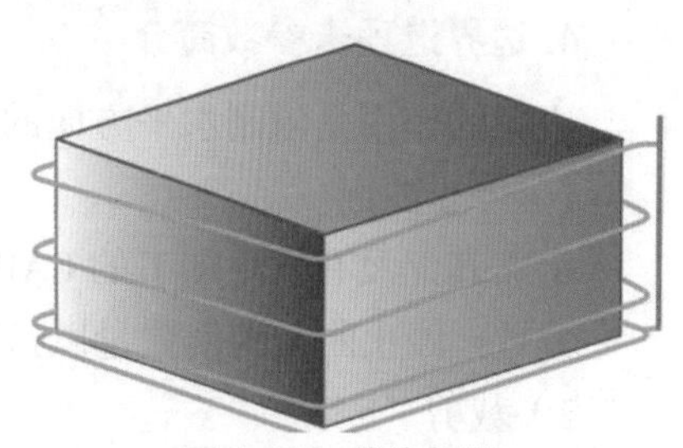

图 3-94　优先螺旋

仅最后一层精加工：当启用该功能时，只在切削最后一个深度层时执行轮廓的精加工，不启用时则在每一切削层执行一次精加工。该功能只有在水平进给模式为拟合步距并且精加工路径（即精加工余量）参数设置大于 0 时才能启用，如图 3-95 所示。

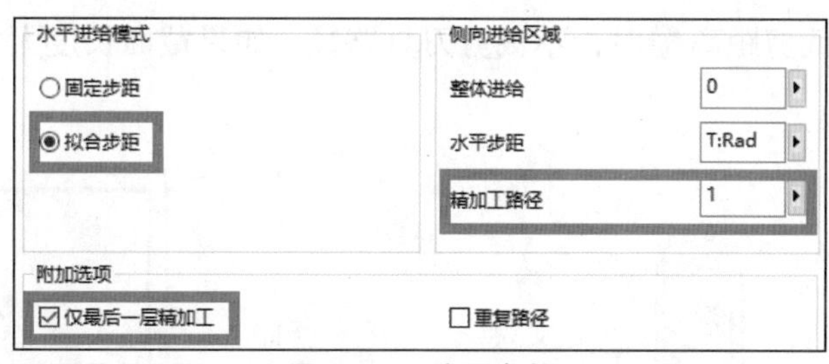

图 3-95　应用参数

如图 3-96（a）为勾选仅最后一层精加工选项的结果，图 3-96（b）为未勾选此参数的结果

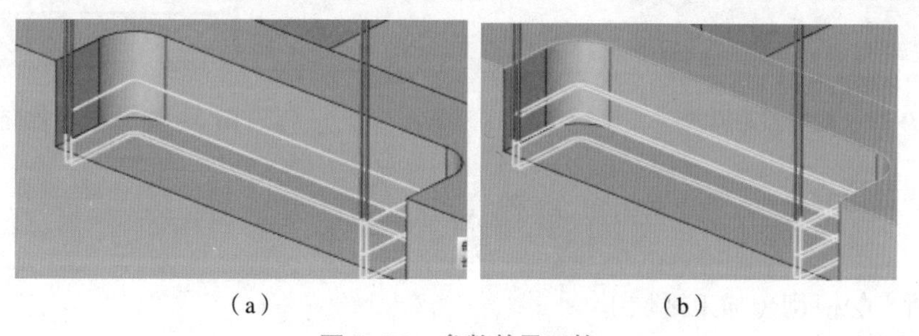

（a）　　（b）

图 3-96　参数效果刀轨

5）退刀模式

生产模式：选用此模式时，刀具快速运动轨迹为进给平面之间的最可能短的链接轨迹，其执行的同时会考虑定义的余量（如必要）。这意味着空路径更少。如果不能完成直接的侧向链接，会执行无碰撞多边形移动。如图 3-97 所示。

安全距离（轴向安全间隙 / 横向安全间隙）：设置从加工部件曲面起轴向（如图 3-98 中 ❶ 所示）或侧向（如图 3-98 中 ❷ 所示）方向上的最小距离。

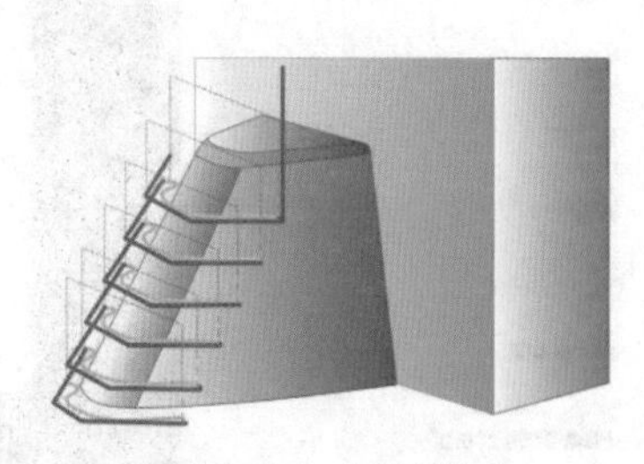

图 3-97　退刀模式

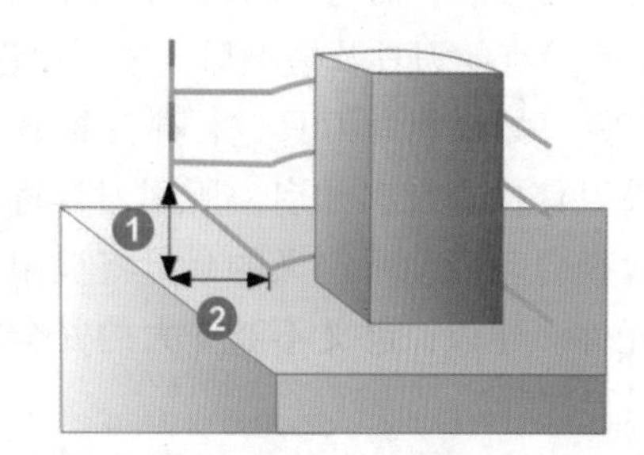

图 3-98　安全距离

4. 边界选项卡参数简介

边界的作用是限制水平方向的加工区域。

1）停止曲面

定义其上没有发生加工的 CAD 模型区域。每当刀具不得碰触特定曲面时，都应使用停止曲面功能。

偏置：停止曲面的偏置量以指定值延伸至被排除加工的区域。

2）裁剪

按加工区域裁剪：设置选项卡中定义的铣削区域将被用于修整刀具路径。因此，所有其刀具未与所选铣削区域接触的刀具路径不适用。

按毛坯修整：设置选项卡中定义的毛坯将被用于修整刀具路径。如图 3–99 所示，❶ 图为未选毛坯，❷ 图为已选毛坯。

使用最小裁剪距离：启用以避免不必要的退刀运动。如图 3–100 所示，如果截面长度（沿刀具路径测得值）小于 ❶ 或等于 ❷ 最小裁剪距离Ⓐ时，不裁剪刀具路径；如果截面长度大于最小裁剪距离，则执行裁剪操作 ❸。

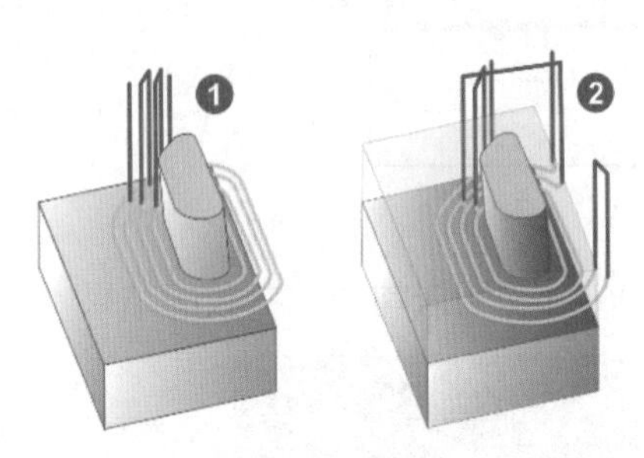

图 3–99 裁剪刀路模式

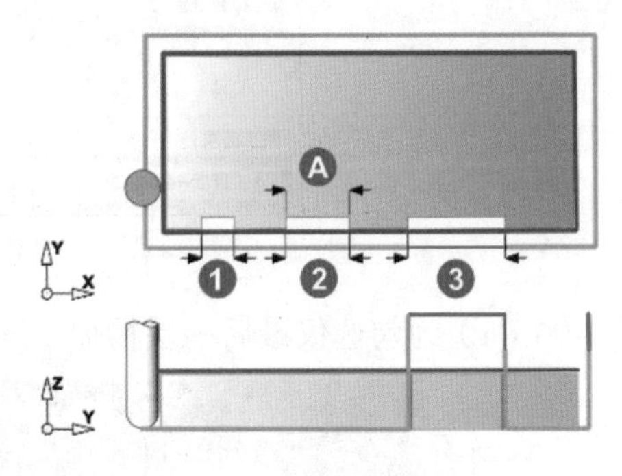

图 3–100 最小裁剪距离

5. 设置选项卡参数简介

1）模型

指定当前工单所需的模型（加工区域）。

2）附加曲面

可防止不必要快速移动走刀运动的暂时安全曲面。刀具不会过切所选择的附加曲面。

3）毛坯模型

选择当前工单要求的毛坯模型。

4）刀具检查

如果补偿中心路径选项启用，将使用碰撞检查的偏置轮廓。

刀具检查确保所有针对刀具定义的元件均得到保护，不至于因现有材料的缘故，而与 CAD 模型发生碰撞。刀具检查只有在您定义了要检查的刀具及模型后，才可以进行。

检查打开：如果想为刀具进行碰撞检查，须始终开启这一选项。如果刀具检查没有开启，所用刀具将在图形窗口中显示为红色。检查启动后，所定义的余量将被用来检查针对刀具定义的所有元件。建议：定义不断变大的安全间隙，并从主轴方向上的加强刀杆开始。

刀具检查设置：刀具检查设定在对话框中指明，如图 3–101 所示。

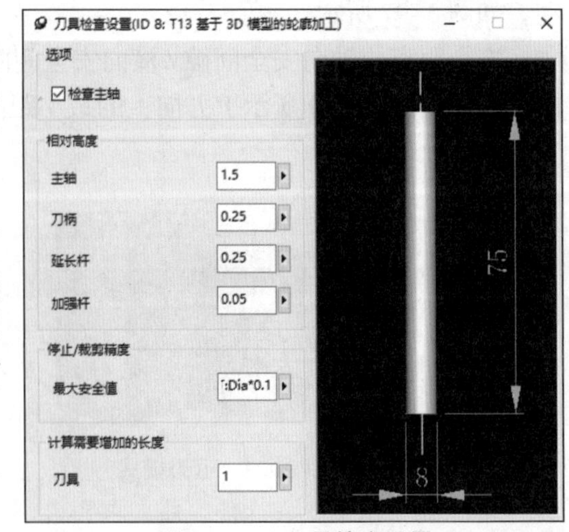

图 3–101 刀具检查设置

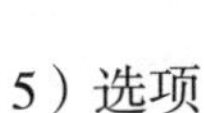

5）选项

可单独启动检查主轴选项。

6）安全

为每个刀具元件添加的余量（= 与模型之间保留的最短距离）。将检查以下刀具元件：❶ 主轴，❷ 刀柄，❸ 延长杆，❹ 加强刀杆（如图 3-102 所示）。刀尖的检查不使用安全值。如果想在模型与刀具之间保持一定的距离，则安全参数的值应为所需距离值的两倍。

7）停止 / 裁剪精度

该容差值用于指定无碰撞运动的退刀（和进刀）点。如图 3-102 中 ❺ 所示为安全间隙，❻ 为停止 / 裁剪精度。

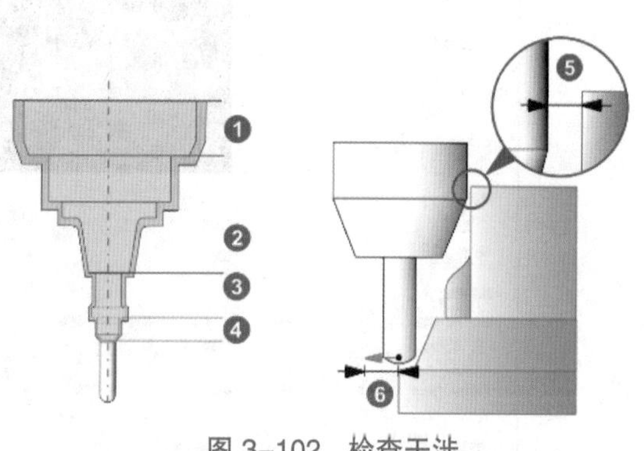

图 3-102 检查干涉

8）显示计算出的刀具长度

如果同一刀具用于多个作业，则显示 hyperMILL 计算的刀具长度。在这种情况下，创建刀具路径文件后，在浏览器中选择刀具，并在快捷菜单中选择用途。

3.2.6 孔的加工——钻孔策略

对于工件上的 4 个 $\phi10$ 的孔，分两步完成加工，第一步是用 $\phi10$ 的倒角刀打中心孔，第二步是采用 $\phi10$ 的麻花钻用啄钻方式钻孔。

一、钻中心孔

1. 启动中心钻加工策略

如图 3-103 所示，在①处右击鼠标，从弹出的快捷式菜单中依次选取【新建】>【钻孔】>【中心钻】。

2. 新建钻头

新建一把钻头，直径为 10，前端角度设置为 90，如图 3-104 所示，在工艺选项卡中将主轴转速设为 4000，轴向进给设为 500。

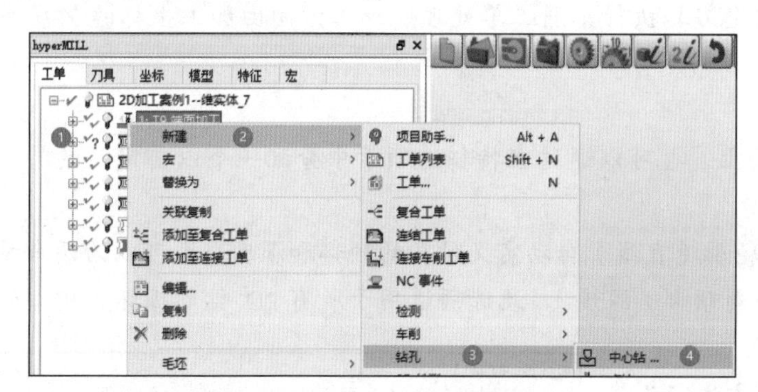

图 3-103 启动中心钻加工策略

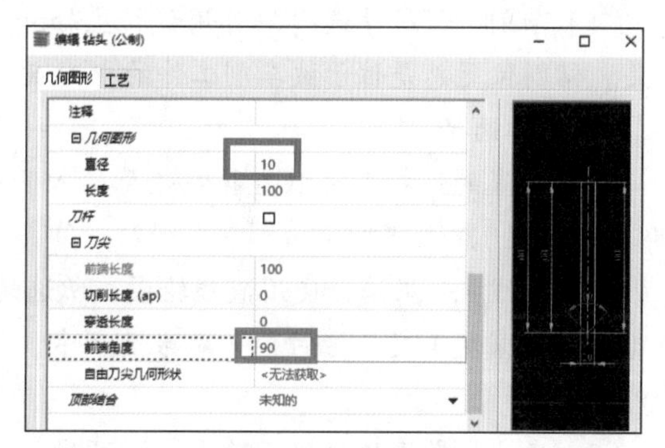

图 3-104 新建钻头

3. 设置轮廓选项卡

在轮廓选项卡中，按图 3-105 所示设置。采用点选的方式选择零件模型上四个圆柱孔的中心，【顶部】参数默认为【绝对（工单坐标）】0，【底部】参数采用点选的方式选择模型底面上的点，如图 3-105 中 ❿ 所示的位置，但这个深度不是中心钻策略的钻孔的深度，中心钻的钻孔的深度在参数选项卡中设置。【直径】参数设置为 10。另外可单独选定图中轮廓属性区域的单个孔，对各个孔的顶部、底部、直径等参数进行单独设置。

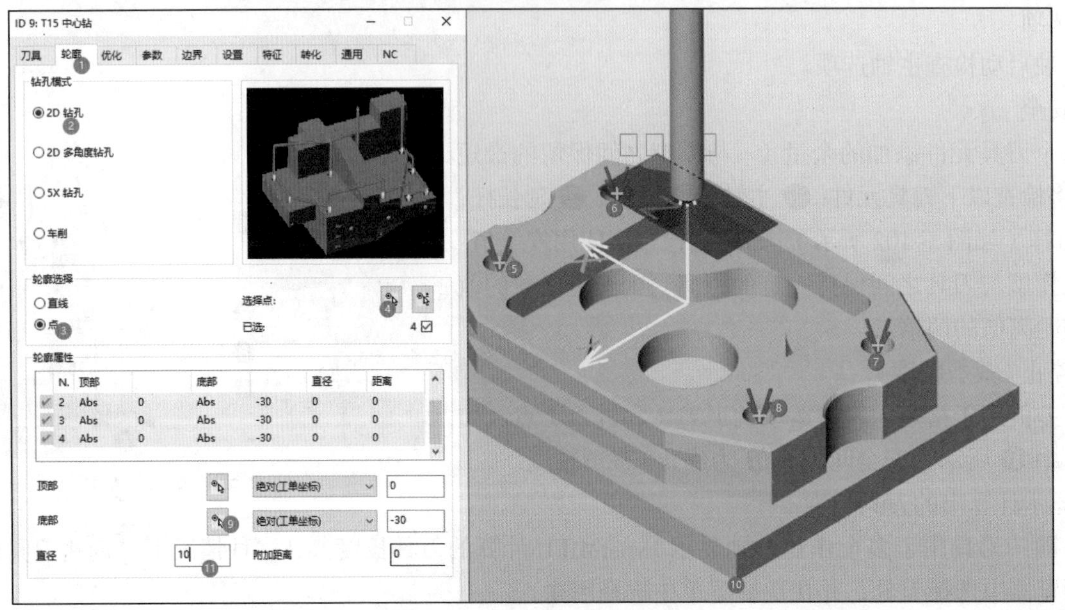

图 3-105 设置轮廓选项卡

轮廓选项卡中其他参数简介

1）钻孔模式

（1）2D 钻孔：钻孔的方向是定义的加工坐标系统的 -Z 轴方向。使用特征时，坐标系统是特征定义的一部分。所有的钻孔都可以通过铣削区进行碰撞检查。

（2）2D 多轴钻削：任意数量钻削的方向都可与不同的坐标系 / 平面对齐。对于 XY 方向的进给运动，会定义一个相对安全间隙（自动为每个坐标系计算）。可使用侧向安全值和全局最高点这两个参数为防碰撞链接运动创造条件。所有的钻孔都可以通过铣削区进行碰撞检查。

（3）5X 钻孔：钻孔的方向与所选曲面的法线或者所选线段对齐。使用特征时，坐标系统是特征定义的一部分。所有的钻孔都可以通过铣削区进行碰撞检查。

（4）车削：通过该选项，可用旋转主轴和固定刀具执行车削工单处理。加工方向由加工坐标的 Z 轴来定义。钻削位置总是位于被车削工件的中心点。

2）轮廓选择

钻孔位置的选择既可以直接在轮廓输入页面上，也可以通过在特征选项卡中分配一个以前定义的特征（即特征识别）。

（1）直线：如果选择使用直线轮廓，所选的轮廓（直线）自动定义钻孔的顶部和深度。也可以为两个参数（顶部 / 深度）定义绝对值（参数选项卡，绝对顶部 / 深度）。此选项适用于所有 2D 钻削循环（中心钻除外）。

（2）点：如果选择使用点轮廓，则可用下列方法定义其顶部和深度：绝对值、轮廓顶部、轮廓底部、相对于顶部的相对值（仅深度）。

3）附加距离

碰撞检查功能停用时单个钻孔所需的安全间隙（相对于参数对话框内的安全间隙参数）。

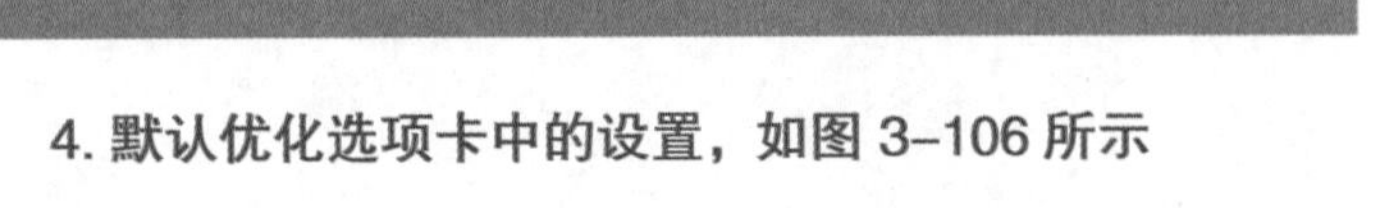

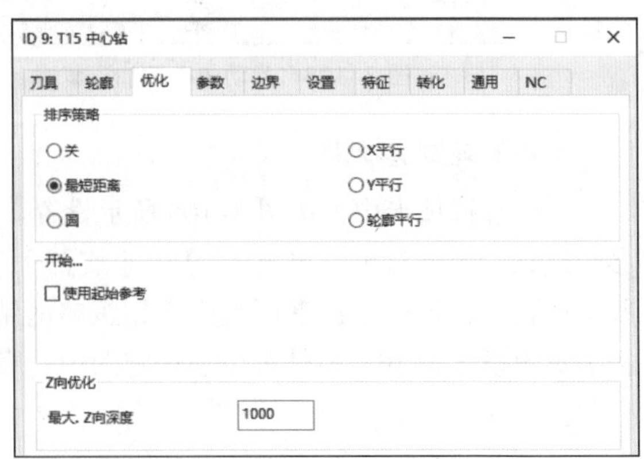

图 3-106 优化选项卡

4. 默认优化选项卡中的设置，如图 3-106 所示

优化选项卡中参数简介

钻孔点优化的目的是使在钻孔期间产生的应力和热量将在整个表面上尽可能均匀分布。

1）排序策略

（1）关：钻孔按选择时的顺序进行加工。

（2）最短距离：钻孔加工将从离坐标系原点最近的点开始，并依此原则继续。

（3）圆形：欲加工的钻孔从中心点开始，同时钻孔点被分成若干个同心圆弧。

（4）与 X 或 Y 轴平行：欲加工的钻孔以所选加工坐标系的 X 或 Y 轴为参照被分成若干段。

（5）与轮廓平行：钻孔沿钻削点模式的外轮廓线进行加工。

2）圆形钻削策略

（1）开始（使用参考起点）：可将任意点定义为起点。该起点可以在钻削点模式的内部或外部。在此情况下，加工从定义的起点开始，并根据加工方向和定位移向相邻点。

（2）Z 轴优化：优化期间，钻孔在 Z 方向上的高度也被列入考虑范围。为此，可对最大 Z 轴深度指定相应的值。

（3）方向：控制方位的参数与圆弧加工有关。

顺时针：按顺时针方向加工圆弧分段。

逆时针：按逆时针方向加工圆弧分段。

双向：在每个圆弧分段之后方位反向（顺时针 / 逆时针）。

（4）加工：

由内向外：通过该选项，加工钻孔时在径向距离内，从内向外进行。

由外向内：通过该选项，加工钻孔时在径向距离内，从外向内进行。

（5）参数：

径向宽度：圆弧段（两个同心圆之间的曲面）的宽度，从加工区域的中心起计算，如图 3-107 中❶所示。

中心点：为获得正确的刀具路径计算，定义一个中心点是最基本要求。所定义的中心点将代表定义加工区域的所有圆弧段的中心点。所有落于圆弧段的径向距离内的钻削点将被加工；当一个圆弧段内的所有钻削点全部加工完毕后，将移到下一个圆弧段继续加工。

在图 3-107 中，加工顺序为：圆弧段Ⓐ、圆弧段Ⓑ、圆弧段Ⓒ。加工以顺时针从外到内。

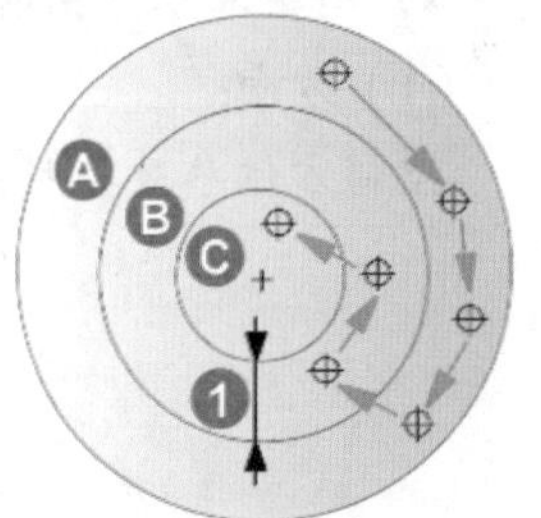

图 3-107　加工顺序

3）与 X/Y 轴平行钻削策略

（1）方向：

双向：圆弧段的加工方向在每个弧段后更改。

单向：总是以相同的方向对弧段进行加工。

最短距离：加工操作从一个弧段的最后一个钻削点移到下一个弧段内距离最近的钻削点继续。

（2）加工：

反向 X：使以加工坐标系统的 X 轴定向的加工方向反向。

反向 Y：使以加工坐标系统的 Y 轴定向的加工方向反向。

（3）参数：

分段宽度：一个分段在 X 轴或 Y 轴方向上的延伸宽度。与分段内 X 轴或 Y 轴方向上的各点间的最大距离对应。

如图 3-108 所示，图（a）和（b）排序策略均为 X 平行，方向参数均设置为双向，其中图（a）的分段参数设为 10，图（b）的分段参数设为 30，从图中可以看出此时分段宽度是沿 Y 轴方向搜索钻孔点的宽度。

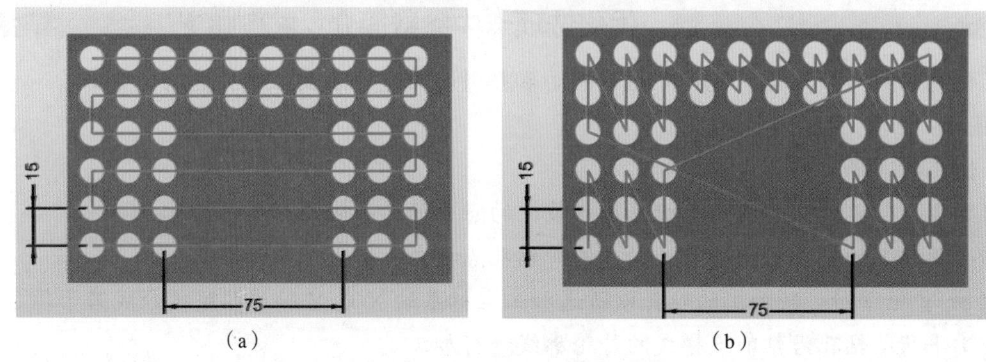

（a）（b）

图 3–108 钻削排序策略 1

最大分段间隙：即将加工的钻削点所处的同一曲面的两个子区之间的最大距离值。

如图 3–109 中图（a）是排序策略为 X 平行，方向参数为双向，其分段参数为 10，最大分段间隙为 75 时的优化结果。图（b）排序策略为 X 平行，方向参数为双向，其分段参数为 15，最大分段间隙为 50 时的优化结果。由此可以看出：当最大分段间隙参数值大于各相邻孔在 X 轴方向的间距时，可以一次完成 X 方向在分度宽度范围内的所有钻孔点。

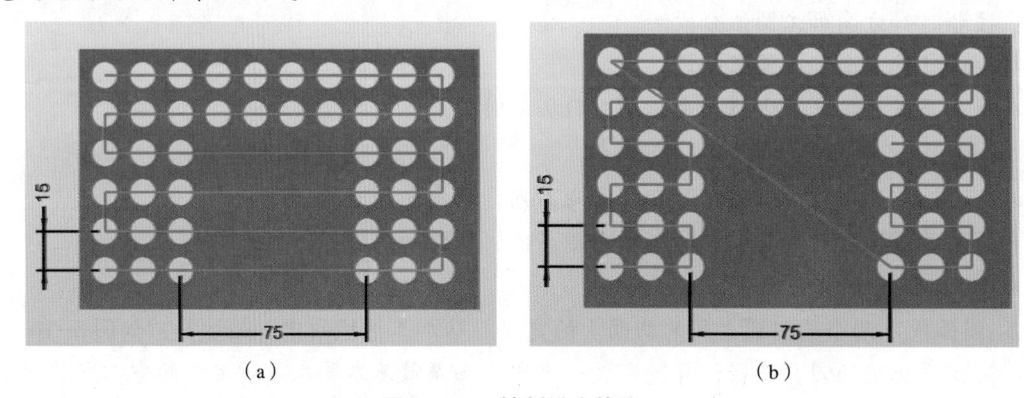

（a）（b）

图 3–109 钻削排序策略 2

4）与轮廓平行钻削策略

（1）方向：

控制方位参数参照钻削点模式外轮廓的形状。如图 3–110 所示。

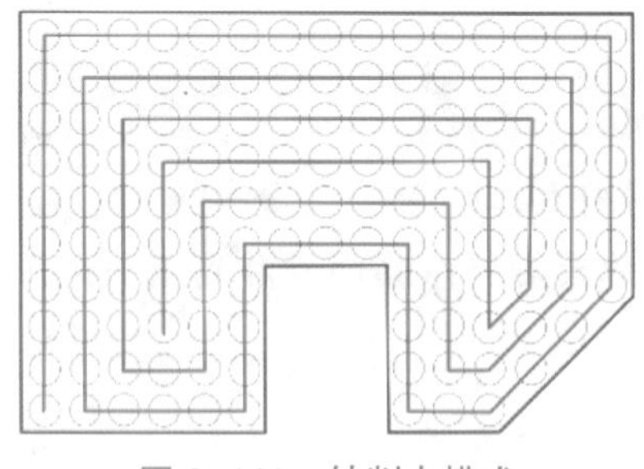

图 3–110 钻削点模式

顺时针：按顺时针方向加工钻削点。

逆时针：按逆时针方向加工钻削点。

双向：在完成每个加工回合之后方位（顺时针 / 逆时针）反向。

（2）参数：

最大钻削点间隙：两个钻削点 P1 和 P2 之间的可能最大距离值。如果两个钻削点位于该限值内，加工直接从 P1 到 P2 进行。此参数含义与最大分段间隙相同。

5. 钻削参数选项卡设定

将参数选项卡中的深度参数设为 5，即加工深度为 5mm，其他参数默认。如图 3–111 所示。

图 3–111　钻削参数选项卡

参数选项卡中参数简介

1）加工模式

中心钻：钻孔深度由加工深度参数确定，如图 3–112（a）所示。

现有孔倒角：钻孔深度为钻头钻到孔的倒角面为止，如图 3–112（b）所示。选用此功能在完成打中心孔任务的同时也完成了孔口倒角任务。但必须保证刀具能够满足倒角的尺寸要求，即：

刀具直径大于等于孔径（轮廓选项卡中的直径参数）+ 2× 倒角宽度。

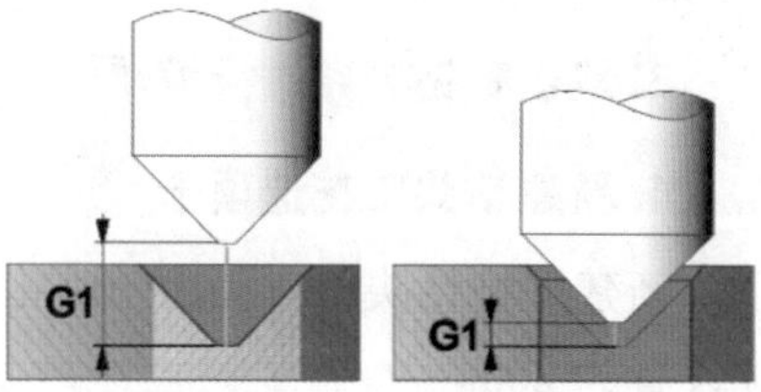

（a）　（b）

图 3–112　孔倒角模式

2）加工深度

可以通过以下几种不同方法定义钻削深度：

（1）关联于深度：当达到指定的深度时钻削操作停止。

（2）关联于直径：当达到指定的直径（要求孔径小于刀具直径）时钻削操作停止。

（3）关联于孔直径：当达到指定的钻孔直径时钻削操作停止。钻削孔直径参数 = 轮廓选项卡中的直径参数 +2× 倒角宽度，选用此功能在完成打中心孔任务的同时也完成了孔口倒角任务。但必须保证刀具能够满足倒角的尺寸要求，即：刀具直径≥孔径（轮廓选项卡中的直径参数）+ 2× 倒角宽度。

3）顶部置模式

开启此模式将改变钻孔的钻孔的开始高度位置。

（1）相对偏置：使用【顶部偏置】参数为中心钻设定开始高度位置（即 G01 运动开始位置）。

（2）绝对顶部：使用【绝对顶部】参数来确定钻孔的开始高度位置（即 G01 运动开始位置）。

以上两种策略均有以下两个参数：

仅顶部偏置：只改变开始高度的位置，钻孔底部位置不作改变。

偏置定心完成：原设定的钻孔深度距离不变，将原钻孔刀路上移一个偏置量，因此钻孔底部位置也随着改变。

4）安全孔

安全距离:此距离保持刀具到达非倒角孔的理论边缘。如图 3-113 中 ❶ 所示。

退刀距离：钻削孔顶部和退刀到安全平面之间的轴向距离，此值须不小于安全距离。

5）加工参数

停顿时间：刀具停留在孔底的时间（以秒为单位）。

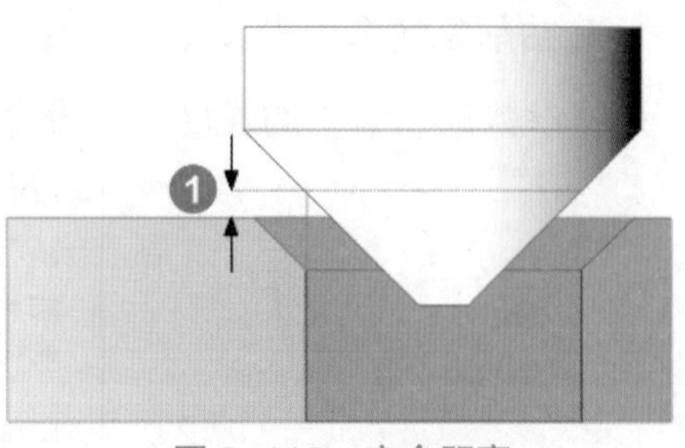

图 3-113 安全距离

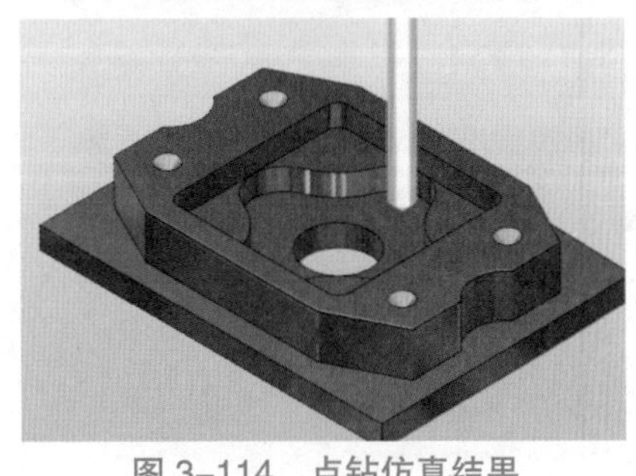

图 3-114 点钻仿真结果

6. 计算刀路，仿真结果

其他选项卡中的参数采用默认设置，然后点计算按钮完成刀路的生成，加工结果如图 3-114 所示。

三、啄钻钻出 4 个孔

啄钻：在每个钻削行程之间钻刀迅速退回到安全平面，它的断屑及刀具冷却效果较好，适合于钻深孔，如图 3-115 所示。

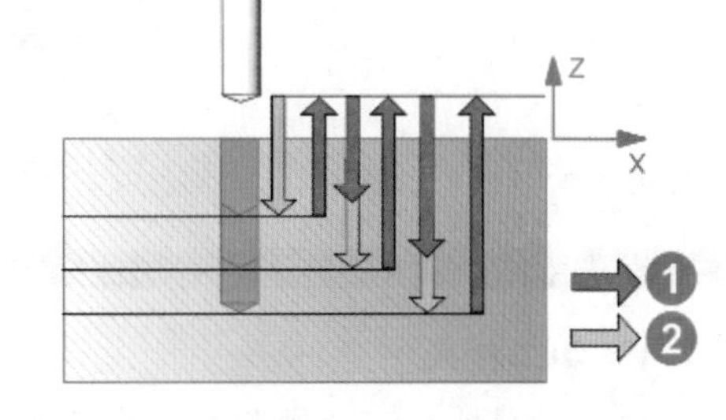

图 3-115 啄钻模式

1. 复制刀路

在 hyperMILL 浏览器中，按【Ctrl】键选择刚生成的中心钻刀路并玩下拖动鼠标复制一条刀路。

2. 将复制的刀路替换成啄钻刀路

右击刚复制的刀路，从弹出的快捷式菜单中选择【替换为】>【啄钻】。

3. 双击啄钻刀路进行编辑

4. 新建钻头工艺选项卡

新建一把钻头，直径为 10mm, 前端角度为 118°，将工艺选项卡中的主轴转速设置为 2000，轴向进给速度设置为 200。

5. 参数选项卡设置

在参数选项卡中选择刀尖角度补偿和穿透长度，穿透长度设置为 2mm，确保孔钻通。啄钻深度设为 10，其他参数默认。如图 3-116 所示。

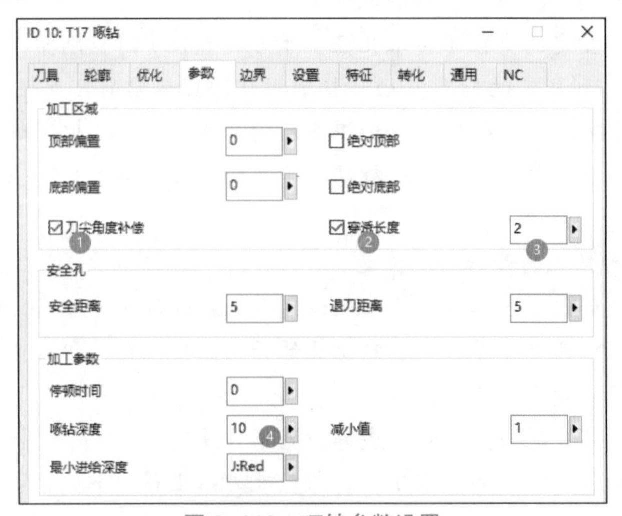

图 3-116 啄钻参数设置

参数选项卡中其他参数简介

1）啄钻（G83）参数选项卡

（1）顶部偏置和底部偏置：定义钻孔的开始位置和结束位置。

（2）绝对顶部 / 底部：每种情况下，都会将已经定义的绝对值考虑在内。在必须先做钻孔，再移除（毛坯模型的）材料的情况下，这有助于使加工过程变得简单。

（3）刀尖角度补偿：可用于所有钻孔循环，但中心钻、螺旋钻、螺纹铣和圆形型腔除外。将刀具路径延长一个刀尖长度，这样可彻底加工孔。

（4）穿透长度：切入处或刀尖以上的区域。在轴向上延长刀具路径。若为穿透孔，必须按照该数值继续进刀动作，以确保不会出现毛刺，同时螺纹完全形成。

如图 3–117 所示，图（a）所示为【穿透长度】和【刀尖角度补偿均】未激活；图（b）所示为【穿透长度】未激活、【刀尖角度补偿均】已激活；图（c）所示为【穿透长度】和【刀尖角度补偿均】均已激活。

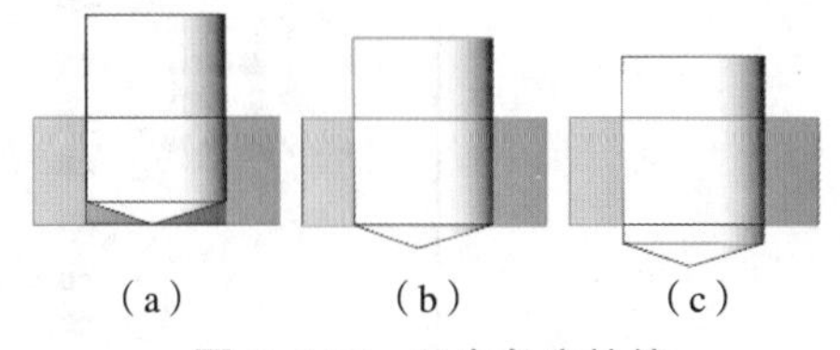

图 3–117 刀尖角度补偿

2）断屑钻（G73）参数选项卡

（1）啄钻深度：在首个钻削行程中刀具的垂直步距，如图 3–118 中 ❶ 所示。在所有后续的钻削行程中，垂直步距大小（Z）可通过各自的减小值减小。Zn+1=Zn– 减小值。

（2）退刀距离：用于每个钻削行程的快速退刀值，如图 3–118 中 ❷ 所示。

（3）减小值：每个钻削行程中啄钻深度的减小量。

图 3–118 中 ❸ 为快速运动（G00），❹ 为切削运动（G01）。

3）点钻（G81）

钻削孔加工经由单一垂直步距完成，用于中心钻钻削和预钻削等，路径如图 3–119 所示，其中 ❶ 为快速运动（G00），❷ 为切削运动（G01）。

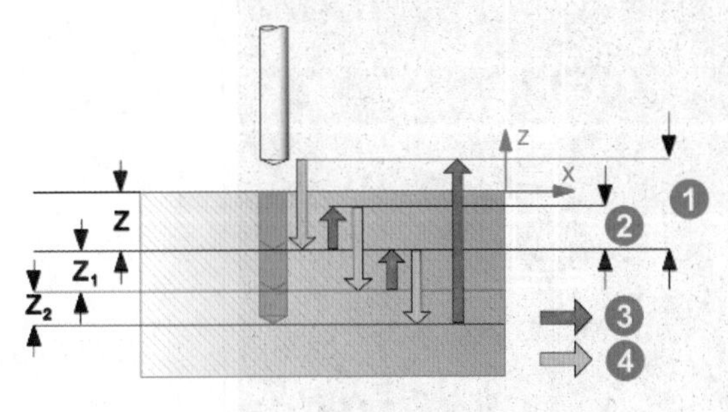

图 3–118 断屑钻（G73）模式

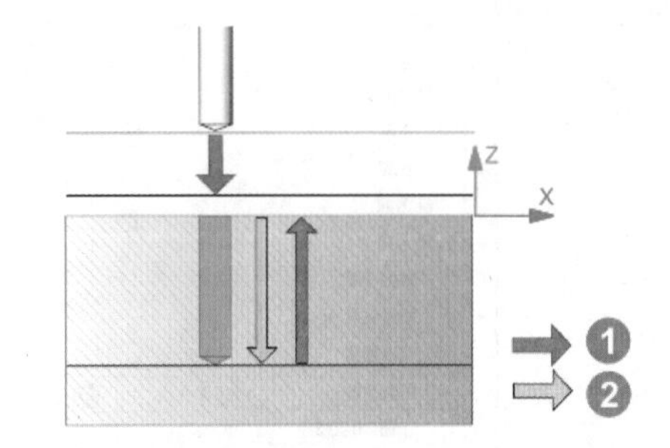

图 3–119 点钻模式

4）铰孔

输入参数与点钻相似。

5）镗孔

对于大钻孔直径，用镗杆进行钻削。输入参数与点钻相似。

6）攻丝

具体设置与点钻相似，但刀具必须为丝锥，在刀具参数中必须设置螺距，刀具的工艺参数必修满足：进给速度 = 主轴转速 × 螺距。

6. 计算刀路，仿真结果

其他选项卡中的参数采用默认设置，然后点击计算按钮生成刀具路径，模拟仿真结果如图 3–120 所示。至此，完成孔的加工。

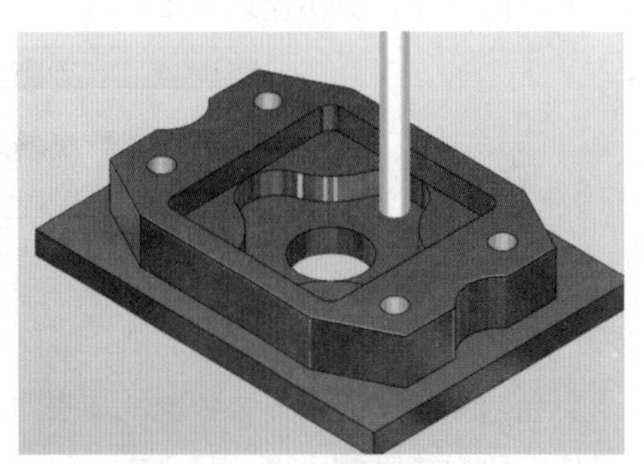
图 3–120 钻孔仿真结果

3.2.7 T 型槽加工——T 型槽刀加工基于 3D 模型策略

1. 启动 T 型槽刀加工基于 3D 模型加工策略

按如图 3-121 所示进行设置：在 ❶ 处右击鼠标，从弹出的快捷式菜单中依次选取【新建】>【2D 铣削】>【T 型槽刀加工基于 3D 模型】。

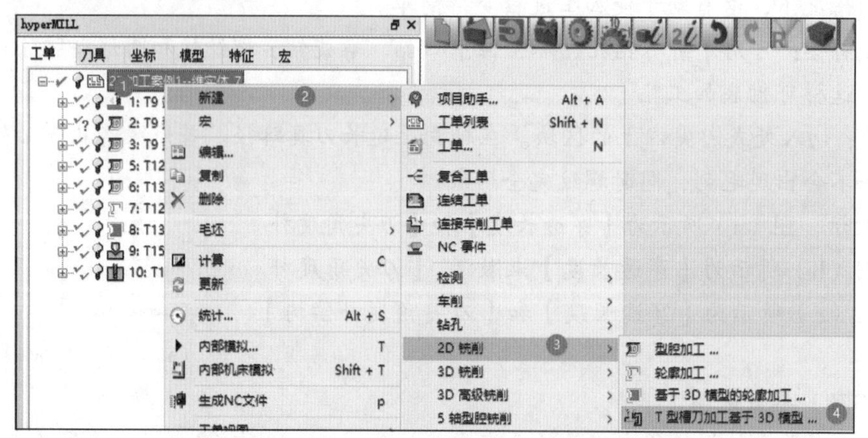

图 3-121 新建 T 型槽刀加工基于 3D 模型加工策略

2. 新建一把 T 型槽刀

如图 3-122 所示新建一把 T 型刀，直径为 30mm，圆盘高度为 3mm。

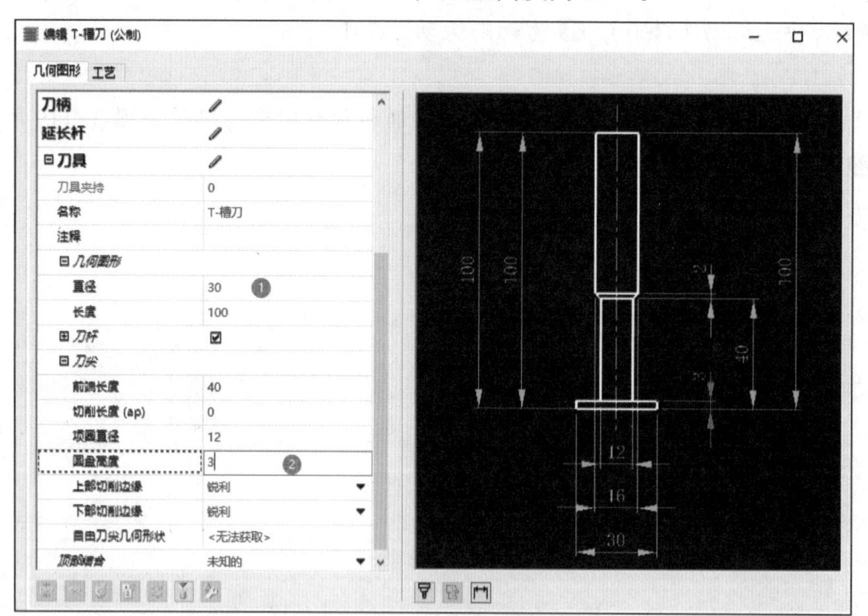

图 3-122 新建 T 型槽刀

按图 3-123 所示设置工艺参数。

主轴转速 (n)	XY进给	轴向进给	减速进给	切削速度Vc
3000	500	500	400	10
冷却液	切削宽度(ae)	进给长度 (ap)	插入角度	最大减速进给角度
1	0	0	2	15

图 3-123 工艺参数设置

3. 轮廓参数设置

如图 3-124 所示设置轮廓选项卡。在选择轮廓时，可以同时选择左右两个 T 型槽的轮廓线如第 ❸ 步的操作，两个 T 型槽可以一起完成加工。宽度参数设为 5。

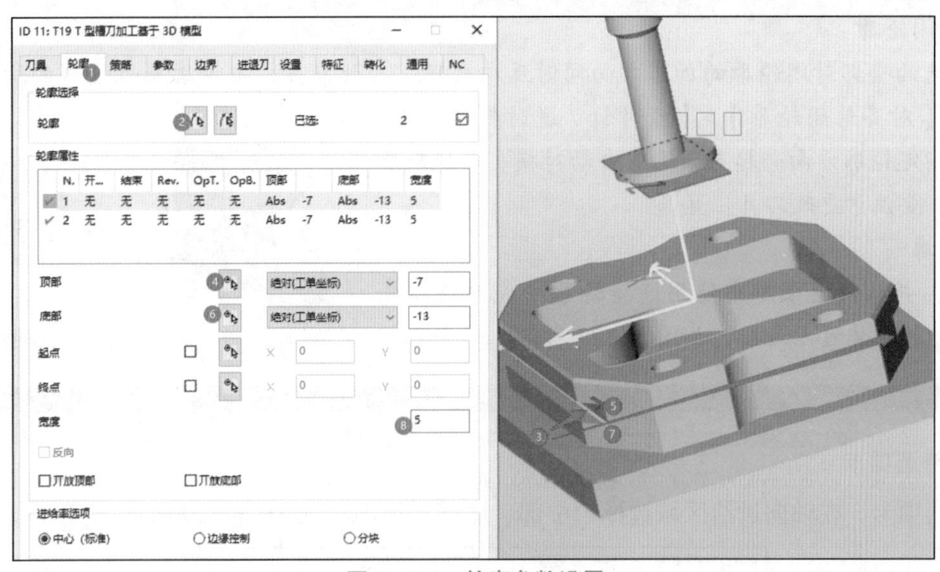

图 3–124　轮廓参数设置

轮廓选项卡参数简介

1）轮廓选择

如图 3–125 所示，❶ 为顶部，❷ 为底部，还可以自定义轮廓的起点如 ❸，如果只加工部分轮廓，或者应该在某处有重叠，则设置一个起点 ❸ 和终点 ❹。

2）宽度

宽度如图 3–126 中 ❶ 所示，即为每个已定义轮廓输入进给区域的宽度。

通过参数选项卡中的最【大侧向步距】❷，输入 XY 方向上进给至下一路径的最大允许距离。自动创建切入点和退刀运动点。

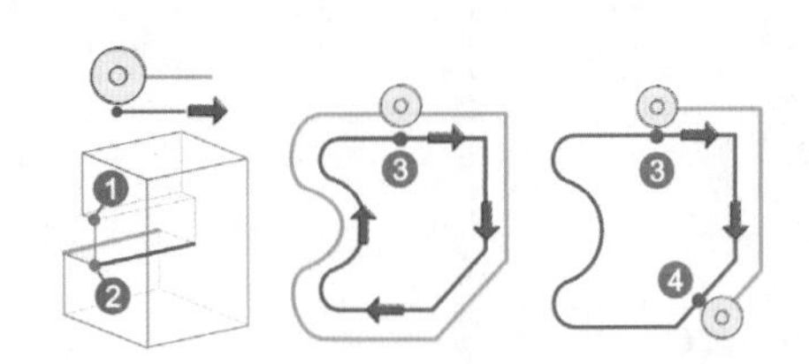
图 3–125　轮廓选择方法

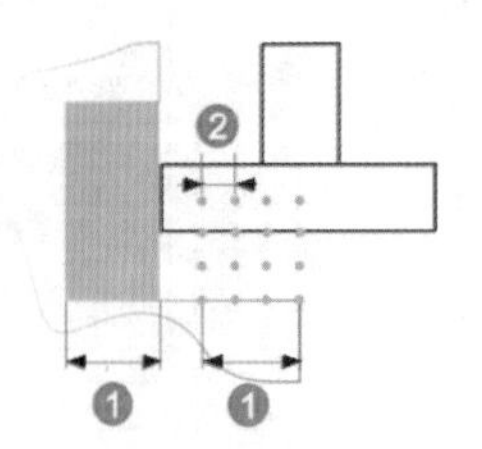
图 3–126　步距参数

3）反向

在默认设置情况下，加工方向依循所选的轮廓的方向。这在图形预览中可见。如果计算没有达到要求的加工方向，则选择相关轮廓并选择【反向】选项。

4）开放顶部

如图 3–127（a）所示，槽向顶部开放。忽略槽的上部区域的精加工切削。

5）开放底部

如图 3–127（b）所示，槽向底部开放。忽略槽的底部的精加工切削。

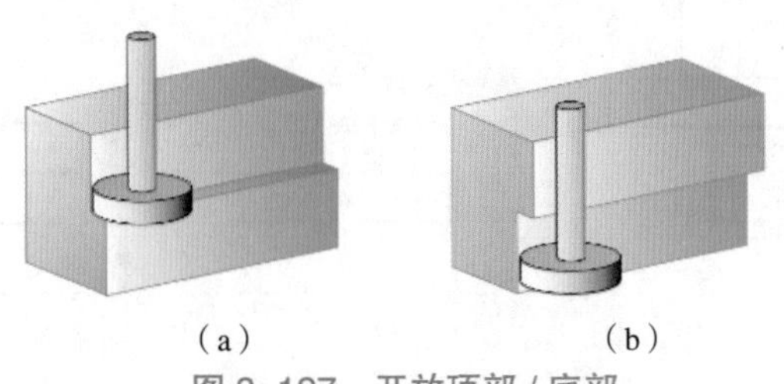
（a）　（b）
图 3–127　开放顶部 / 底部

6）对齐封闭轮廓

可以对所选的全部封闭轮廓的加工方向同时反向处理。为此，可右击轮廓属性区域的所选轮廓，从快捷菜单中使用【对齐封闭轮廓】>【顺时针 / 逆时针】功能，以选择轮廓并指定轮廓方向。起点和终点自动对换。在逆反加工方向的同时，要注意更改刀具位置。

7）连接轮廓

选择轮廓，并从快捷菜单中使用连接轮廓功能来连接轮廓。只有相邻的轮廓才可以连接，如图 3–128 所示。

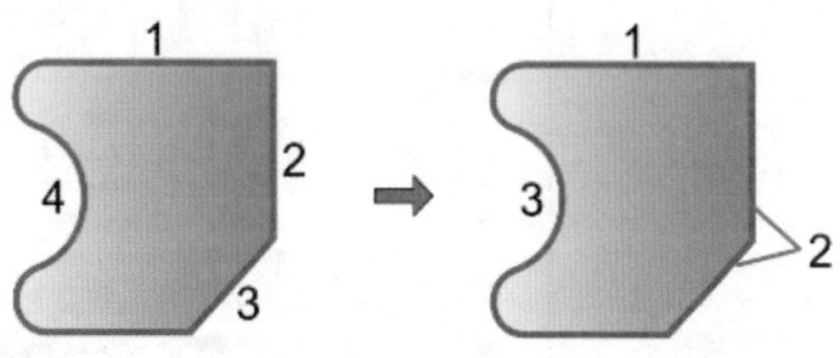

图 3–128 连接轮廓

4. 设置策略选项卡

设置策略选项卡，在轴向进给区域选择“中部、底部、顶部”，如图 3–129 所示。

图 3–129 策略选项卡参数设置

策略选项卡策略简介

轴向进给：选择轴向加工方向或顺序，如图 3–130 所示。

（1）自动：通过自动选项，根据不同加工情况自动调整轴进给。

（2）顶部至底部：如图 3–130 中（a）所示，适用于底部封闭、顶部开放的槽。

（3）底部至顶部：如图 3–130 中（b）所示，适用于顶部封闭、底部开放的槽。

（4）中间、底部、顶部 或中间、顶部、底部：如图 3–130（c）所示，适用于顶部、底部皆封闭的槽。

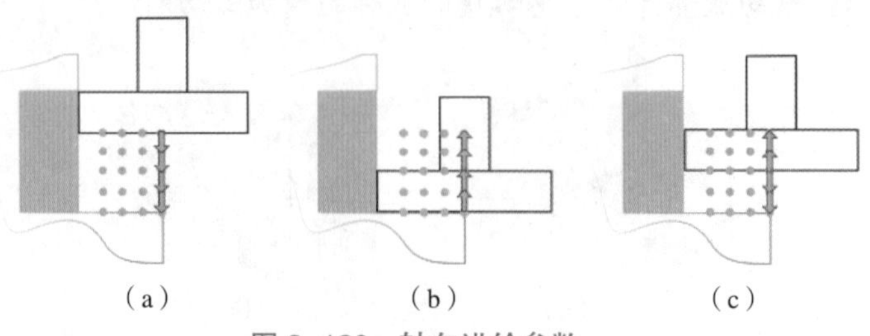

（a） （b） （c）

图 3–130 轴向进给参数

5. 参数选项卡参数设置

如图 3-131 所示，设置参数选项卡，图中只改变了【步距】和【精加工余量】参数，其余参数可以默认。

图 3-131 参数选项卡设置

参数选项卡中参数简介

1）轴向进给 / 侧向进给区域

（1）最大轴向步距：如图 3-132 中❶所示，输入加工平面之间的最大允许距离。此值不得大于刀具的圆盘高度，默认值 =0.75× 圆盘高度。进给值自动调节至总体进给（顶部、底部），不执行任何精加工切削。

（2）总体进给宽度：如图 3-132 中❷所示，该参数通过轮廓选项卡中的宽度参数设置。

（3）最大横向步距：如图 3-132 中❸所示，输入为 XY 方向上进给至下一路径的最大允许距离。

（4）顶部精加工余量：T 型槽上部区域的精加工切削所用的毛坯厚度。该值将在本次操作中切除。

（5）底部精加工余量：T 型槽底部的精加工切削所用的毛坯厚度。该值将在本次操作中切除。

（6）精加工余量：T 型槽侧边的精加工切削所用的毛坯厚度。该值将在本次操作中切除。

2）附加选项

（1）优先螺旋：对于闭合轮廓，优先使用螺旋刀具路径的加工空穴。

（2）穿透长度：如图 3-133 中❶所示，如果槽在上部或下部区域是开放的，则将向上或向下的加工延伸指定值。对此开放侧面，并不计算任何精加工切削。

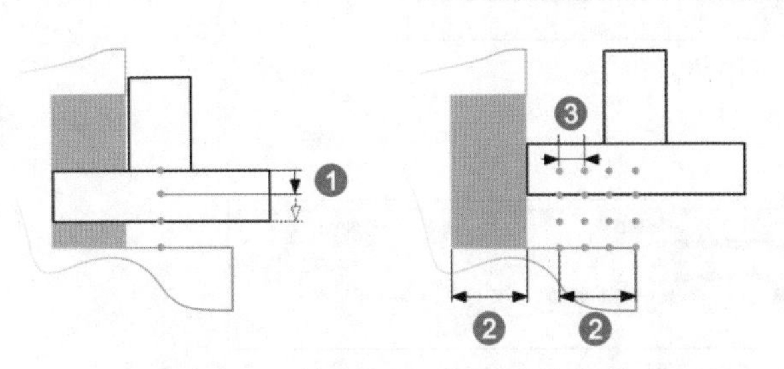

图 3-132 轴向进给 / 侧向进给区域

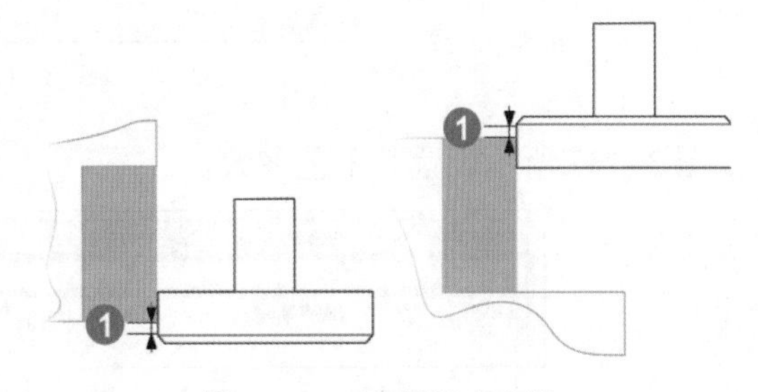

图 3-133 穿透长度参数

（3）重复路径：额外增加空切（精加工余量为 0，但实际上有微量余量的切削）的精加工路径（即光刀路径）。光刀路径数量由“路径数量”参数来定义。

6. 计算刀路，仿真结果

默认其他选项卡中的参数，点击计算生成刀路，仿真结果如图 3–134 所示。

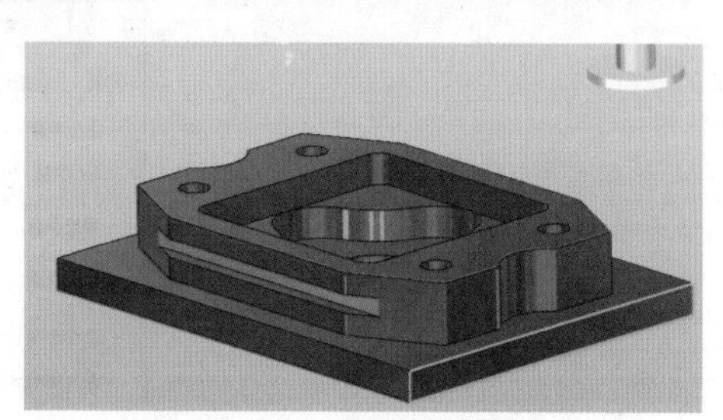

图 3–134 T 型槽仿真结果

3.2.8 倒角加工——基于 3D 模型的倒角策略

一、基于模型上倒角特征倒角

1. 启动基于 3D 模型的倒角加工策略

如图 3–135 所示，在❶处右击鼠标，从弹出的快捷式菜单中依次选取【新建】>【2D 铣削】>【基于 3D 模型的倒角加工】。

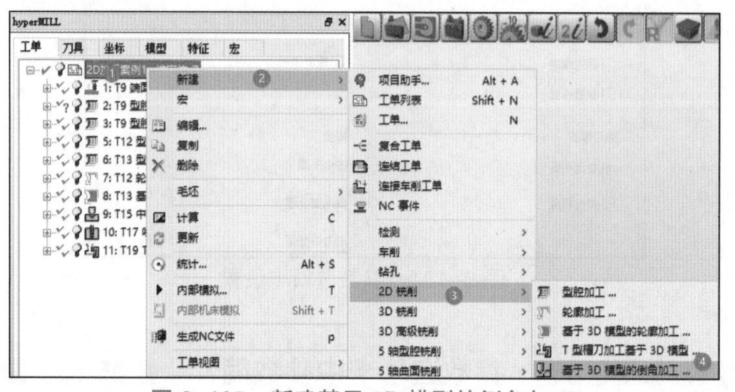

图 3–135 新建基于 3D 模型的倒角加工

2. 新建倒角刀

新建一把直径为 10mm，倒角角度为 45° 的倒角刀，额定直径设为 3mm，如图 3–136 所示。

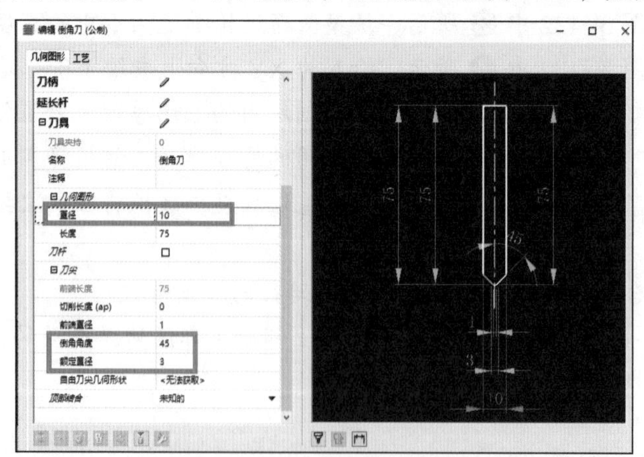

图 3–136 新建倒角刀

如图 3–137 所示设置其工艺参数。

主轴转速 (n)	XY进给	轴向进给	减速进给	切削速度Vc	F/edge (fz)	Fz钻削(f)
4000	1000	500	1000	10	0.5	0
冷却液	切削宽度(ae)	进给长度 (ap)	插入角度	最大减速进给角度		
1	0	0	2	15		

图 3–137 工艺参数设置

2. 选择轮廓

采用链选方式选择图中所示封闭轮廓，其他参数默认，如图 3-138 所示。

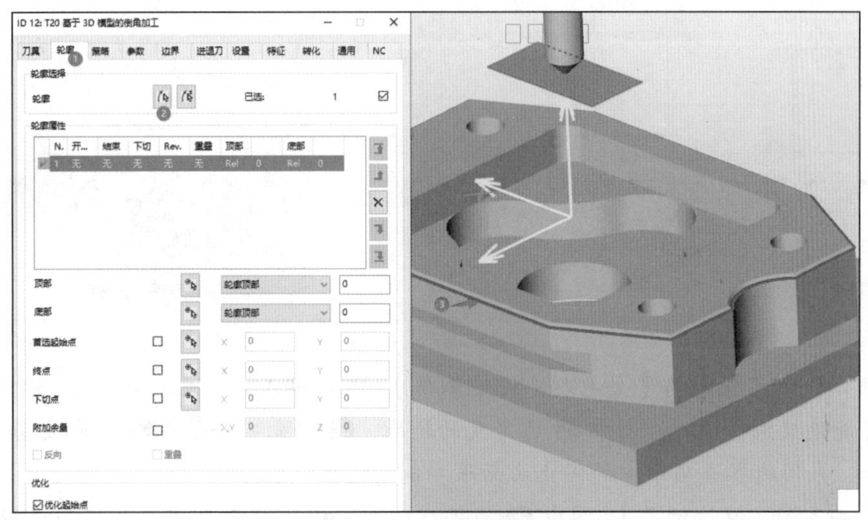

图 3-138 选择倒角轮廓

3. 设置策略选项卡

选择模型倒角选项，其他参数默认。如图 3-139 所示。

4. 计算刀路，仿真结果

其他选项卡参数默认，点击计算按钮，生成刀具路径，仿真加工后的图形如图 3-140 所示。

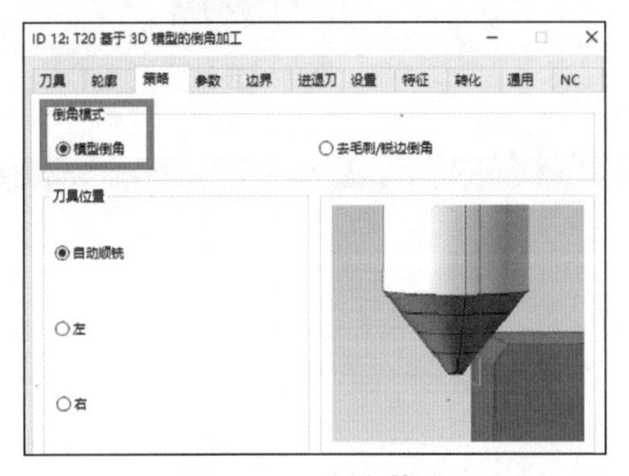

图 3-139 倒角策略

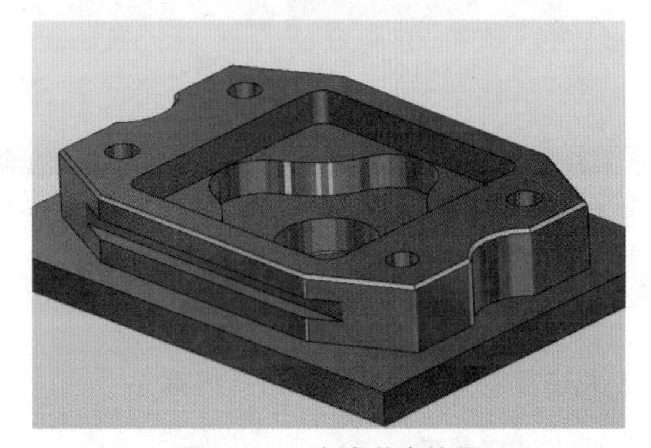

图 3-140 倒角仿真结果

策略选项卡参数简介

（1）倒角模式。

模型倒角：如图 3-141（a）图所示，倒角长度由模型几何体定义。

去毛刺 / 锐边倒角：如图 3-141（b）图所示，倒角高度在“参数”选项卡中定义。

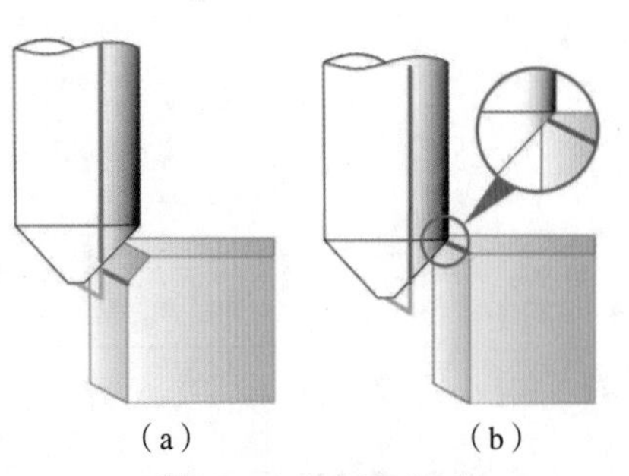

图 3-141 倒角模式

（2）其他参数介绍。

如图 3-142 所示，（a）图使用倒角模式为【模型倒角】，路径补偿为【中心路径】，刀具选项卡中的【额定直径】。图中❶已定义的轮廓线，❷模型，❸刀具直径，❹额定直径。

（b）图是在参数选项卡额定直径中输入一个值或更改默认值 T:Ndia，这时不再使用在刀具选项卡中的额定直径。图中❶已定义的轮廓线，❷模型，❸刀具直径，❹额定直径。

如图 3-143 所示，倒角模式为【去毛刺 / 锐边倒角】，路径补偿为【中心路径】。针对垂直步距定义一个进给步距。倒角高度明确进给次数。图中❶已定义的轮廓，❷进给步距，❸倒角高度。

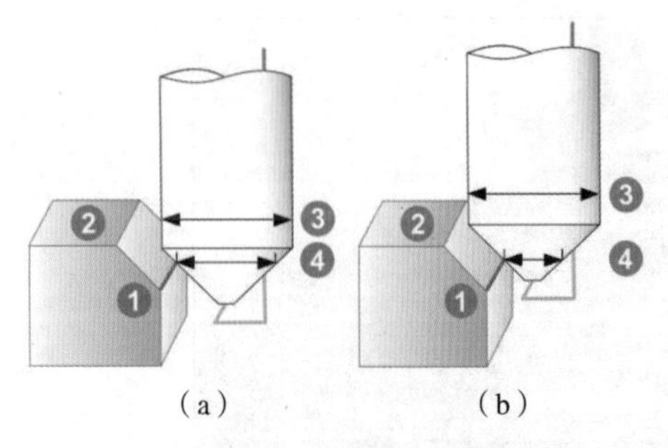

图 3-142 倒角模式参数 1

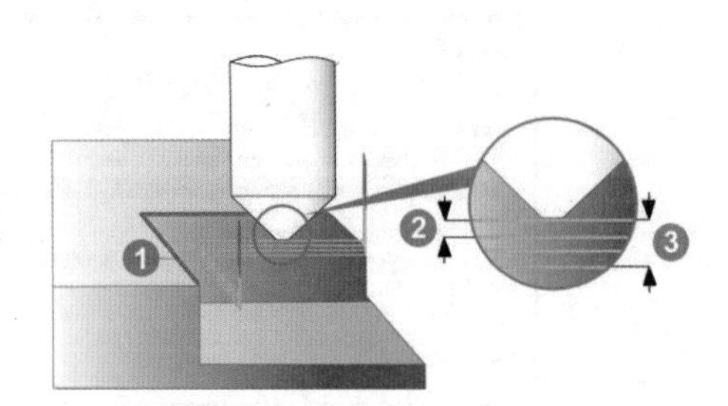

图 3-143 倒角模式参数 2

如图 3-144 所示，倒角模式为【去毛刺 / 锐边倒角】，退刀模式为【生产模式】。如可能发生碰撞，作为进给之间最短可能连接执行退刀。图中❶已定义的轮廓，❷轴向安全值，❸侧向安全值。

如图 145 所示，采用边界选项卡中的停止曲面限制倒角区域范围。

倒角模式为【去毛刺 / 锐边倒角】。图中❶为停止曲面，停止曲面是刀具不能越过模型区域，❷为轮廓线。

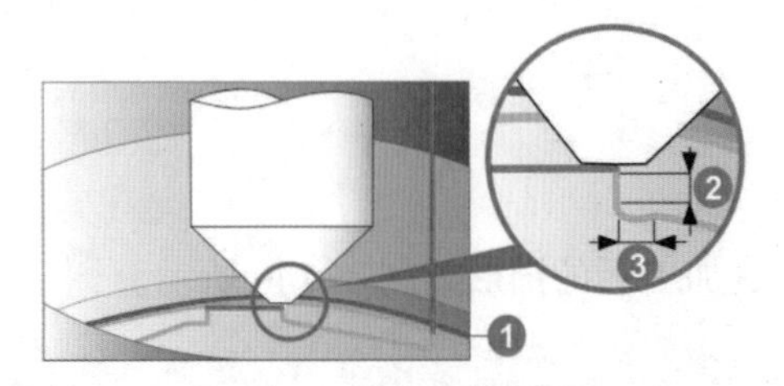

图 3-144 倒角模式参数 3

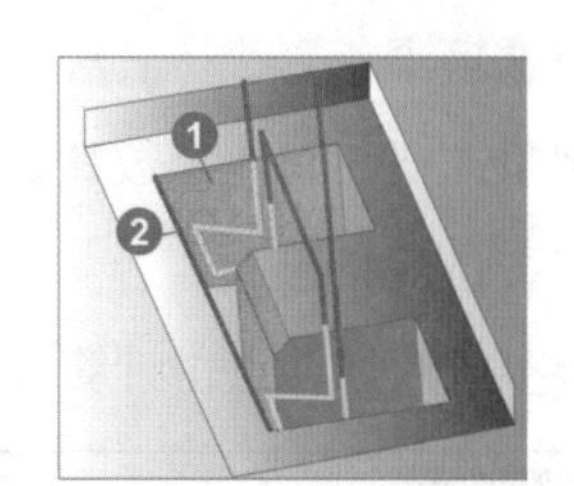

图 3-145 倒角模式参数 4

二、去毛刺 / 锐边倒角

1. 复制上一步生成的倒角路径

2. 双击复制好的倒角路径进行编辑

3. 重新选择轮廓

如图 3-146 所示，选择四个孔和矩形型腔的轮廓进行去毛刺倒角，其他参数默认。

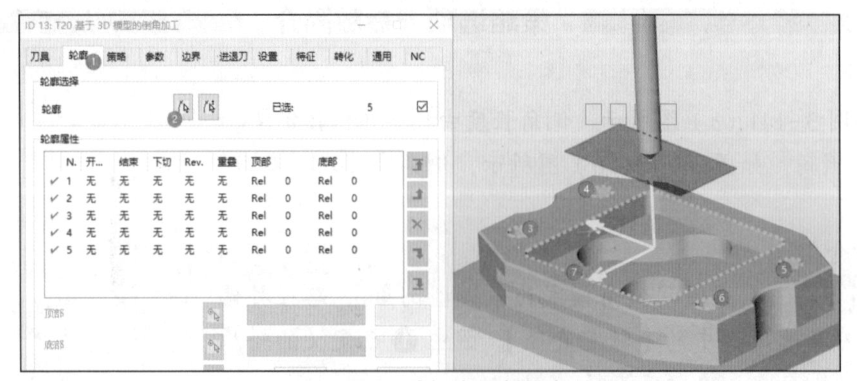

图 3-146 选择去毛刺轮廓

4. 设置策略选项卡

选中【去毛刺 / 锐边倒角】，其他参数默认。

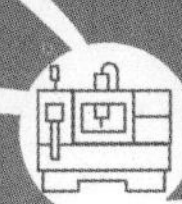

5. 设置参数选项卡

采用【单一路径】,【倒角高度】为 1mm。如图 3-147 所示。

6. 计算刀路，仿真结果

其他选项卡采用默认设置，点击计算生成刀路，仿真后图形如图 3-148 所示，至此全部完成了该零件的加工设置（隐藏了零件模型）。

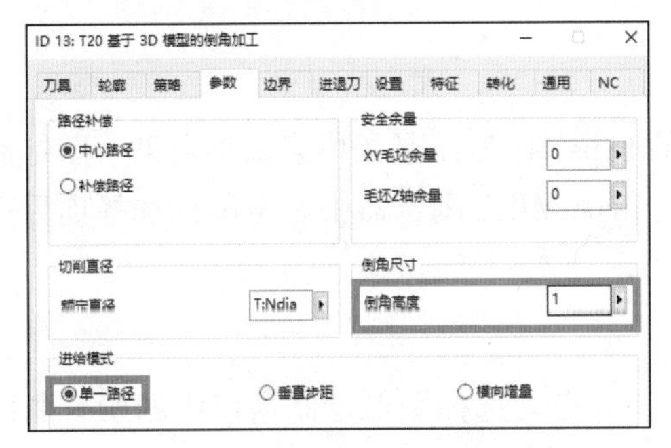

图 3-147　设置参数选项卡

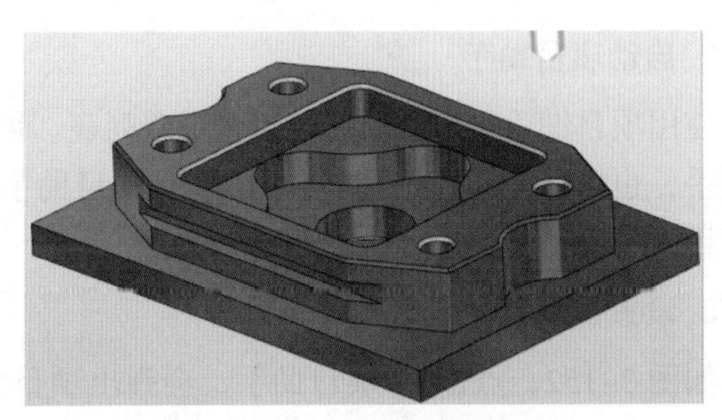

图 3-148　去毛刺仿真结果

3.3　2D 加工案例 2——基于特征加工

使用特征技术来处理 CAM 编程的 CAD 模型中存在的几何形状信息，可以显著减少编程工作量，节约时间，提高效率。除了指派的几何形状外，特征还包含与制造相关的信息，例如公差值或配合。此外，定制的工艺特征可以为相似的几何形状定义公司标准，从而进一步增加编程自动化。在此过程中，各种工作流程被定义并保存为技术宏，可应用于类似的加工任务。

特征中的几何形状等数据可以传输到工单定义（特征工单连接器），便于在各种工单和工单列表中使用。

hyperMILL 特征目录包含下列特征：

（1）一般特征：轮廓线、策略曲线、曲面组、平面、通用型腔、通用孔。

（2）OPEN MIND 特征：简单孔、沉头孔、自由定义孔、曲面、型腔、复合特征。

（3）透平特征：叶片、叶轮。

（4）定制过程特征（CPF）。

下面用基于特征的方式来完成 3.2 节中的零件的编程，零件模型如图 3-149 所示。

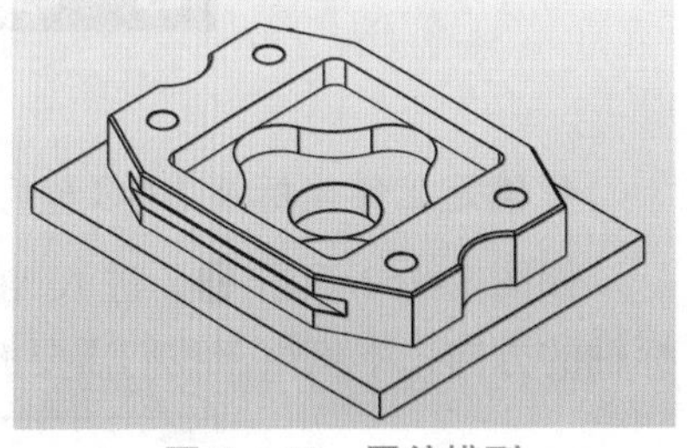

图 3-149　零件模型

3.3.1　使用项目助手新建工单列表

1. 调出 hyperMILL 工具条

如图 3-150 所示在工具栏的任意位置（如图中❶位置）右击鼠标，在弹出的快捷式菜单中选择 hyperMILL 工具（如图中❷，前面有绿色的√表示已选择）。

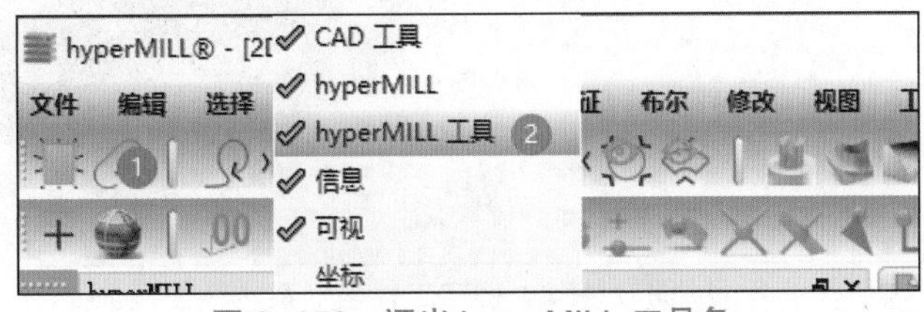

图 3-150　调出 hyperMILL 工具条

然后在软件界面的底部出现如图 3–151 所示的工具条即 hyperMILL 工具条。

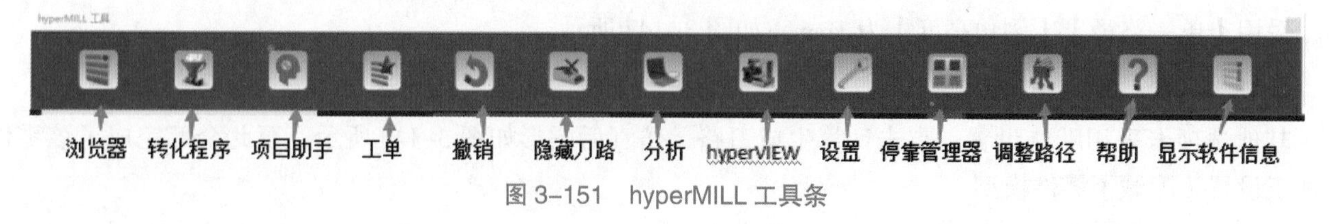

图 3–151 hyperMILL 工具条

2. 启动项目助手

使用项目助手可以很快捷地新建工单列表。可以从底部的 hyperMILL 工具条中点击项目助手图标启动项目助手，也可从菜单栏选择 hyperMILL—项目助手，还可以在 hyperMILL 浏览器中右击鼠标选择项目助手启动项目助手。

3. 设置模型数据

如图 3–152，点击 ❶ 项目助手，会弹出项目助手对话框，并自动选择图形绘制窗口中的所有曲面作为零件加工模型，如果不合适可以去重新选择或编辑，在这里我们采用默认选择。在工艺区默认铣削工艺。完成零件模型的设置。

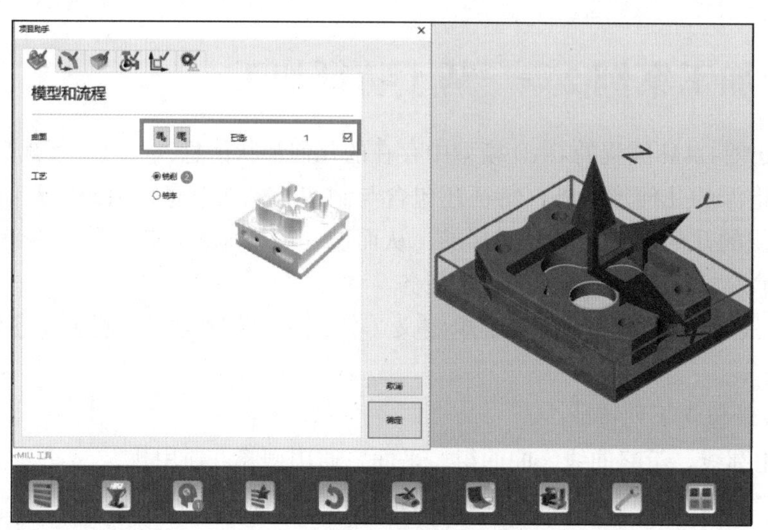

图 3–152 设置模型数据

4. 确定工件坐标系（NC 坐标系）的坐标轴方向

如图 3–153 点击 ❶，进入 NCS 方向的设置对话框，可以通过对齐、Z 方向、X 方向三个选项来确定坐标轴的方向，本例由于我们需要的工作坐标系与工作平面使用的坐标系一致，不需进行调整。

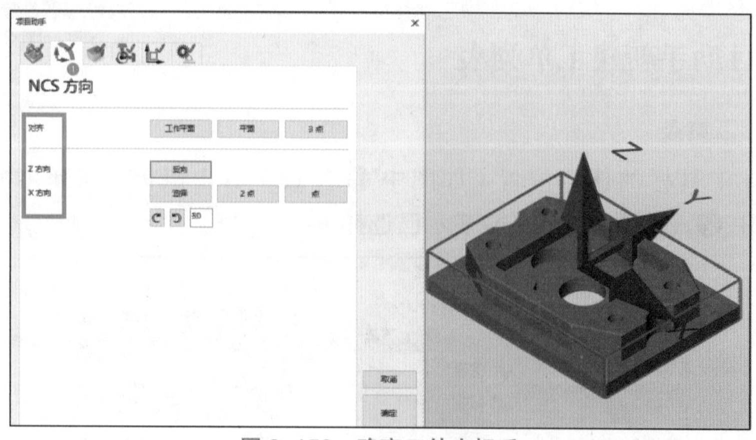

图 3–153 确定工件坐标系

5. 设置毛坯

如图 3-154 点击 ❶，进入毛坯设置对话框，会自动生成包含全部零件模型的方型毛坯，我们在“Z+ 偏置”参数中输入 1，使毛坯高出零件模型。

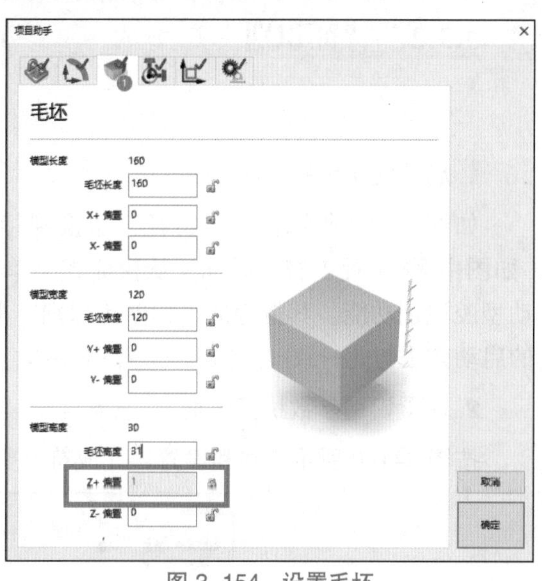

图 3-154　设置毛坯

6. 工件原点的设置

如图 3-155 所示，将工件原点设置在零件模型上表面的中点处。其中 ❹ 处是确定工件原点在 XY 平面内的位置（有 9 个位置供选择），❺ 处是确定原点在 Z 轴方向的位置（顶面、中间、底面）。

7. 设置加工坐标系

如图 3-156 所示，点击 ❶ 进入加工坐标系的设置，按图完成安全平面的设置。当需要进行“3+2”定向加工和五轴联动加工时，需要对不同方位的结构进行加工，就需要生成符合要求的局部加工坐标系。【Global clearance plane】是全局安全平面参数，为了安全起见，我们大多数情况下把这个参数值设置为相对于毛坯。

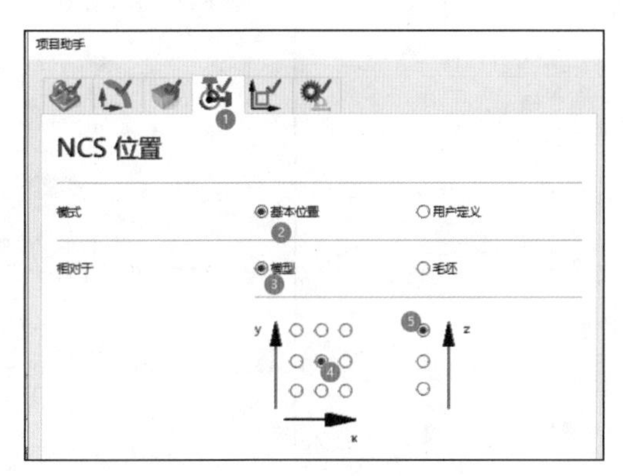

图 3-155　工作原点设置

图 3-156　设置加工坐标系

8. 设置材料及机床后置处理器

进行名称的设置（名称不能重名，如有已有的同名则以红色颜色醒目提示）材料设置及机床后置处理器的设置。设置好后按【确定】按钮退出。如图 3-157 所示。

完成工单列表的设置后，会在 hyperMILL 浏览器中显示新建的工单列表，如图 3-158 所示。

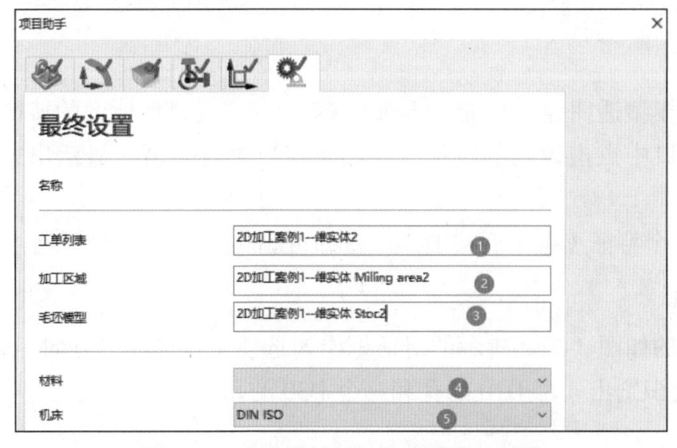

图 3-157　设置材料及机床后置处理器

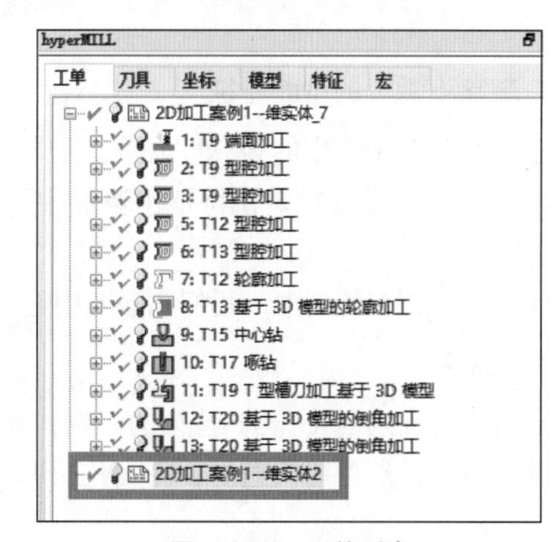

图 3-158　工单列表

3.3.2 特征识别

一、型腔识别

1. 启动型腔识别功能

如图 3–159 所示，点击特征，切换到特征浏览器，在上部区域（如图中❷位置）右击鼠标，从快捷式菜单中选择【型腔识别】，启动型腔识别功能。其他特征（如单孔识别、平面识别等）的识别功能的启动方法与此一致。

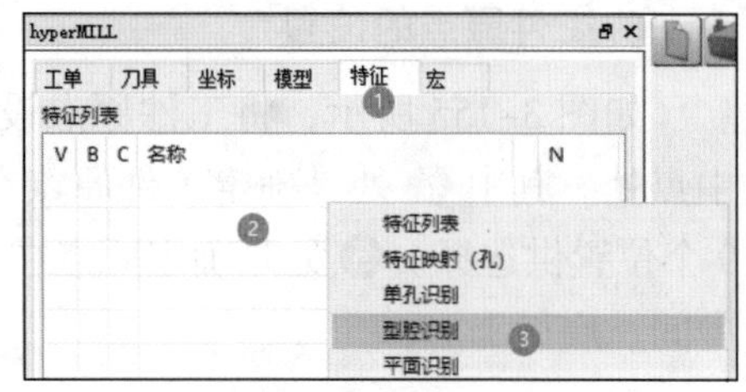

图 3–159 启动型腔识别

2. 设置识别参数执行识别

按图 3–160 所示步骤和设置，完成符合要求的全部有底型腔。

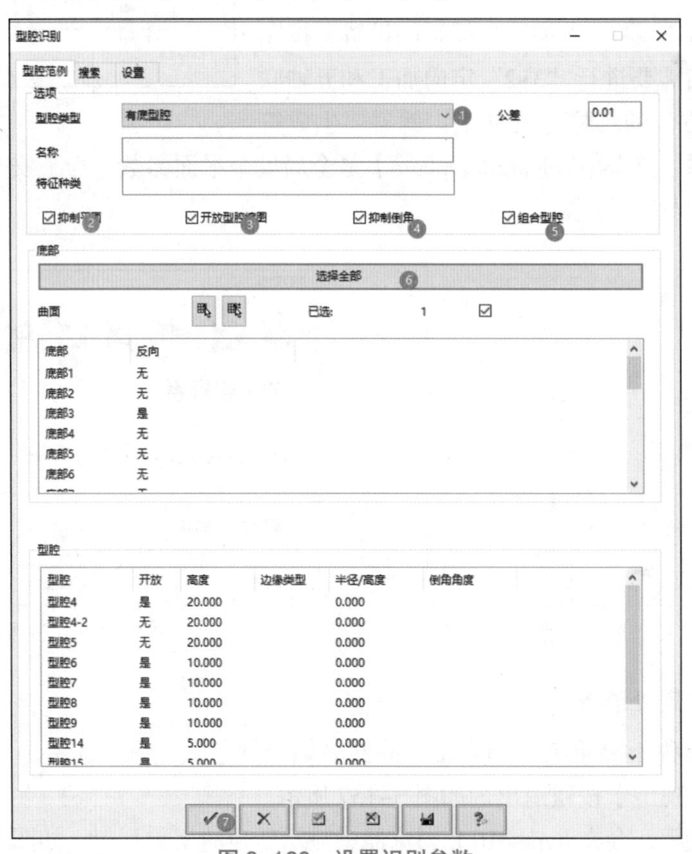

图 3–160 设置识别参数

3. 删除不需要的型腔特征

点击如图 3–161 中的❶处图标可以开启零件模型透明显示功能，再选择❷处的“仅显示标记的特征”图标按钮，这样设置后，在特征浏览器中下部窗口中点击识别的特征，在图形窗口中就会高亮显示出来，方便观察。

通过观察，在此例中，我们删除图中选中的 7 个特征（选中后按 Delete 键即可删除）。

4. 识别孔

启用“特征映射（孔）”特征的识别，在弹出的如图 3–162 所示的对话框中勾选使用首选加工方向，确定 Z 轴为负向，然后确认退出，完成孔的识别。会识别出 4 个 D10 的孔和一个 D30 的孔。

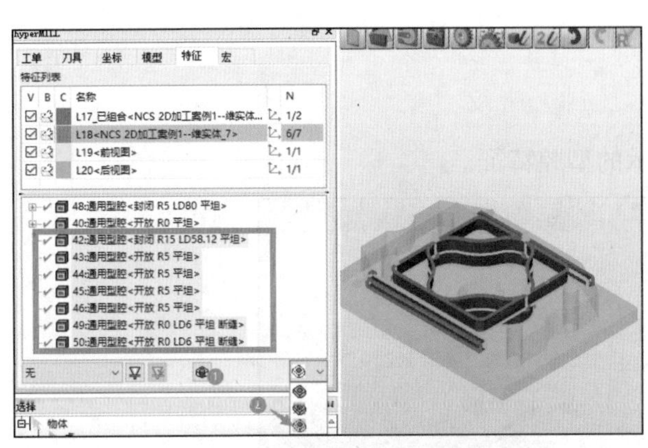

图 3–161 删除型腔特征

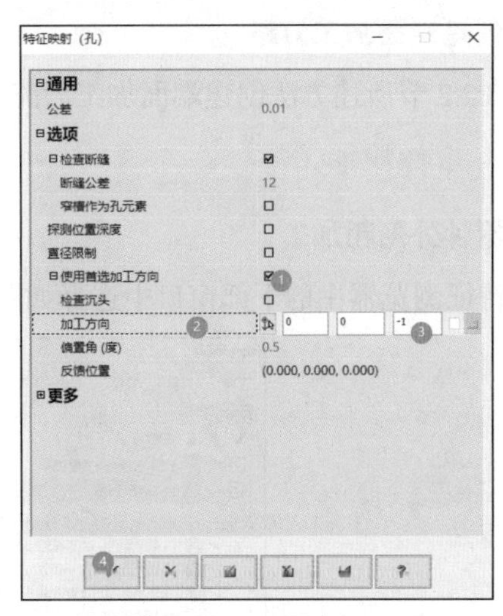

图 3–162 特征映射（孔）

5. 识别 T 型槽

启动型腔识别特征功能（T 型槽的识别包含在型腔识别特征中），按图选择 T 型槽识别，在选择全部参数选项执行识别，识别后确认退出。如图 3–163 所示。

6. 识别特征，生成刀路

识别后的特征如图 3–164 所示，两种型腔、两种孔和两个 T 形槽，至此我们需要的特征以全部识别出来了，接下来可以使用这些特征来生成刀路。

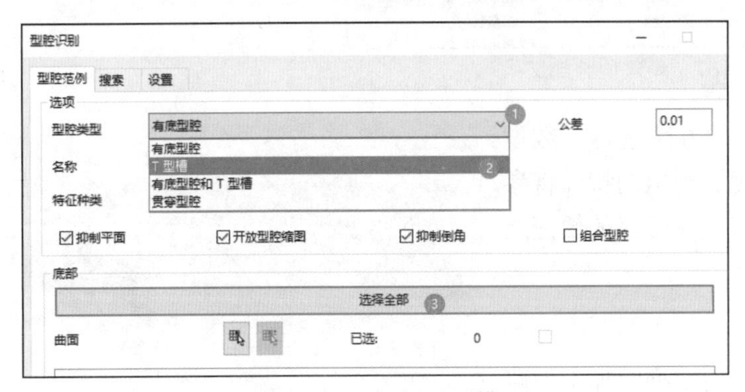

图 3–163 识别 T 型槽

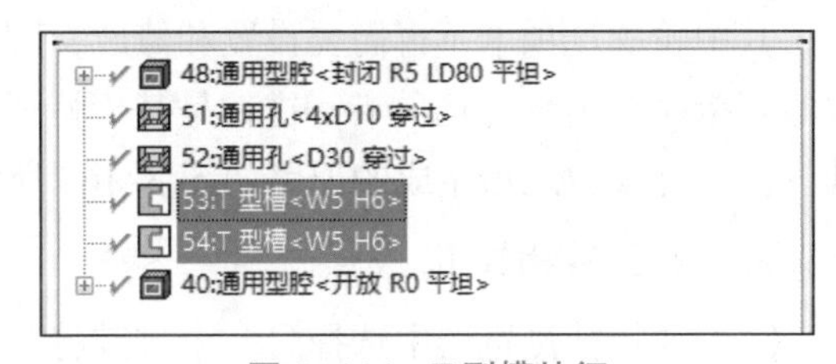

图 3–164 T 型槽特征

3.3.3 刀路创建

在本节中，主要介绍基于特征的刀路创建的方法，暂不考虑零件加工工艺的完整性和合理性。因此本节主要介绍基于特征的型腔加工、T 型槽加工和钻孔加工刀路的创建方法和步骤，与 3.2 节重复的内容将不再做介绍。

一、端面加工路径创建

1. 启动端面加工路径的创建

如图 3–165 所示步骤，从底部的 hyperMILL 工具条点击工单图标，依次选择【2D 铣削】>【端面加】工，启动端面加工路径的创建。

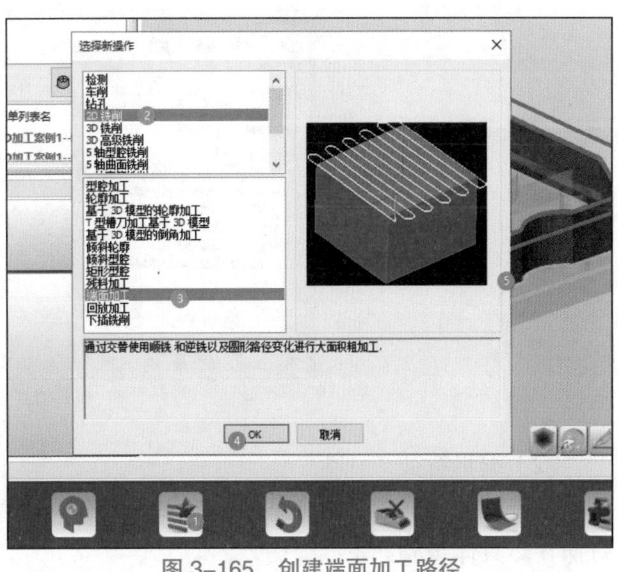

图 3–165 创建端面加工路径

2. 创建端面加工刀路

按 3.2.2 节所述方法创建端面加工刀路。

二、零件粗加工

1. 零件外形粗加工

在特征浏览器中的下部窗口中选择如图 3–166 所示的型腔特征。

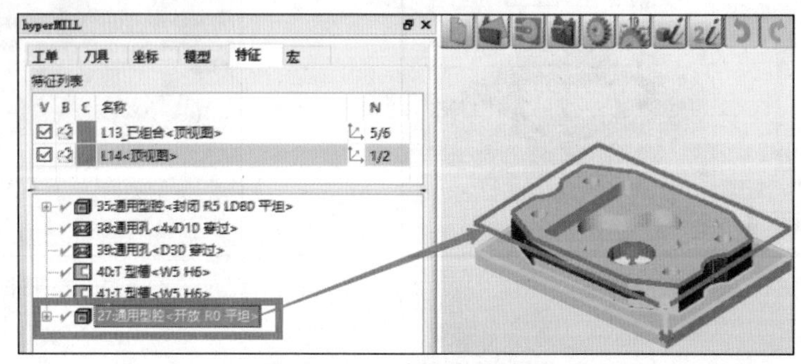

图 3–166 选择型腔特征

右击鼠标，从弹出的菜单中依次选择【新建带有特征的工单】>【2D 铣削】>【型腔加工】，启动型腔加工策略对零件外形进行粗加工刀路设置，如图 3–167 所示。

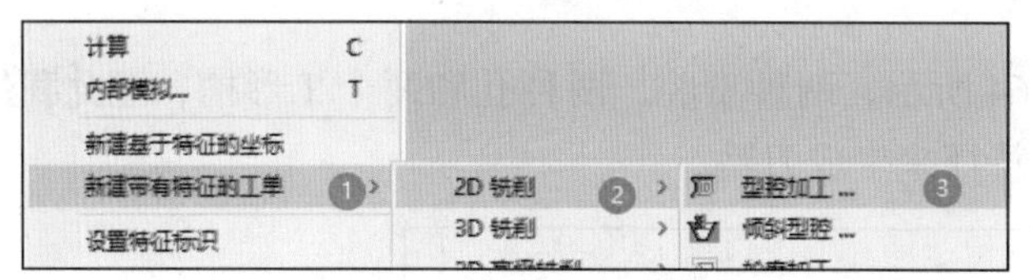

图 3–167 新建型腔加工

在弹出的型腔加工对话框中按 3.2.3 节介绍的方法进行参数设置，其中轮廓选项卡不再需要设置和修改，因为识别出的特征将参数值直接赋给了轮廓选项卡，这就是基于特征来生成刀路的便捷之处。设置好参数之后生成的刀路如图 3–168 所示。

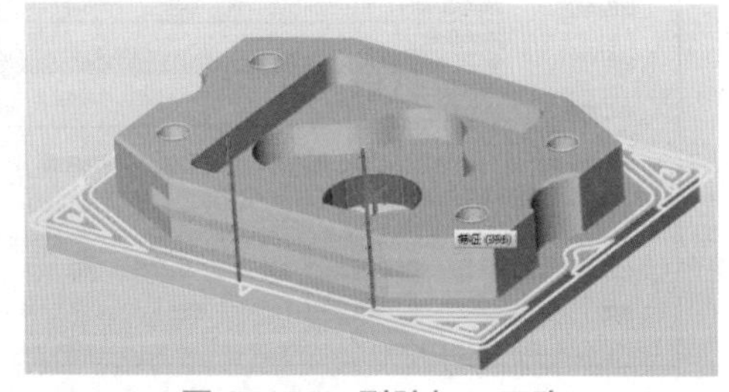

图 3–168 型腔加工刀路

2. 内部型腔粗加工

（1）在特征浏览器中选择另一个型腔特征，生成型腔加工刀路策略。如图 3–169 所示。

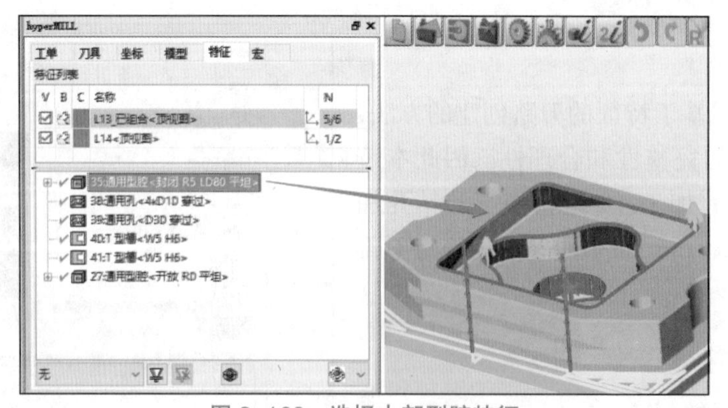

图 3–169 选择内部型腔特征

（2）编辑特征

由于特征中只含有两个型腔，如果我们把中间直径为 30mm 的圆柱孔也一并加工出来，就必须对特征进行操作。具体步骤如下：

①在型腔加工对话框中点击特征选项卡，再点击编辑选择按钮。如图 3–170 所示。

②在弹出的选择特征对话框中如图 3–171 所示，将特征窗口中的 D30 孔特征添加到到所选窗口中，然后点击确认按钮退出该对话框。

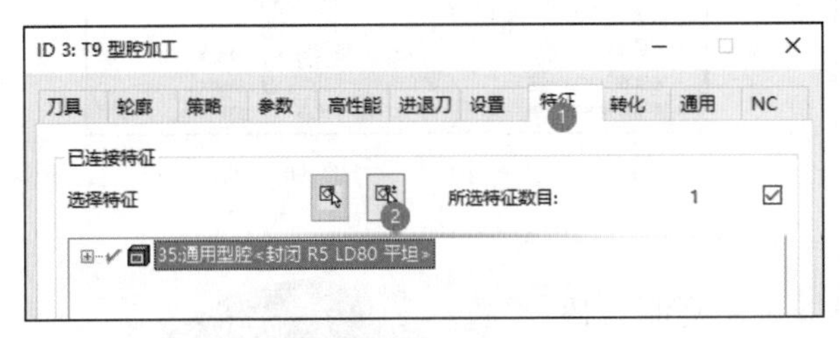

图 3–170 编辑特征

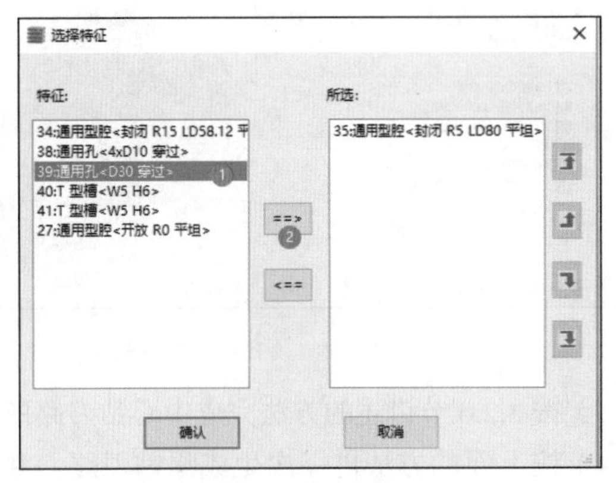

图 3–171 添加特征

③然后在型腔加工工单的特征对话框（又称为特征工单连接器）中双击刚添加的 D30 通孔特征，修改特征参数，这里我们将底面偏置参数设为 2mm，使孔底超出零件底面，保证刀具在加工时穿透底面，加工出通孔，防止在孔底留有残料。当然我们也可以将孔深修改为 12mm 效果也一样。

从这可以看出，在基于特征的工单设置中，特征选项卡代替了轮廓选项卡的功能。在特征选项卡中可以对特征的参数进行编辑。如图 3–172 所示。

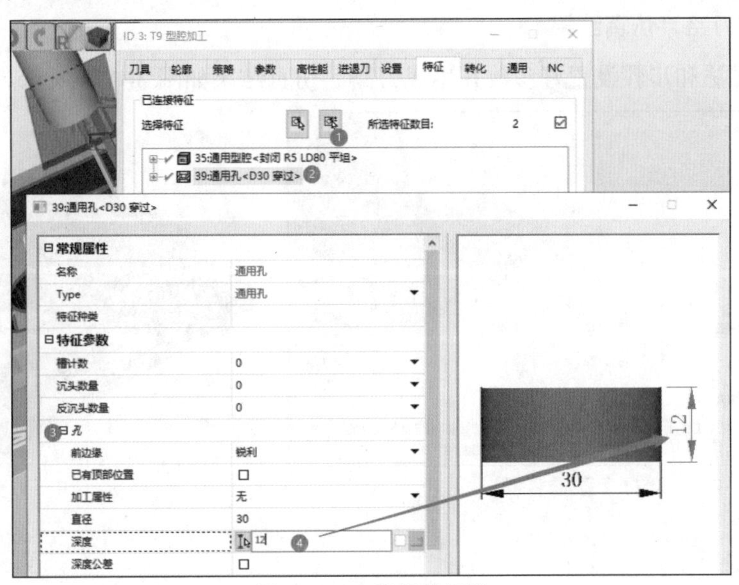

图 3–172 编辑特征孔

④按 3.2.3 节的操作设置好其他选项卡并完成刀路的生成。

三、零件二开粗和精加工路径的设置

零件二开粗和精加工路径的设置同 3.2.4 节和 3.2.5 节一样。刀路设置完成后，仿真结果如图 3–173 所示。

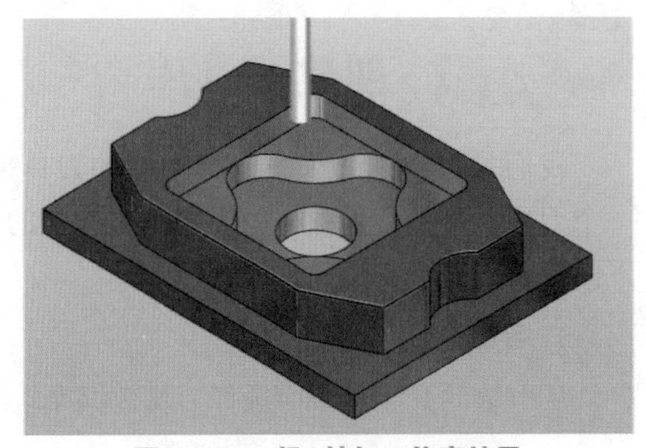

图 3–173 粗 / 精加工仿真结果

四、钻孔加工

1. 钻 4 个中心孔

（1）在特征浏览器中的下部分窗口中点击选择 4 个 D10 通孔特征，如图 3–174 所示。

（2）从快捷式菜单中选择钻中心孔策略，如图 3–175 所示。

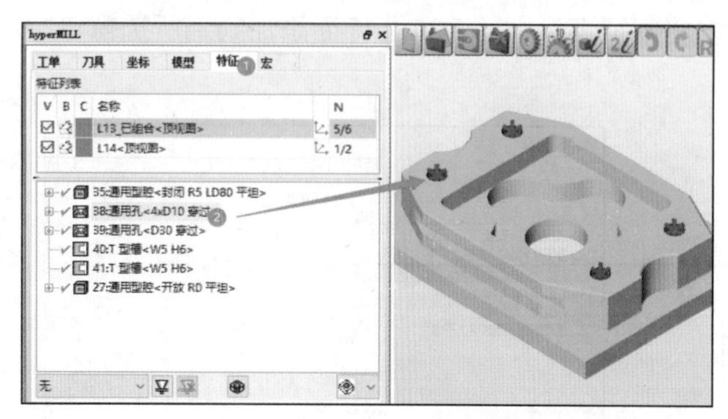

图 3–174 选择 4 个特征孔

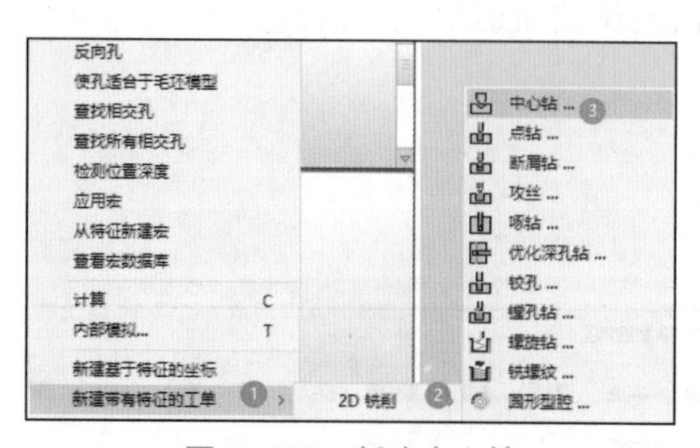

图 3–175 新建中心钻

（3）按 3.2.6 节讲述的方法完成中心钻刀路的生成。

（4）按上面的方法再一次生成啄钻刀路。在这里不能采用复制、替换中心钻的刀路来生成啄钻刀路。刀路生成后仿真结果如图 3–176 所示。

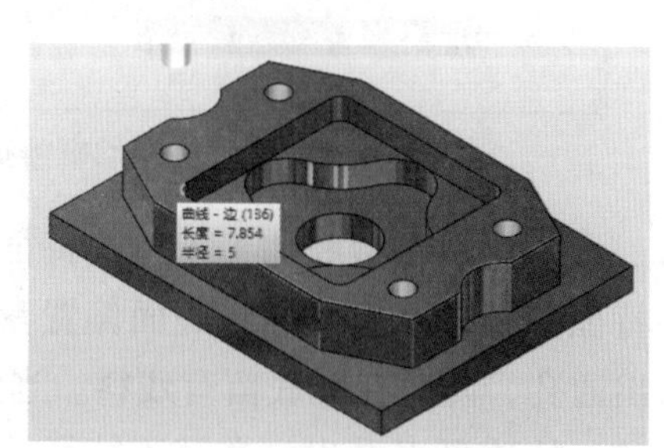

图 3–176 钻孔仿真结果

五、T 型槽加工

1. 选择 T 型槽特征

选择两个 T 型槽特征，右击鼠标，从弹出的菜单中选择 T 型槽加工基于 3D 模型策略。如图 3–177 所示。

2. 设置参数，生成刀路，仿真结果

按 3.2.7 节讲述的方法和步骤设置好参数并生成刀路。仿真结果如图 3–178 所示。

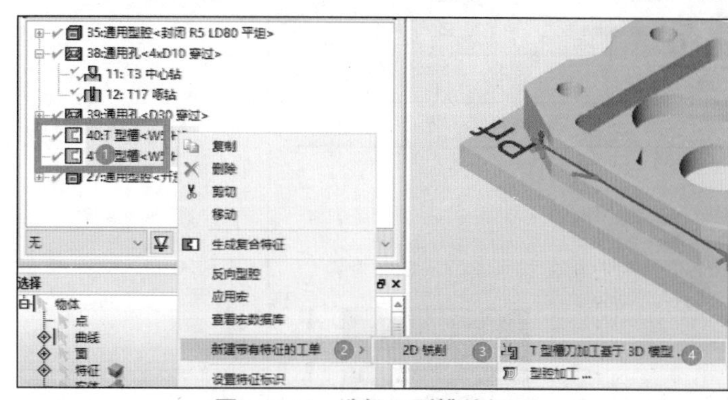

图 3–177 选择 T 型槽特征

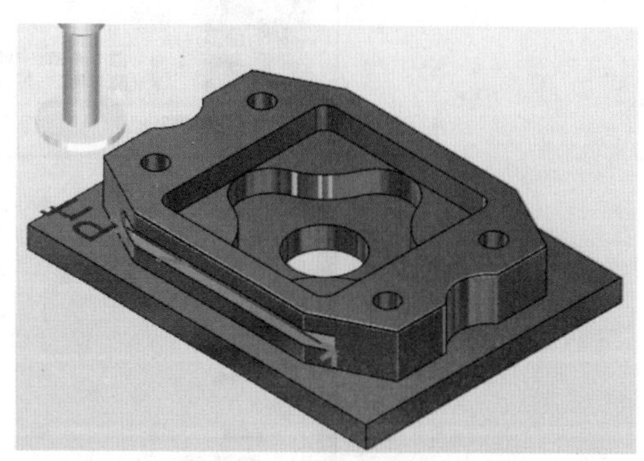

图 3–178 T 型槽仿真结果

六、倒角刀路的设置

按 3.2.9 节的讲述完成倒角刀路的设置，完成后仿真结果如图 3–179 所示。

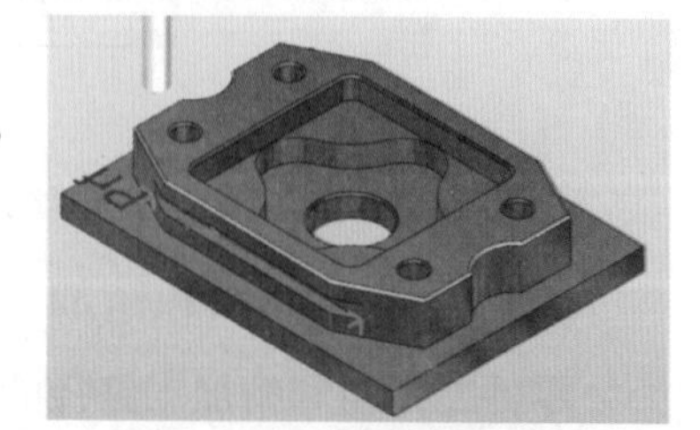

图 3–179 倒角仿真结果

3.4 创建刀具库

我们是可以从刀库中选择合适的刀具来生成刀路，但事先我们要创建一个刀库。一般我们建一个刀库，刀库里的刀具跟机床里的刀具保持一致，这样做会给我们编程带来便捷。下面来介绍刀库创建的过程。

1. 启动软件

从电脑的开始菜单中选择刀具数据库软件，启动刀库数据库软件。如图 3–180 所示。

2. 新建刀具库

如图 3-181 所示，在软件中点击库存——新建图标，新建一个库名为 20200325.db, 保存于电脑桌面上。

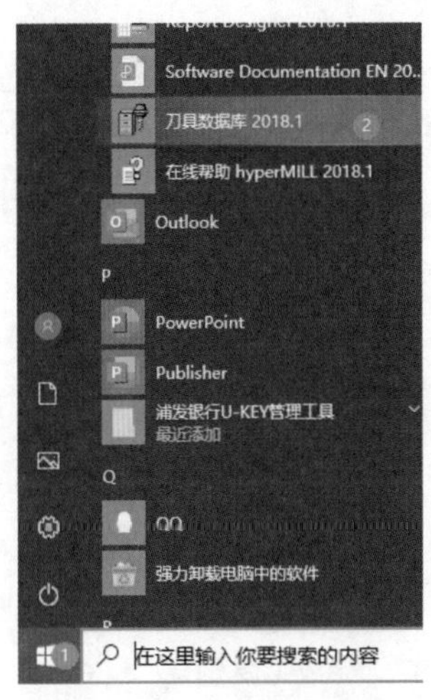

图 3-180 启动刀具数据库

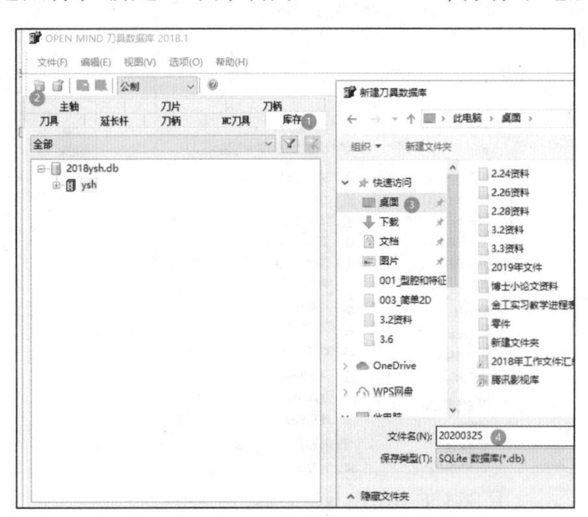

图 3-181 新建刀具库文件

3. 新建一个库，命名为 2020

如图 3-182 所示，右击新建的刀具库 20200325，从弹出的菜单中选择库，然后输入名称: 2020，勾选包含 NC- 刀具选项，再点击确认。

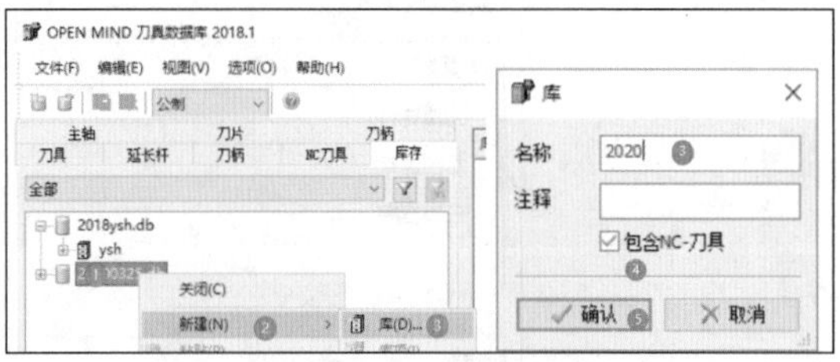

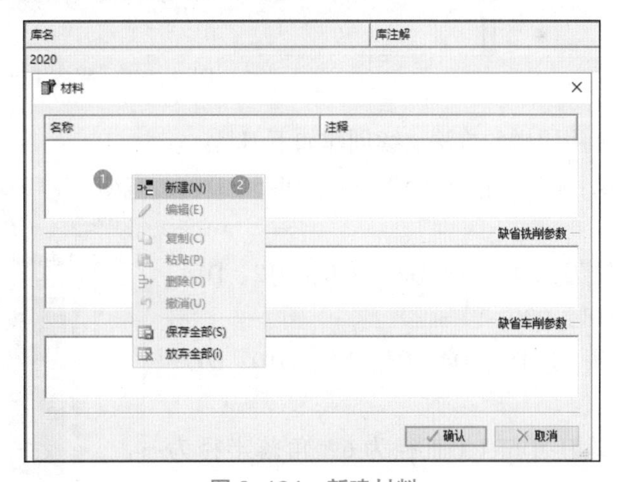

4. 为刀具库添加工件材料

（1）如图 3-183 所示，右击 20200325.db 数据库，选择材料。

（2）如图 3-184 所示，在弹出的对话框空白处（图中 ❶ 位置），右击鼠标，从快捷式菜单中选择新建，输入材料名称: AL7050，完成第一种材料的新建。

图 3-183 选择材料

图 3-184 新建材料

（3）以同样的方法创建 45、AL6061 这两种材料。如图 3-185 所示。

5. 新建 NC 刀具

（1）如图 3-186 所示，点击 NC 刀具标签，右击新建的刀具库，从弹出的菜单中依次选择新建——钻头。

（2）新建 D4.2 钻头。如图 3-187 所示，点击 ❶ 处的“+”号，展开选项，点击展开的选项，在右边窗口中修改直径: 4.2，切削长度 60。同时也可以再点击工艺选项卡，如图 3-188 所示，

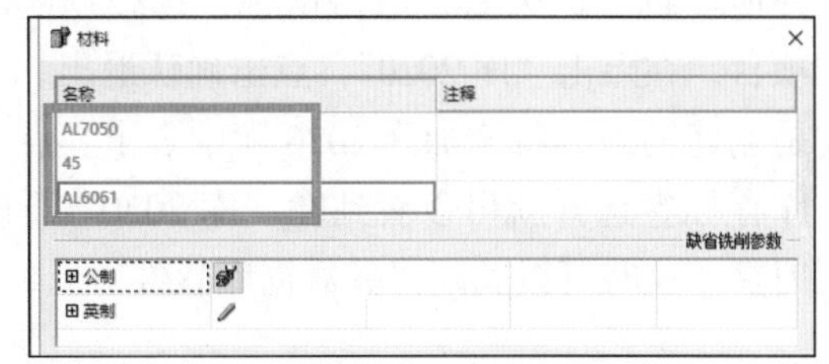

图 3-185 完成材料创建

图 3-182 新建刀具库

设置刀具的用途（加工工件的材料）和切削参数（主轴转速、进给速度等），完成刀具的创建。

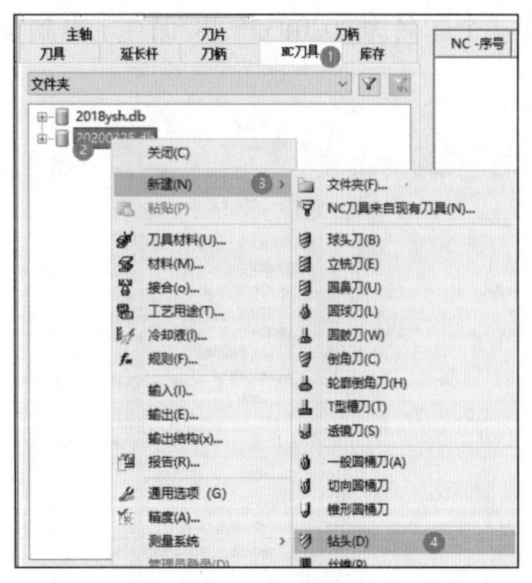

图 3–186 新建 NC 刀具

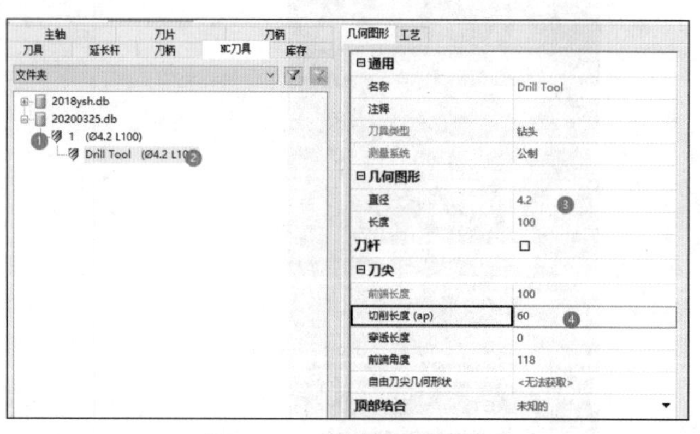

图 3–187 完成刀具创建

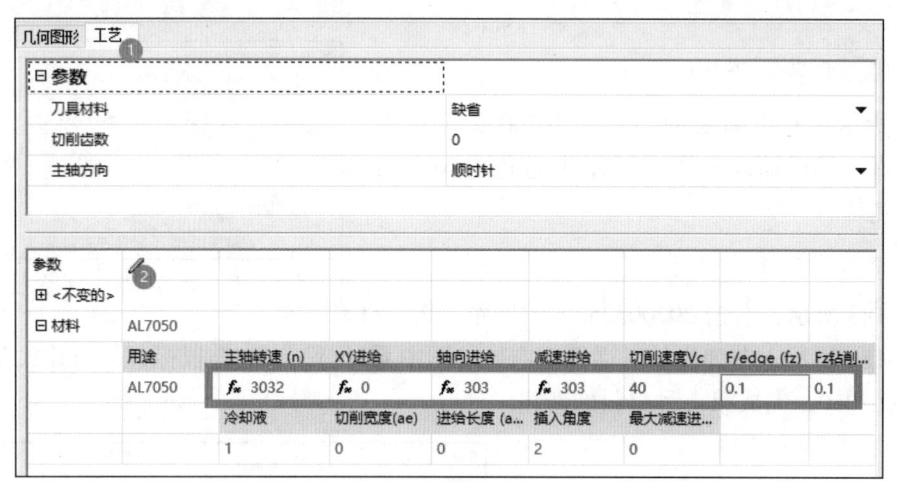

图 3–188 完成工艺参数设置

（3）用同样的方法继续创建如下刀具：

钻头：D5（直径为 5）、D6、D8.5、D10、D13。

立铣刀：D4、D6、D8、D10、D12、D14、D16、D18、D20。

球头刀：D2、D4、D6、D8、D10、D12、D16。

圆鼻刀：D6R1（直径为 6，角落半径为 1）、D10R1、D12R1、D25R2。

（4）创建库项目。如图 3-189 所示，选择所有创建的刀具，右击鼠标，选择创建库项目，在点击“库 2020”，点击确认退出。这是创建的刀具就添加到 2020 库中去了。点击库存标签选择就可以看到在“库 2020”下的刀具。这时可以关闭刀具数据库软件。

图 3–189 创建库项目

6. 应用刀具库数据

在 hperiMILL 软件中打开"钻孔－宏技术源文件 .hmc"，如图 3-190 所示，从菜单栏选择【hyperMILL】>【设置】>【设置】>【设置向导 / 管理数据库项目】。

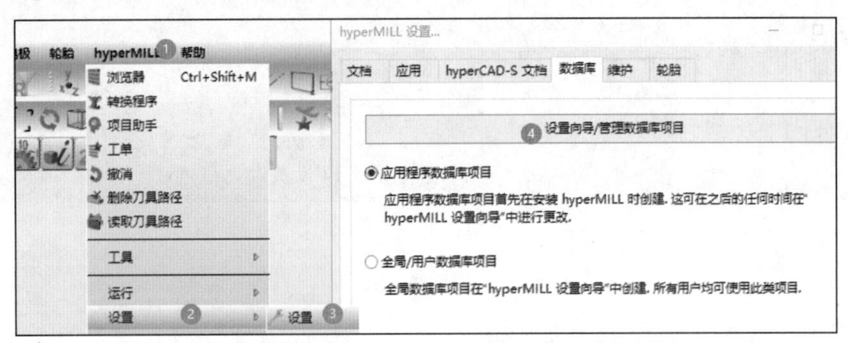

图 3-190　选择设置向导 / 管理数据库项目

如图 3-191 所示，在弹出的对话框中刀具数据库更改按钮（图中①位置），再从对话框中选择桌面上的 20200325.db 文件，点击打开按钮后，再点击确定按钮，完成刀具数据库的加载。以后创建工单的时候就可以使用此数据库中的刀具了。

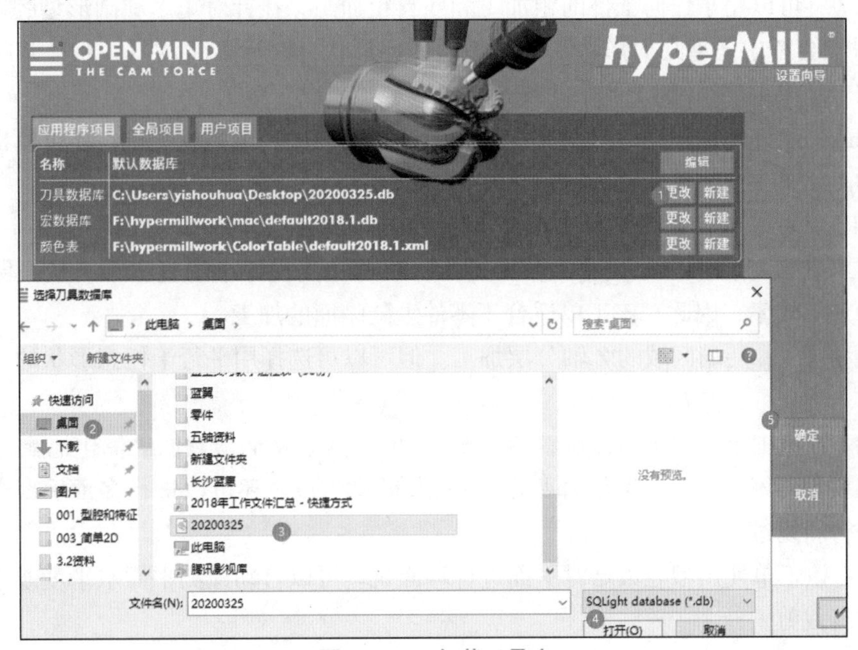

图 3-191　加载刀具库

第四章
hyperMILL 3D加工

hyperMILL 3D 加工工单主要面向模具类型的零件的加工，当然这些工单也可以用于产品类型的零件。hyperMILL 提供以下 3D 加工工单：

（1）任意毛坯粗加工：可以对任意形状的预制坯料进行 Z 轴常量（Z 轴分层）的方式去除毛坯余量，可选用毛坯模型更新进行残料加工（二次开粗）。加工路径平行于指定轮廓或平行于坐标轴。

（2）优化粗加工：可以用于任何工件的粗加工和残料粗加工。在针对矩形和圆形型腔这样的标准型腔形状计算刀具路径时，会考虑模型几何形状和毛坯模型几何形状，以计算高效刀具路径并减少方向变化。还可以基于所生成的“结果毛坯”，加工剩余的残余材料区域（二次开粗）。

（3）投影精加工：允许使用不同的导引曲线策略，进行多曲面、免碰撞铣削；还可以根据斜率来区分加工区域。投影精加工工单主要用于浅滩面的加工。

（4）等高精加工：可以进行 Z 轴常量（Z 轴分层）精加工零件曲面，并可以根据斜率来区分加工区域。通过在曲面流线尤其是陡峭曲面上采用垂直步距加工，可避免出现微小垂直步距，从而保证零件表面质量的同时获得较高的加工效率，因此，该工单适合于零件上陡峭面的加工。

（5）形状层级精加工：陡峭区域的 Z 轴分层加工。但可以可选择用平行于任意形状的切削轨迹替代 Z 轴分层的等高加工。

（6）参数线加工：该工单的加工路径沿着参考线方向（U, V）从而使它们最优化地配合曲面曲线。

（7）自由路径铣削：该工单的刀路沿着所定义的 3D 轮廓生成。还可以进行多重垂直步距分层铣削，并在铣削轨迹之间进行斜线过渡。

（8）平面加工：该工单使用型腔策略对平面进行端面铣。可以自动检测平面水平度或手动选择平面。可使用毛坯对刀路进行裁剪。

（9）完全精加工：该工单可以对平直曲面和陡峭曲面进行等高精加工，对平面区进行可选型腔形状加工。

（10）等距精加工：该工单在曲面上以恒定进给量进行精加工，尤其适合高速铣削。在闭合引导曲线内等距离加工或在两条引导曲线间移动。

（11）型腔形成：利用自由形状的基面，对型腔进行精加工。

（12）笔式铣：自动探测沟槽并进行加工。

（13）清根加工：对精加工过程中残留下的不同残余材料区域再加工。

（14）再加工：如果因检测到碰撞而不能加工刀具路径，通过参考工单进行预算刀具轨迹加工。再加工时应用不同的刀具，以避开参考工单中探测到的碰撞区域。

（15）筋 / 槽加工：该工单可实现对筋和槽的粗加工和精加工。可以在一个工单中加工侧向曲面和底部区域。

（16）切削边缘：在 3D 模式中以手动曲线策略使用基于曲线的预先粗加工，优化加工切削边缘。

在 2D 模式中以参考循环策略进行残料加工（可选）。如果轮廓质量不佳，可以定义刀具路径平滑处理。

4.1 3D 加工案例 1

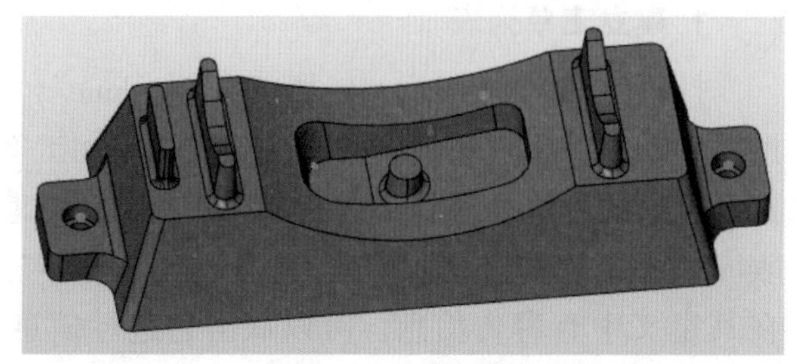

图 4–1 3D 案例 1

本节以图 4–1 的模型的加工为例，介绍 hyperMILL 常用的 3D 加工刀路策略。此零件主要的加工特征有拔模面、平面、曲面、型腔、筋条、小圆角、窄槽、孔等特征，符合模具类产品的特征，适合采用 hyperMILL 的 3D 加工策略和钻孔策略来完成其编程。

4.1.1 工艺路线规划及刀路策略的选择

对于模具类零件的数控加工，典型的工艺路线是开粗→二次开粗→半精加工→精加工→清根。对丁本例模型，可以采用以下加工策略来完成其编程。

1. 粗加工和二次开粗

可采用 3D 任意毛坯粗加工或 3D 优化粗加工刀路策略。

2. 精加工

（1）陡峭面：采用 3D 等高精加工或 3D 完全精加工策略。
（2）平坦面：采用 3D 完全精加工策略。
（3）平面：采用 3D 平面加工策略。
（4）圆弧角落：采用 3D 笔式加工和 3D 清根加工策略。
（5）孔：采用啄钻策略（自行完成）。

加工工序卡如表 4–1 所示。

表 4–1 3D 案例 1 加工工序卡

数控加工工序卡								
零件名称		3D 案例 1	零件图号		2020WZ–1	夹具名称		平口钳
设备名称及型号		DMU60 monoblock						
材料名称及牌号		AL6061	工序名称		加工中心加工	工序号		10
工步号	工步内容	切削用量			刀具		量具	
		n	V_f	a_p	编号	名称	编号	名称
10	零件装夹与对刀	用平口钳装夹零件，露出 71mm，工件坐标系原点设置在零件上表中心，工件长边与 X 轴平行						钢直尺
20	内外型腔粗加工	3000	1500	2	T05	D25R2 圆鼻刀		游标卡尺
30	残料二次粗加工	5000	2000	2	T06	D12R1 圆鼻刀		
40	等高轮廓精加工	5200	2200	0.5	T07	D10R5 球头刀		
50	浅滩轮廓精加工	5200	2200	0.5	T07	D10R5 球头刀		
60	平面精加工	5500	1000	0.5	T08	D8 立铣刀		
70	清角粗加工	6000	1000	0.5	T09	D8R4 球头刀		
80	清角精加工	8000	2500	0.2	T10	D4R2 球头刀		
90	检验	检测零件模型的加工精度						游标卡尺 内外径千分尺

4.1.2 零件粗加工

一、3D 任意毛坯粗加工刀路的设置

1. 建立工单列表

打开文件“第四章\3D 加工案例 1.hmc”，采用【项目助手】功能，将工单列表名称改成：3D 粗加工案例 1，然后选择合适的后置处理器，其他参数可默认，快速建立工单列表。如果新建的工单列表前有“！”，如图 4–2 所示，表示在其定义中有警告信息，可以双击它进行信息查看，点击【编辑】进行修改。

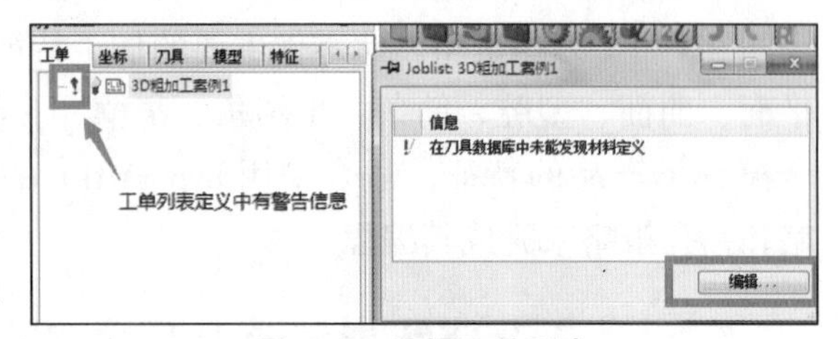

图 4–2 编辑工单列表

上图 4–2 中出现的问题是工单列表中材料信息定义出现了问题，我们点击【编辑】按钮，按图 4–3 所示，修改其材料信息。

2. 开始设置粗加工参数

选择【3D 任意毛坯粗加工】，开始设置粗加工参数。

3. 设置刀具选项卡

如图 4–4 所示，设置【刀具】选项卡，从刀库中或新建选用一把直径为 25，角落半径为 2 的圆鼻刀，并设置好工艺参数。

图 4–3 工单列表

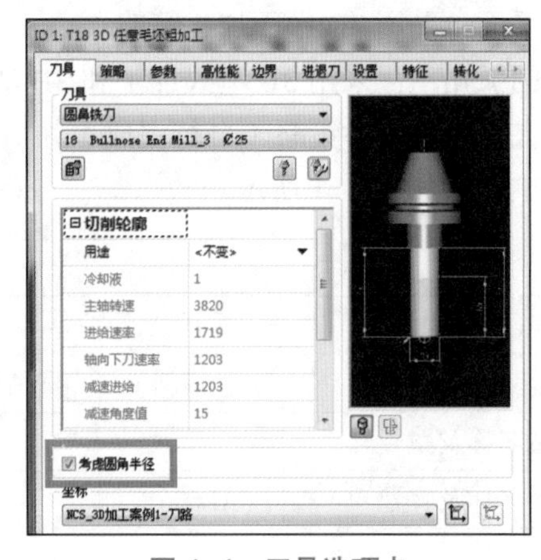

图 4–4 刀具选项卡

刀具选项卡中参数介绍

考虑圆角半径：

功能未启用：在使用圆鼻铣刀进行操作时，可能会残留材料脊纹，如图 4–4（a）所示，这是因为在计算进给距离时只考虑总的刀具直径。

功能启用后：进给距离基于刀具的内杆（= 刀杆直径 –2× 圆角半径），从而避免材料脊纹，如图 4–5（b）所示。

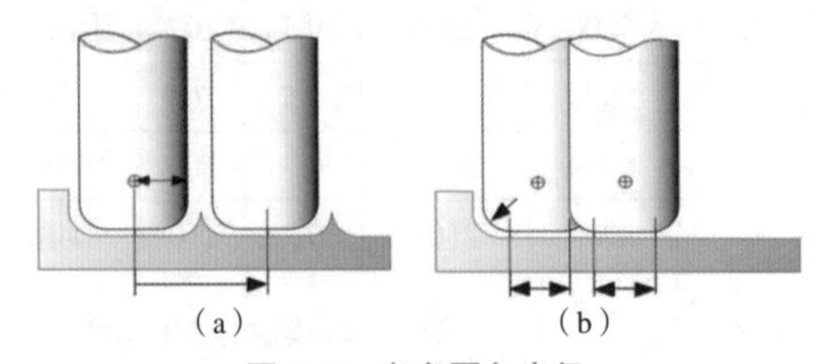

图 4–5 考虑圆角半径

4. 设置策略选项卡

如图 4–6 所示，设置【策略】选项卡，【加工优先顺序】选用【型腔】，【平面模式】设置为【优化】，【切削模式】设置为【顺铣】。为了避免切削力过大，对刀具造成损害，再勾选【在满到切削期间减低进给率】选项。

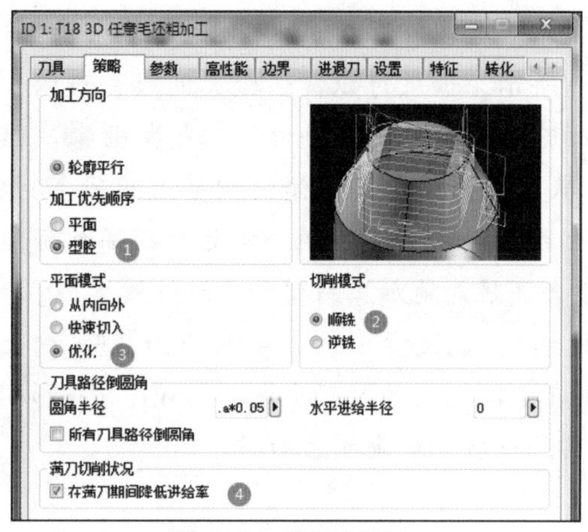

图 4–6　策略选项卡

策略选项卡中参数介绍

（1）轮廓平行：以平行于轮廓的方向进行加工，水平步距进刀垂直于加工方向。加工方向取决于选定的切削模式（顺铣 / 逆铣）。

（2）从内向外：毛坯清除操作沿平行于轮廓的方向由内向外进行，如图 4–7（a）所示。

（3）快速切入：边界的冗余路径以快速走刀方式完成，该选项会导致边界处的刀路进退刀次数较多。如图 4–7（b）所示。

（4）优化：特别是在更复杂的模型方面，该选项会进行退刀运动的优化，并避免不必要的铣削运动。加工沿轮廓从外向内进行，如图 4–7（c）所示。

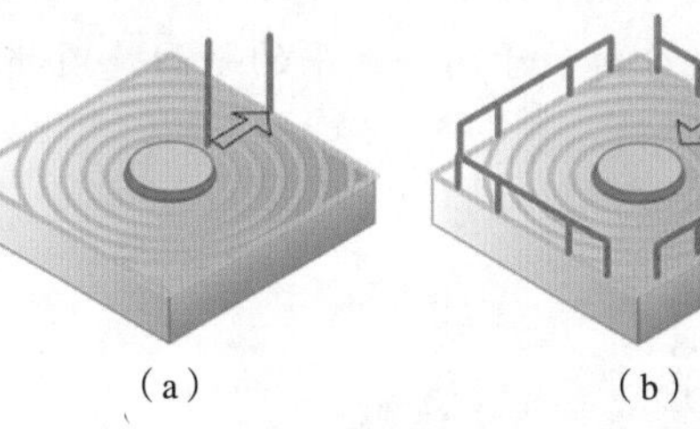

（a）

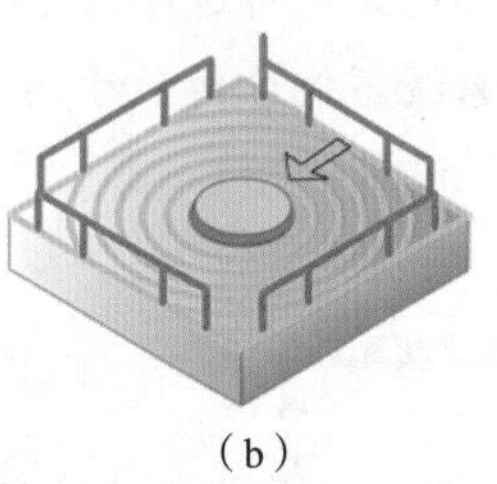

（b）

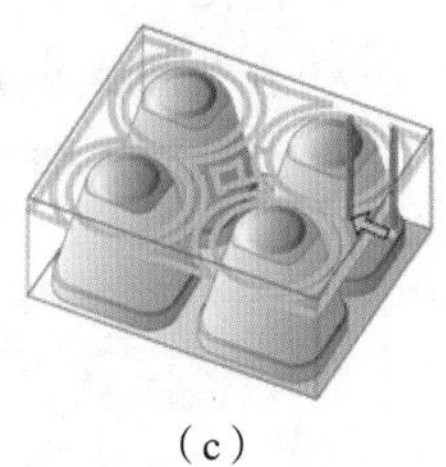

（c）

图 4–7　平面模式

5. 设置参数选项卡

如图 4–8 所示，设置【参数选项】。

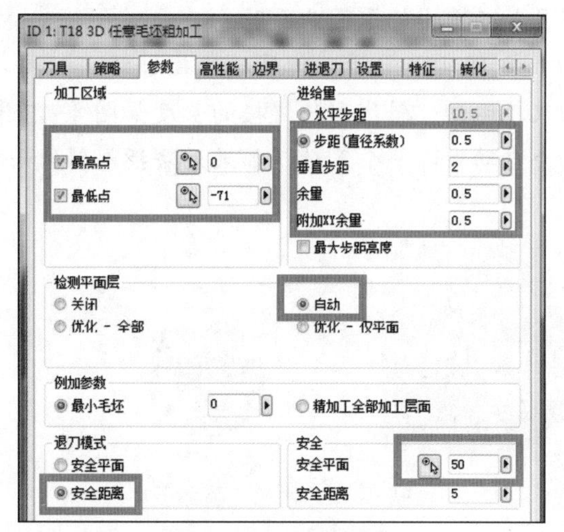

图 4–8　参数选项卡

参数选项卡中参数介绍

（1）余量：如果没有启用平面层检测功能，该余量只适于最后加工平面的 X 轴和 Y 轴向，并不适于 Z 轴向。如果启用平面层检测功能，该毛坯余量也适于 Z 轴向。

（2）附加 XY 余量：利用该额外水平毛坯余量，可用不同的毛坯余量，对加工区域顶壁及底壁进行加工。

（3）最大步距高度：如图 4–9 所示，如果可以提供较大的轴向进给，此外还可实现持续的余量，则启用此选项。执行初始的向下垂直步距❶。然后根据所定义的最大步距高度❷，从底部至顶部去除倾斜侧壁上的残余材料。最大步距高度参数的有效值必须大于或等于垂直步距。实际步距高度可能不同于最大步距高度。此策略特别适合高性能地加工斜壁和平坦过渡区域。

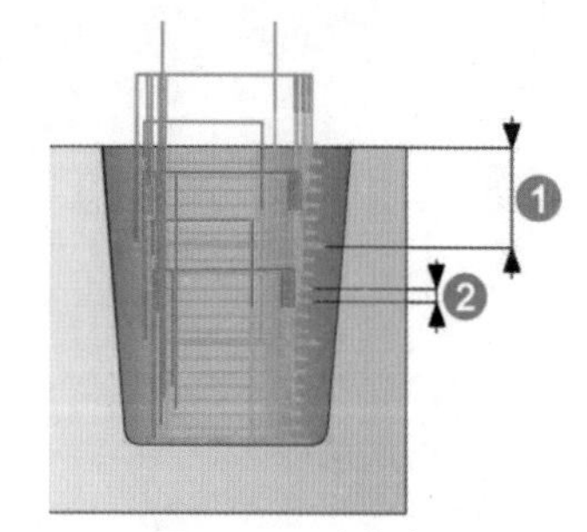

图 4–9　垂直步距

举例如图 4–9 所示：垂直步距 = 7，最大步距高度 = 2，7:2=3.5，向上取整 =4，7:4=1.75= 实际步距高度。在实际切削时，刀具先下 7mm，进行切削，切削完后，再提刀 1.5mm 再切一层，一层一层地往上切削。

（4）检测平面层：

关闭：无论工件的加工曲面是哪个，都以所定义的垂直步距加工每个粗加工层级，如图 4–10（a）所示。

自动：如果所定义的垂直步距大于工件两个曲面之间的距离，系统将自动插入中间级别，同时绕整个工件周长的平面曲面一个较小的垂直步距，如图 4–10（b）所示。最小进给：0.25 毫米 /0.01 英制。

优化加工操作中有两种方法可供使用：

优化 – 全部：首先，对加工区域进行常量进给率粗加工。紧接下来，XY 轴平行曲面上残余材料残留下的、自动生成的粗加工孔型被清除，如图 4–11（a）所示。

优化 – 仅平面：只是对边界内平行 于 XY 轴的平面进行加工。

在此模式中系统不能分辨位于同一水平的平面是顶部还是底部，如图 4–11（b）所示。因此应加大 / 减小“顶部 / 底部”设定值。

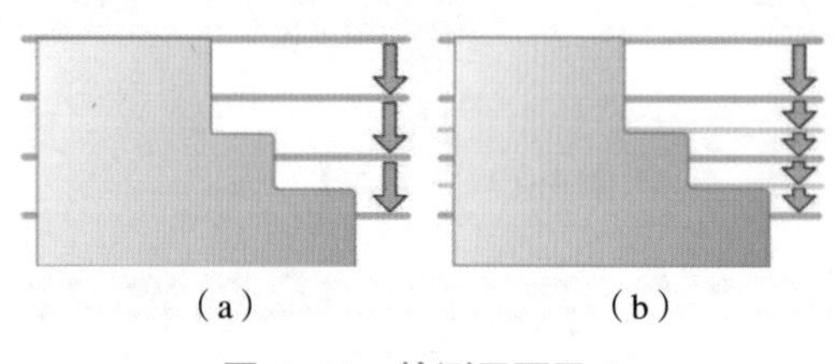

（a）　（b）

图 4–10　检测平面层 1

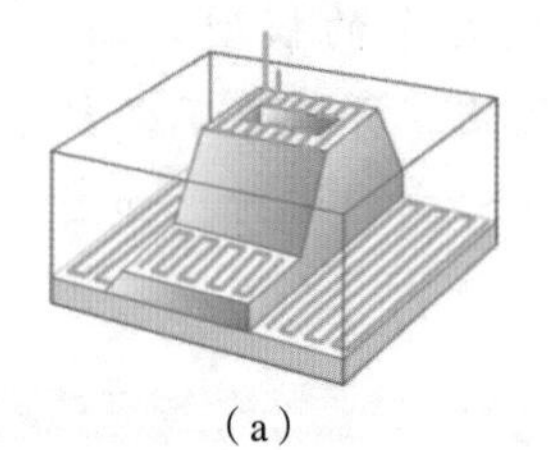

（a）

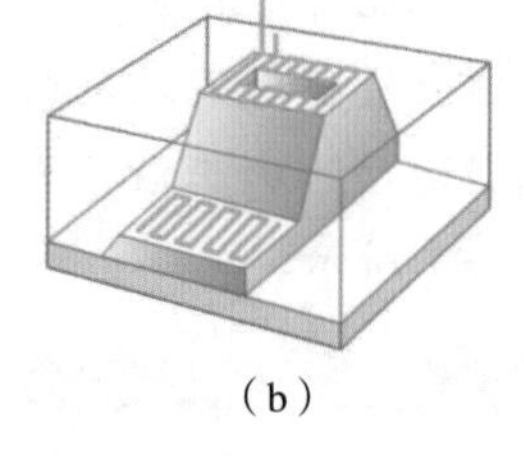

（b）

图 4–11　检测平面层 2

（5）附加水平偏置因子：刀具行为可通过指定额外水平偏置因子来调整（建议值 0.1~0.5）。这将产生更好的结果，特别当要用更大的刀具加工更小的平面曲面时。

以粗加工程度在单次等距切削之间实现平滑、伸展的优化进给，如图 4–12 中的❶所示，可减少刀具磨损和损坏，从而确保更顺畅的机床运动。斜线形状链接的长度如图 4–12 中的❷所示，取决于刀具半径如图 4–11 中的（a）所示，而后者会自动乘以一个系数。如果无法插入斜线形状的链接，则创建直接链接，和 / 或在选中本选项时执行内倒圆角。

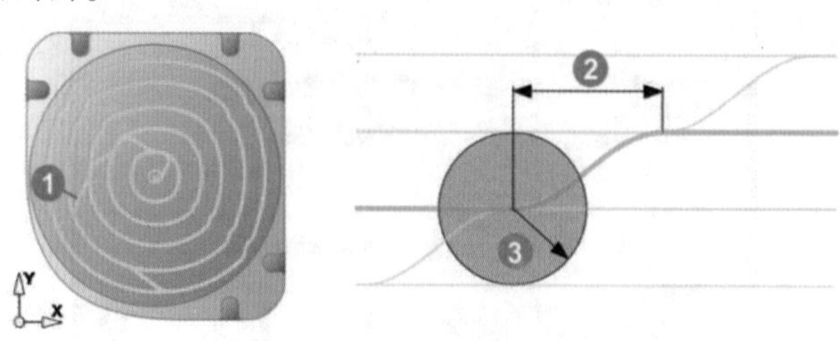

图 4–12　水平偏置因子

（6）附加参数：

最小毛坯（去除量）：这是毛坯和模型之间的最小材料宽度，以去除材料。如果材料宽度少于所定义的值，材料就无法去除。如果值大于 0，碰撞避免将自动开启，以确保刀具继续对照被追踪的毛坯得到监测。

关于计算最少去除量的推荐事项：毛坯公差 + 加工公差 + 理想的最少去除量 = 最小毛坯去除量。如果启用最小毛坯去除量功能，垂直步距值最多可超过 25%。

精加工全部加工层面：如果开启该选项，刀具会沿着整个定义好的轮廓移动，即使不清除材料。如果仍有一些残余材料，将会首先去除，然后才穿越回程路径。如果在两个加工回合之前，有对余量稍作更改，您应始终开启此选项。

6. 设置设置选项卡

如图 4–13 所示，【设置】选项卡，选择毛坯模型，勾选【产生结果毛坯】选项和【检查打开】选项。

图 4–13 设置选项卡

设置选项卡中参数介绍

（1）多重余量：如果铣削区域包括不同余量的群组，如果此功能已启用，会在加工过程中考虑到这些余量。

（2）附加曲面：可防止不必要快速移动走刀运动的暂时安全曲面。

（3）产生结果毛坯：创建用于后续加工任务的毛坯模型。

（4）倒扣裁剪：在多轴毛坯分度过程中，避免在倒扣区域中出现不必要的空路径。

（5）检查打开：如果想为刀具进行碰撞检查，须始终开启这一选项。如果刀具检查没有开启，所用刀具将在图形窗口中显示为红色。检查启动后，所定义的余量将被用来检查针对刀具定义的所有元件。建议从主轴方向上的加强刀杆开始设置不断变大的安全间隙。

（6）刀具检查设置：刀具检查设定在对话框中指明。

（7）计算刀具长度：如果定义刀柄、延伸部分或主轴，则提供【减少】和【延伸】选项。【减少】选项只有在所有的 5X 加工策略中提供在 hyperMILL 软件中，用“5X”表示“5 轴”。

延伸：如图 4–14 中的❶所示，如果出现刀具延伸部分，刀柄或主轴碰撞，hyperMILL 将根据为刀具定义的刀具延伸长度，计算出更大的刀具延伸长度。因此，对最大的刀具延伸长度没有限制，只要忽略真实刀具的最大可延伸长度即可。如果所选刀具在不同长度都有提供（如短、长、特长），且长度计算尚未确定合适的真实刀具用于组装，则这是首选选项。在此情况下，该刀具只不过是一个几何图形的描述，而且刀杆长度无限。

减少：如图 4–14 中的❷所示，HyperMILL 会根据为刀具定义的延伸长度，计算最短的无碰撞刀具延伸长度。如果您只想计算同时适用于组装工作中所选刀具的刀具长度，则这是首选选项。在此组装中，必须将最大刀具延伸空隙选为刀具延伸空隙。

（8）显示计算出的刀具长度：如果同一刀具用于多个作业，则显示 hyperMILL 计算的刀具长度。在这种情况下，创建刀具路径文件后，在浏览器中选择刀具，并在快捷菜单中选择用途。

（9）由于未定义撞碰检查。以下情况下，可能会发生无法解决的碰撞：

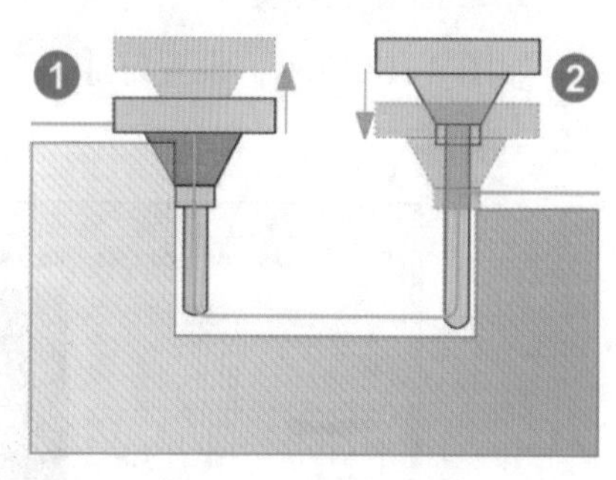

图 4–14 延伸 / 减少

① 5X 加工时，因为刀具定向改变而无法避免碰撞。

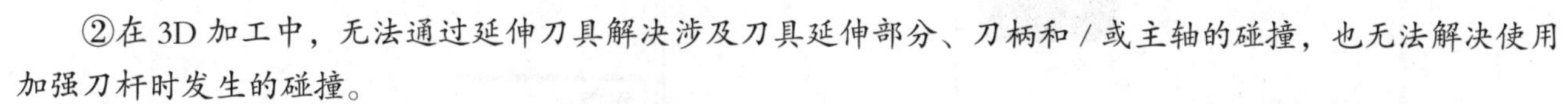
②在 3D 加工中，无法通过延伸刀具解决涉及刀具延伸部分、刀柄和 / 或主轴的碰撞，也无法解决使用加强刀杆时发生的碰撞。

如果碰撞无法通过改变刀具方向（5X）或计算刀具长度来避免，可选择以下加工策略：

停止：出现碰撞时，刀具路径计算停止（适用于所有的加工策略）。

分割：将对刀具路径进行全面计算。只输出轨迹中的无碰撞区域。借助用另一个刀具和 / 或另一个刀具倾斜度进行再加工，可对碰撞区域的刀具轨迹进行追踪和碰撞检查（适用于所有的 3D 加工策略）。针对修分割选项计算刀具路径后，将用作 3D 再加工循环的基础。撞碰避让：在此选项下，需要避免碰撞的刀具将会侧移，以便尽可能深地以最陡峭的角度加工材料。

（10）NC 参数：加工公差：输入要求的公差。该数值定义了刀具路径生成计算时采用的准确度。

执行之前停止：刀具路径中的停止标记导致刀具停止移动。除了启用该功能外，相应的命令也必须在仿真程序的 hyperVIEW 机床属性对话（程序停止选项卡）中输入，以使刀具停止运动。

（11）使用最小 G0 距离：链接细小曲面缝隙（缝隙 < 刀具半径）。穿过嵌套小边界。消除微小的快速运动保护加工斜线不受过应力的影响。

（12）最小 G0 距离 ：两个加工区域之间的距离，在该距离内按加工进给率（G1）横向接近曲面而不会出现刀具接触，如图 4-15 中 ❶ 所示。一旦其间隙大于规定的最大间隙距离，系统将按照“加工参数”菜单中与退刀模式相关的设置退刀至安全间隙或安全平面，接下来再快速进给到下一个曲面。

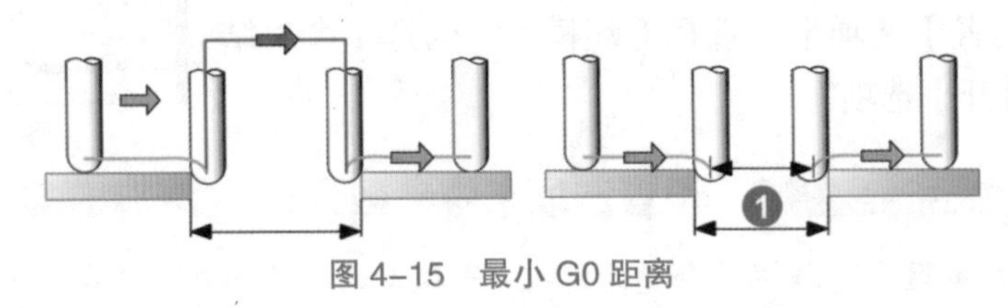

图 4-15 最小 G0 距离

7. 生成粗加工路径，仿真结果

默认其他选项卡中的参数设置，点击【计算】图标，生成粗加工刀具路径，仿真结果如图 4-16 所示。

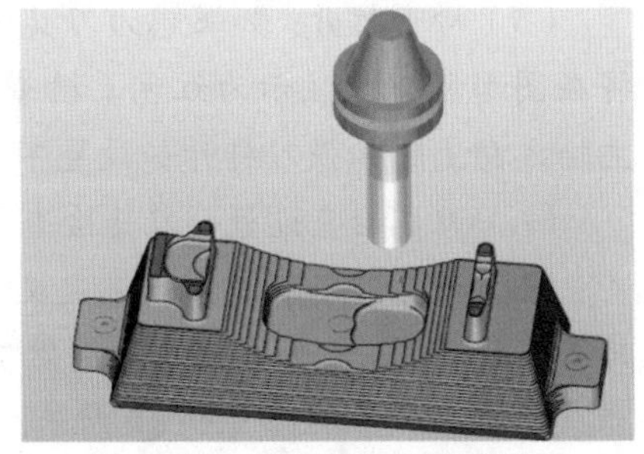

图 4-16 零件粗加工仿真结果

二、二次开粗——3D 优化粗加工刀路设置

1. 选择 3D 优化粗加工策略

选择【3D 优化粗加工】，开始设置二次粗加工参数。

2. 设置刀具选项卡

如图 4-17 所示，设置【刀具】选项卡，从刀库中或新建选用一把直径为 12，角落半径为 1 的圆鼻刀，并设置好工艺参数。

3. 设置策略选项卡

如图 4-18 所示，设置好【策略】选项卡，选择【残料粗加工】选项，再勾选【在满刀切削期间减低进给率】选项。

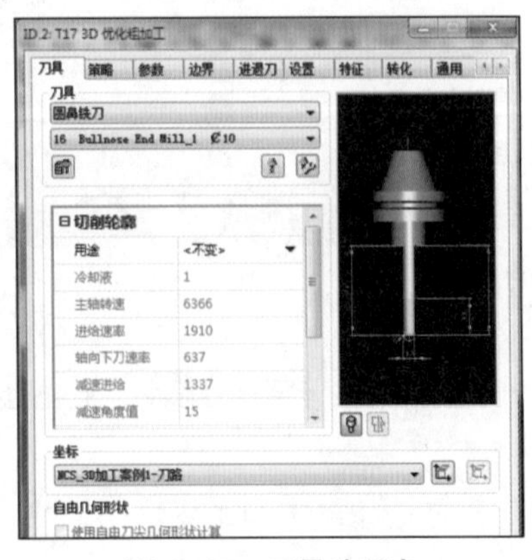

图 4-17 刀具选项卡

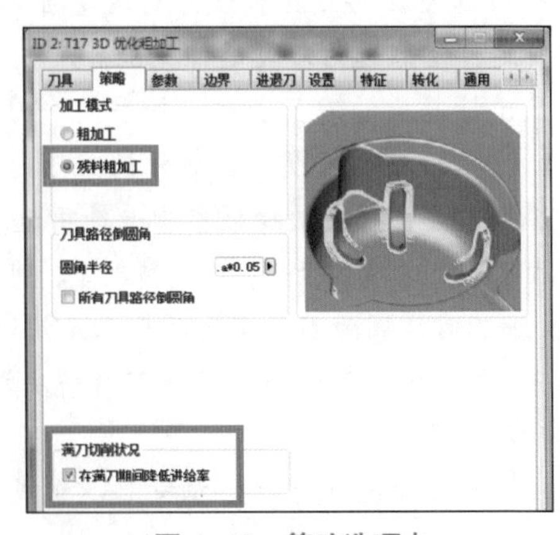

图 4-18 策略选项卡

策略选项卡中参数介绍

1）加工模式

粗加工：在粗加工模式中，针对矩形和圆形型腔这样的标准型腔形状计算刀具路径。将会考虑模型几何形状和毛坯模型几何形状，以计算高效刀具路径并减少方向变化（“高速切削”）。

残料粗加工：在残料粗加工模式中，基于所生成的“结果毛坯”，加工剩余的残余材料区域。

2）自适应型腔

根据工件的形状，如图 4–19 所示的矩形型腔、带圆角的矩形型腔、圆形型腔或圆形环状型腔这些型腔形状将会调节到现有工件几何形状，以计算刀具路径。

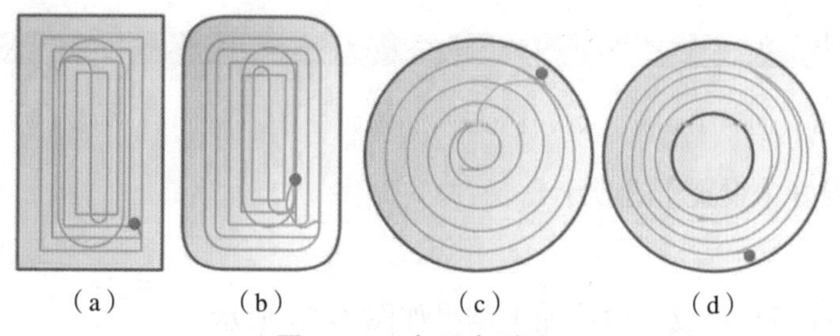

（a）　（b）　（c）　（d）

图 4–19　自适应型腔

使用自适应型腔：为工件的优化完全加工而启用该选项。如图 4–20（a）所示，首先加工自适应型腔区域Ⓐ。然后进行剩余各区域的轮廓平行加工，留下极少的残余材料。

如果使用自适应型腔选项激活，则以下各项适用：

（1）将要加工的每个型腔放入一个最大的自适应型腔。

（2）如果可以从侧面进刀，最好从侧面进刀。

这种方式尤其适合加工带高比例自适应型腔的零件。

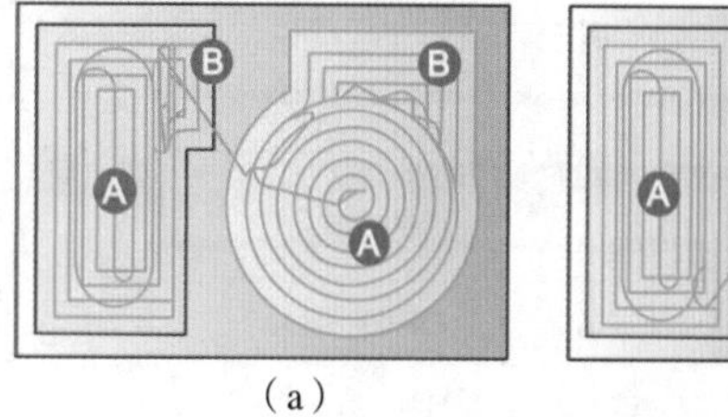

（a）

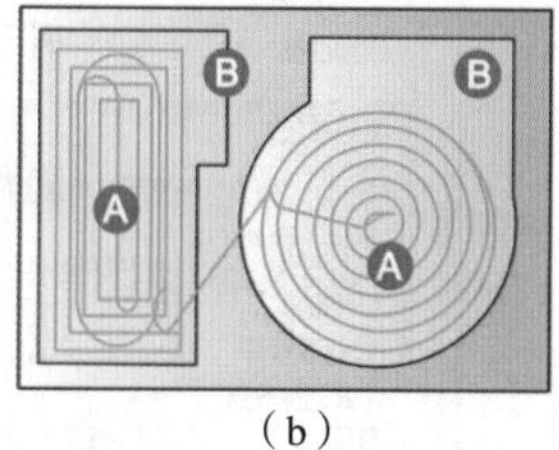

（b）

图 4–20　自适应型腔方式

仅自适应型腔：如图 4–20（b）所示，将仅在自适应型腔区域Ⓐ中执行优化的粗加工。识别出的型腔形状Ⓑ之外的区域不会被加工。这些可以在以后的操作中使用不同的工具（类型）加工。如果仅自适应型腔选项已激活，则对所有刀具路径作修圆角处理功能默认激活（并且无法停用）。

3）满刀切削最大垂直步距

通过满刀切削最大垂直步距参数，定义满刀切削刀具的最大允许垂直步距。如果此步距小于垂直步距，则在几个平面执行满刀切削。

4. 设置参数选项卡

如图 4–21 所示，设置好【参数】选项卡。

图 4–21　参数选项卡

参数选项卡中参数介绍

1）毛坯去除公差

附加切片厚度❶/ 附加切片深度❷：刀具可在 XY 或 Z 方向损坏毛坯模型的值，如图 4–22 所示。

2）检测平面层

如果所定义的垂直步距大于工件中两个曲面之间的距离，使用自动选项，会插入中间步距，同时赋予整个工件的平面曲面一个较小的垂直步距。

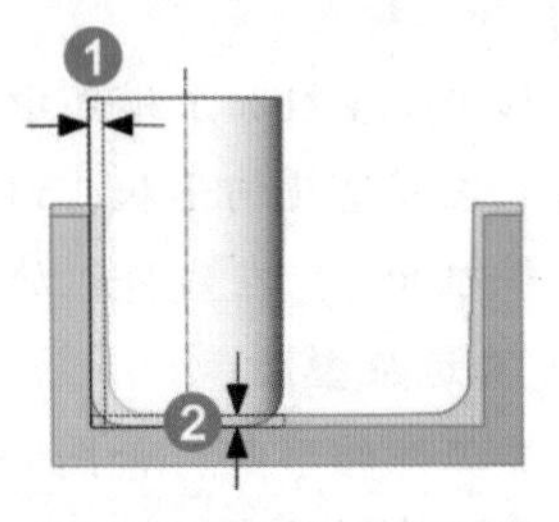

图 4–22 毛坯去除公差

5. 设置设置选项卡

如图 4–23 所示，设置好【设置】选项卡。

6. 计算刀路，生成仿真

点击【计算】图标完成刀路生成，仿真加工结果如图 4–24 所示。

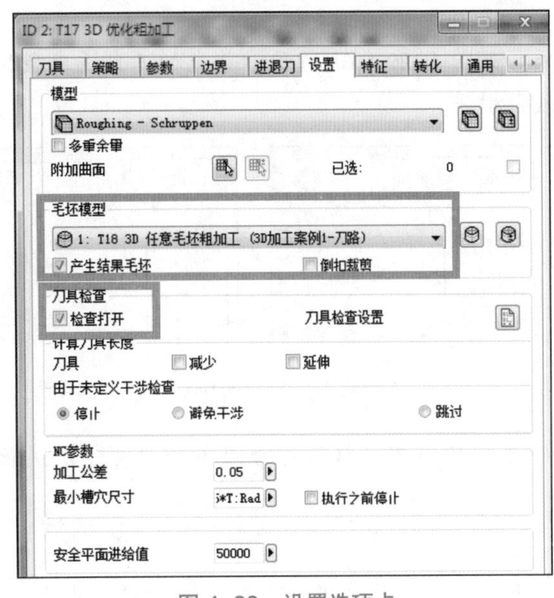

图 4–23 设置选项卡

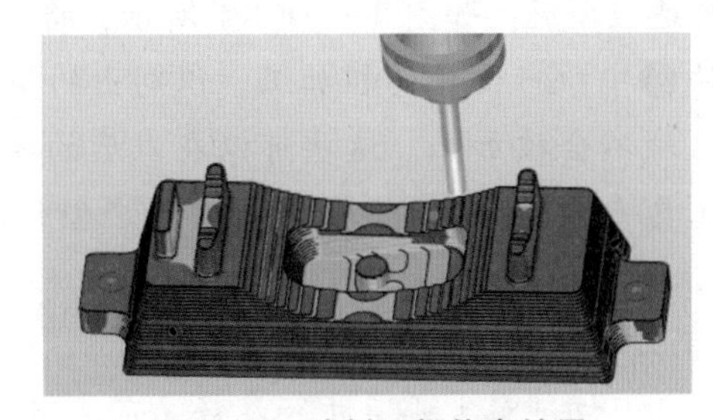

图 4–24 残料开粗仿真结果

4.1.3 零件精加工

一、陡峭面精加工——3D 等高精加工刀路设置

1. 新建 3D 等高精加工策略

新建【3D 等高精加工】加工策略，开始设置陡峭面精加工刀具路径参数。3D 等高精加工策略主要用于陡峭面的精加工，不适合作平坦面的精加工。

2. 设置刀具选项卡

如图 4–25 所示，设置【刀具】选项卡:从刀库选择或新建一把直径为 10mm 的球刀，并设置好工艺参数。

3. 设置策略选项卡

如图 4–26 所示，设置【策略】选项卡，【加工优先顺序】设置为【平面】，【进给模式】设置为【平滑】，【切削模式】设置为【顺铣】，勾选【斜率模式】，【斜率角度】设置为 60°（即只加工斜率大于 60° 的曲面）。

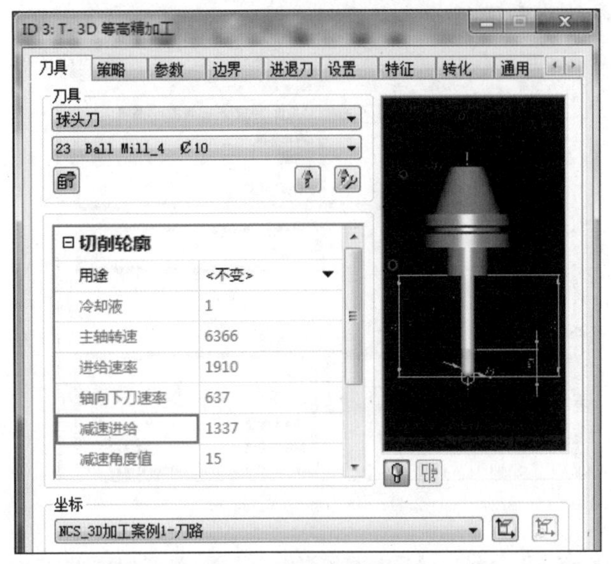

图 4-25 刀具选项卡

图 4-26 策略选项卡

策略选项卡中参数介绍

（1）加工优先顺序。

平面：整体加工逐层进行。每一个切削层均会执行进退刀。

型腔：按顺序加工轮廓型腔或岛屿即一个接一个地加工轮廓型腔或岛屿。

首选螺旋：通过螺旋式垂直步距以连续的刀具路径进行加工。螺旋式进给不能使用斜率分析加工。

双向：加工时交替改换方向。在刀具接近第一 NC 路径和撤离最后一个加工通过的 NC 路径时将执行所选的进刀和退刀设置。

（2）连接策略。

当【加工优先顺序】为【优先螺旋】时，才会有连接策略参数【斜线连接】和【连接因子】。

斜线连接：在各层之间以斜线形、修圆角式垂直步距方式逐层加工。最后的刀具路径将是闭合的。与完全的螺旋加工相比，其优点是计算时间短，同时也能获得相同的加工曲面质量。

连接因子：按照下列要求定义斜线：斜线长度 = 刀具直径 × 因子。如果连接因子为 0，将以完整的螺旋式垂直路径进行进给。

（3）进给模式。

进给模式控制加工区域内向下一个层的垂直步距运动。

快速：在两个层之间移动时，两个层间的进刀和退刀设置之间会执行向安全距离或安全平面方向的快速运移。在进行逐平面加工时，如果要对多个型腔进行加工总是要使用该模式。

直接：从退刀程序的终点到进刀程序的起点之间的进给运动以进给速率，在最短路径上完成。如图 4–27（a）所示。

平滑：从退刀设置的终点到进刀设置的起点之间的进给运动因经过修圆角处理而圆化。如图 4–27（b）所示。如果该进给模式与圆型进刀和退刀设置配合使用，其结果是刀具轨迹之间出现螺旋线过渡。这种环路式轨迹减轻了机床的震动和机械负荷。

（a）（b）

图 4–27 进给模式

（4）加工模式。

斜率模式：在进行等高精加工过程中，对小斜率曲面的加工效果总是不理想（留下太多的残余材料）。为了节省时间，通过“斜率”模式根据它们斜率的大小，决定是否在加工时先不对其进行加工处理。

斜率分析加工只可以使用圆鼻铣刀和球头铣刀，并且无法与螺旋垂直步距结合使用。

斜率角度：输入最小的曲面斜率。只对大于指定斜率的曲面进行加工。

在此模式下不能加工的平面可使用“斜率”模式下的 3D 完全精加工循环进行加工。不过陡峭曲面不予以加工。

（5）由下向上铣削：在要由下向上进行加工时激活。

4. 设置策略选项卡

如图 4–28 所示，设置【参数】选项卡，垂直步距设为 0.5mm，余量设为 0，开启自动检测平面层功能。

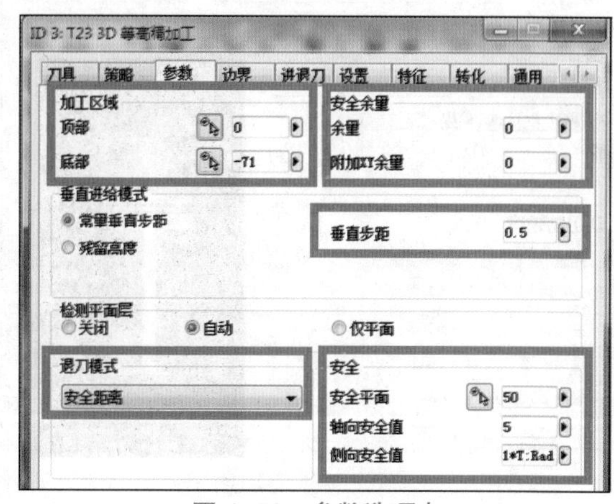

图 4–28 参数选项卡

参数选项卡中参数介绍

（1）垂直进给模式。

常量垂直步距：加工时以固定的进给深度走刀。如图 4–29（a）所示。

残留高度：加工时不超过预先定义的残留高度。刀具路径之间的 Z 轴距离取决于曲面曲率和陡度。对切削平面进行计算，并将找到的最小值用于加工。如图 4–29（b）所示。

残留高度值：输入要求的残留高度。请注意，使用进给模式中的残留高度选项将大大延长计算时间。

最小垂直步距：限制铣削路径之间的距离。如果由于侧壁很陡而不能保持指定的残留高度，就不要采用太精细的垂直步距。如果侧壁很陡（陡度 > 40°）而且曲面很平滑时使用此参数。

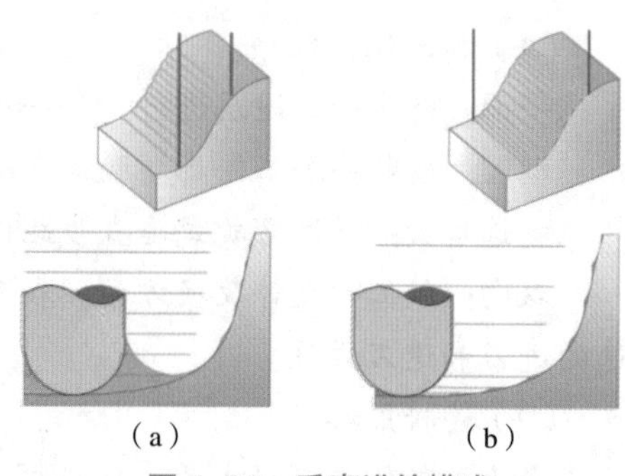

（a） （b）

图 4–29 垂直进给模式

最大垂直步距：刀具路径的垂直距离的上限，用于防止刀具断裂。

（2）检测平面层。

关闭：无论工件的加工曲面是哪个，都坚持以已定义的垂直步距处理每个粗加工层级。

自动：如果所定义的垂直步距大于工件两个曲面之间的距离，系统将自动插入中间步骤，同时赋予整个工件的平面曲面一个较小的垂直步距。如图 4–30（a）所示。

仅平面：仅针对常量垂直步距模式提供。只是对边界内与平面平行的曲面进行加工，但不清除。如图 4–30（b）图所示。因此，您必须采用另一项加工策略，才能清除平面曲面。

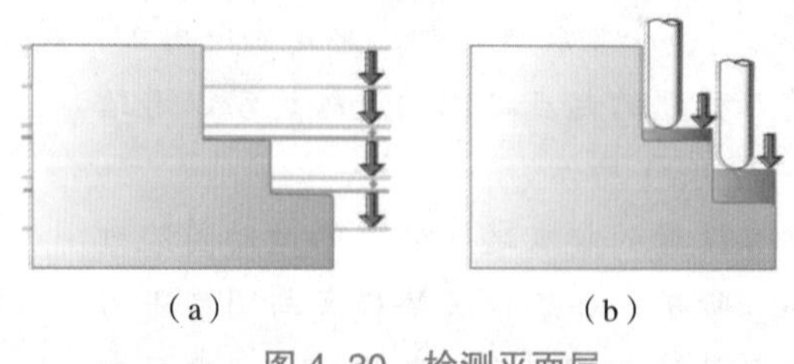

（a） （b）

图 4–30 检测平面层

5. 设置设置选项卡

如图 4–31 所示，设置【设置】选项卡。

（1）如图采用有界平面命令封闭两个圆柱孔，圆柱孔以后单独加工。

（2）如图 4–32 所示，选择上一步生成的两个圆面作为附加曲面，使刀路不进入这两个圆孔内。

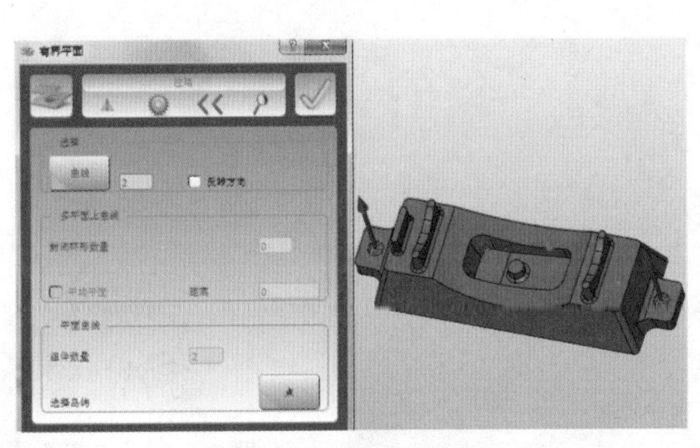

图 4–31 设置选项卡

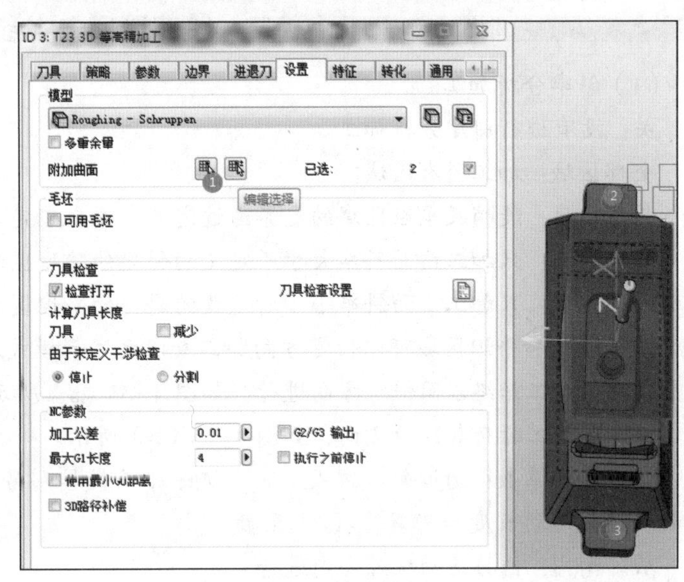

图 4–32 附加曲面

6. 计算生成刀路，仿真结果

默认其他选项卡的设置，点击【计算】图标完成刀路生成，结果如图 4–33 所示。

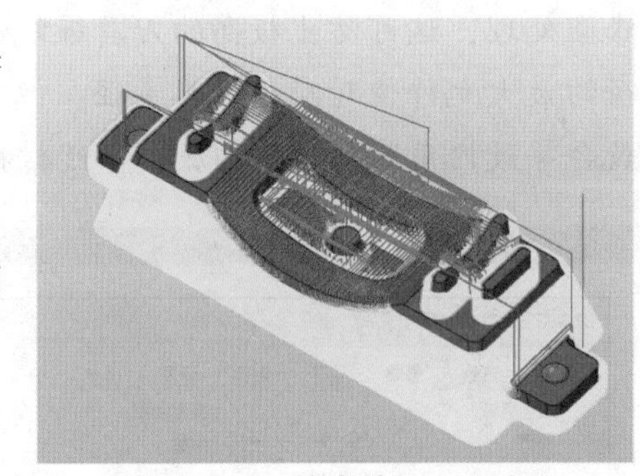

图 4–33 等高精加工刀路

二、平坦面精加工——3D 完全精加工刀路设置

3D 完全精加工策略既可以用来加工陡峭面，也适用于平坦面的加工，也可以对整个模型进行精加工。

1. 新建 3D 完全精加工策略

新建【3D 完全精加工】加工策略开始设置加工平坦面的参数。

2. 设置刀具选项卡

在【刀具】选项卡中选用上一步使用的直径为 10mm 的球刀。

3. 设置策略选项卡

如图 4–34 所示，设置【策略】选项卡，选择【平坦区域】，设置斜率角度为 60°，只加工斜率小于 60° 的曲面。其他参数可以默认。

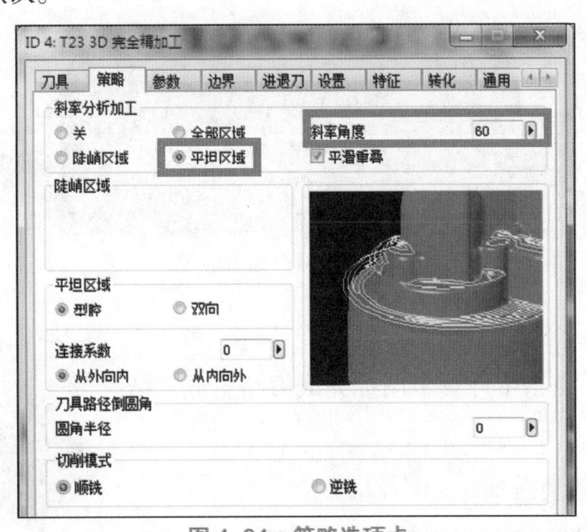

图 4–34 策略选项卡

策略选项卡中参数介绍

（1）斜率分析加工。

关：没有进行斜率分析加工。

全部区域：加工所有区域。

斜率角度：陡峭及平坦区域的定界通过定义斜率来确定。比较有用的值介于 10~80 度。

陡峭区域：只加工曲面斜率大于所定义的斜率的陡峭区域。

平坦区域：只加工曲面斜率小于所定义的斜率的平坦区域。

（2）陡峭和平坦区域可以恒定方向加工或以之字形模式加工。

单向：加工始终以同一个方向进行，如图 4–35（a）所示。

双向：加工时交替改换方向，如图 4–35（b）所示。

（3）连接系数：通过斜线方式从一个进给平面链接到另一个平面。链接运动长度 = 刀具直径 × 系数。

从外向内：链接运动从外向内进行。

由内向外：链接运动从内向外进行。

（4）圆角半径：用指定的半径对角落内方向上的突然变化做修圆处理，这可防止极高的刀具缠绕和较高的刀具负荷。圆角半径的最大允许值对应于刀具半径。但要注意设置【圆角半径】参数会导致内角落加工不彻底，导致材料残留。

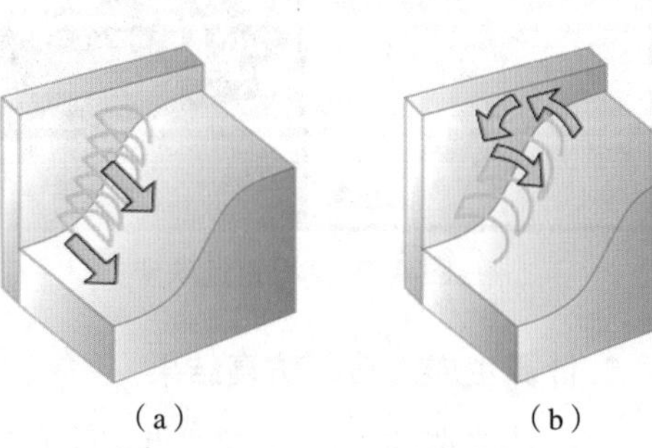
（a）　（b）

图 4–35 单向 / 双向模式

图 4–36 参数选项卡

4. 设置参数选项卡

如图 4–36 所示，设置【参数】选项卡，【垂直步距】设为 0.5，余量设为 0。

5. 设置边界选项卡

设置【边界】选项卡，在【边界】选项卡中点击【排除曲面区域】的曲面选择图标，选择如图 4–37 所示的 12 个平面，即不加工这 12 个面。因为用球刀加工平面效率太低了，这 12 个平面在下一步采用 3D 平面铣策略来完成加工。

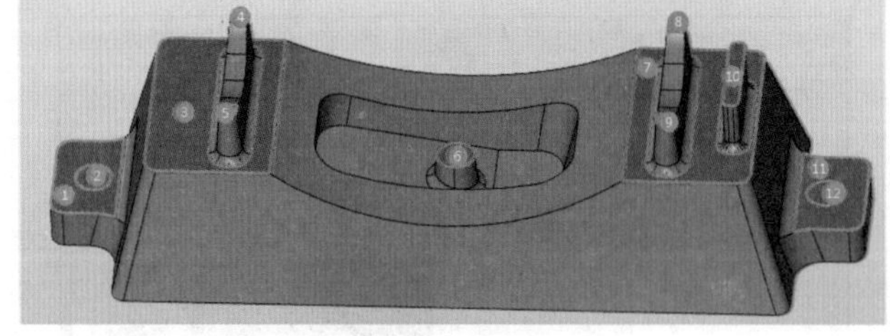

图 4–37 排除曲面区域

6. 计算刀路，仿真结果

默认其他选项卡的设置，点击【计算】图标完成刀路生成，结果如图 4–38 所示。

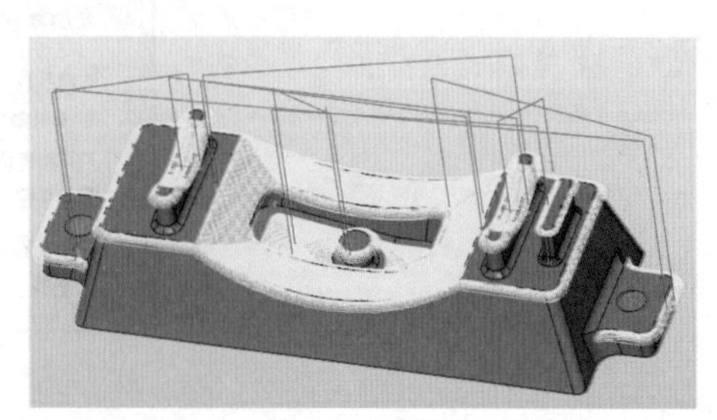

图 4–38 完全精加工刀路

三、平面精加工——3D 平面加工刀路设置

3D 平面加工精加工策略可以自动识别模型上的平面，当然也可以自行指定要加工的平面，并只对这些平面进行加工。

1. 新建 3D 平面加工策略

新建【3D 平面加工】精加工策略，开始设置加工上一步留下来的 12 个平面的参数。

2. 设置刀具选项卡

如图 4–39 所示，设置【刀具】选项卡，从刀库选择或新建一把直径为 8mm 的立铣刀，设置好工艺参数。

3. 设置参数选项卡

如图 4–40 所示，设置【参数】选项卡。

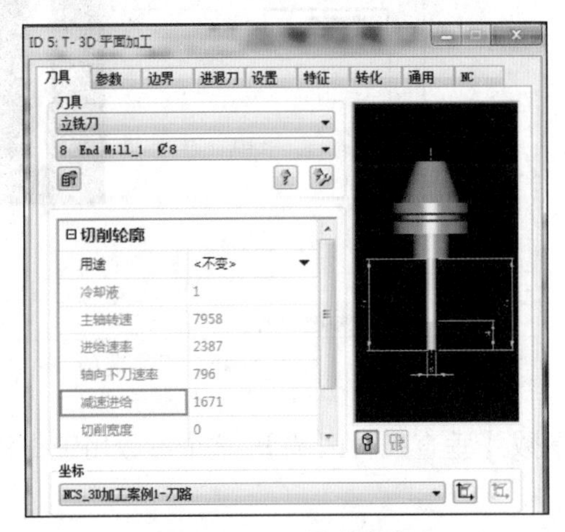

图 4–39 刀具选项卡

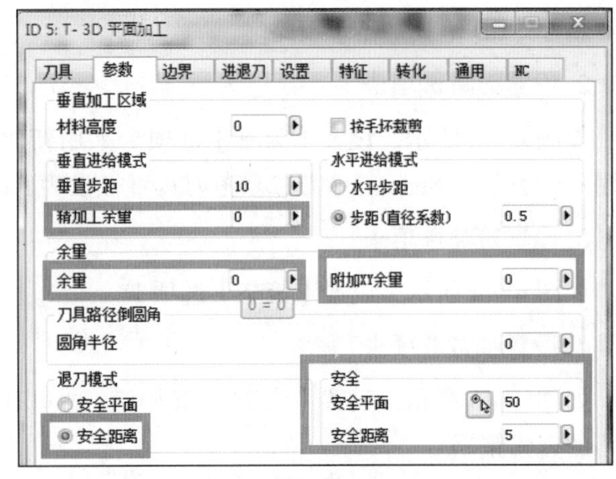

图 4–40 参数选项卡

参数选项卡中参数介绍

（1）垂直加工区域。

材料高度：使用材料高度参数设置要去除的材料高度。

毛坯裁剪：选择毛坯裁剪选项裁剪毛坯上的刀具路径。

（2）垂直进给模式。

垂直步距：垂直步距决定了加工层级数。

精加工余量：在最后精加工路径中去除的材料。

4. 设置边界选项卡

在【边界】选项卡中点击【平面选择】后，点击曲面选择图标，选择如图 4–41 所示的 12 个平面，即只加工这 12 个面。

5. 计算刀路，仿真结果

默认其他选项卡的设置，点击【计算】图标完成刀路生成，结果如图 4–42 所示。

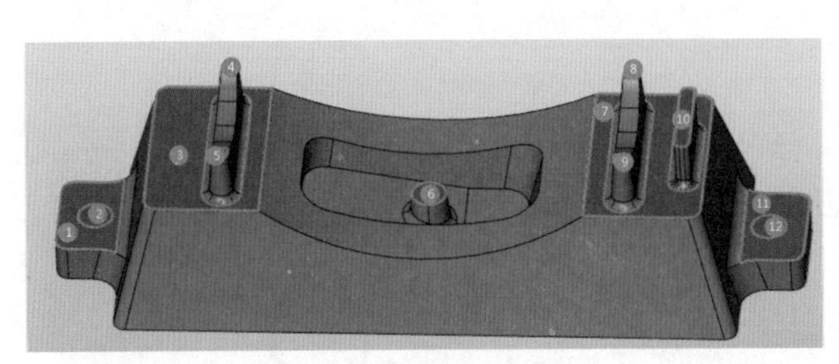

图 4–41 选择加工平面

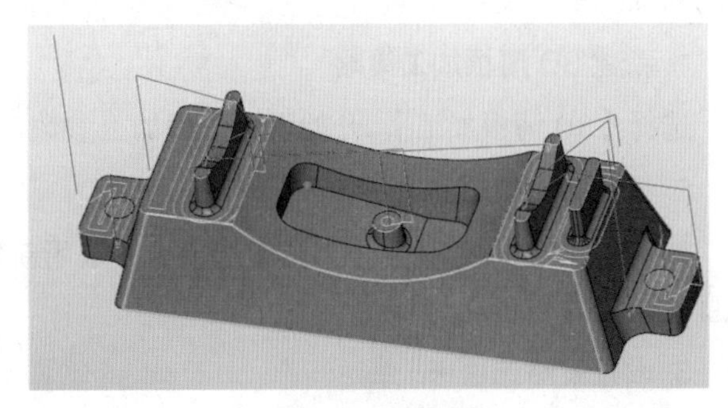

图 4–42 平面加工刀路

4.1.4 零件清根加工——3D 笔式及清根刀路设置

一、笔式加工

3D 笔式加工策略可以自动识别 CAD 模型中的圆角，并为每个圆角生成平行于轮廓运行的刀具路径。3D 笔式加工策略主要用来为高速铣削作准备。

1. 新建 3D 笔式加工策略

新建【3D 笔式加工】策略。

2. 设置刀具选项卡

如图 4–43 所示，设置【刀具】选项卡采用新建功能或从刀库中选用一把直径为 8mm 的球刀，参考刀具直径设为 9.6。

3. 设置策略选项卡

如图 4–44 所示，设置【策略】选项卡。

图 4–43 刀具选项卡

4. 设置参数选项卡

如图 4–45 所示，设置【参数】选项卡。这里有个新的参数:【垂直残料区域】，这个参数用于查找陡峭角落的搜索策略。

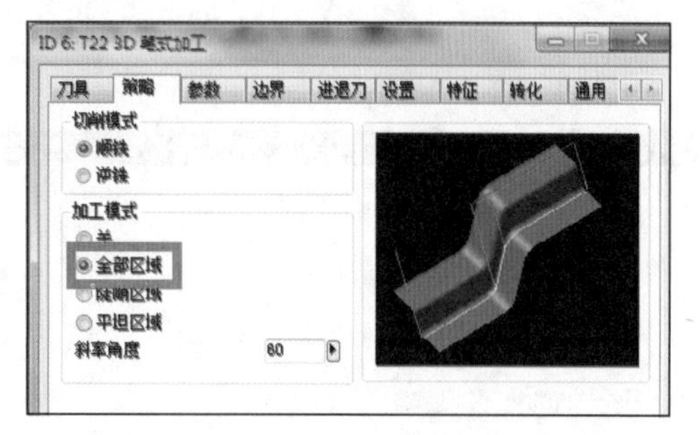

图 4–44 策略选项卡

图 4–45 参数选项卡

5. 计算刀路，仿真结果

默认其他选项卡的设置，点击【计算】图标完成刀路生成，结果如图 4–46 所示。

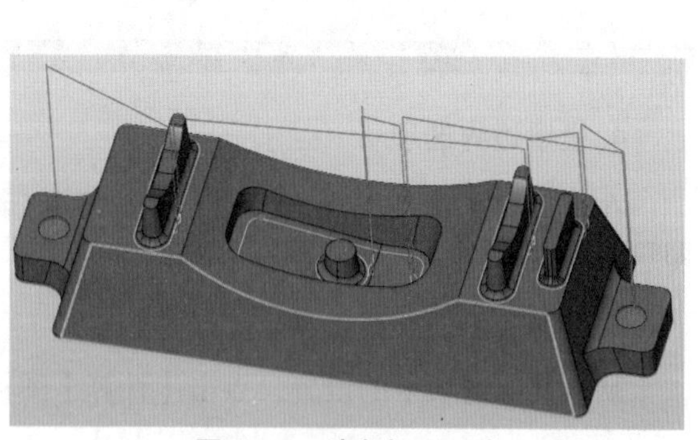

图 4–46 清角加工刀路

二、3D 清根加工

3D 清根加工基于已经生成的粗加工或精加工路径，自动检测未加工区域。使用较小刀具或通过改变参数对这些区域进行加工，不存在空刀。也可以选择斜率分析加工和不同的加工策略配合操作。

1. 新建 3D 清根加工策略

选择【3D 清根加工】，开始设置清根加工参数。

2. 设置刀具选项卡

如图 4–47 所示，设置【刀具】选项卡，采用新建功能或从刀库中选用一把直径为 4mm 的球刀。参考刀具直径设置为 8mm。

3. 设置策略选项卡

如图 4–48 所示，设置【策略】选项卡。

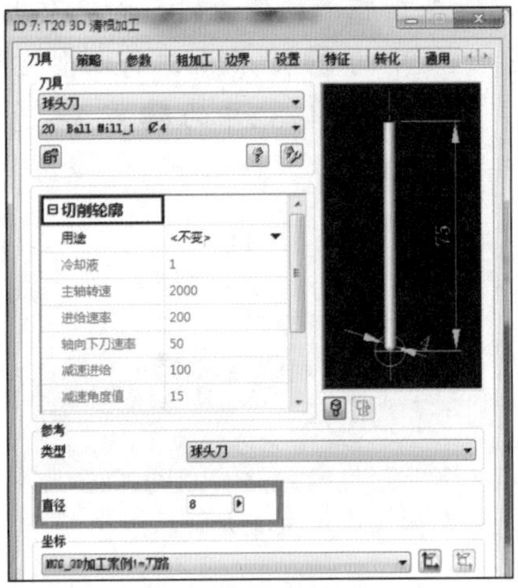

图 4-47 刀具选项卡

图 4-48 策略选项卡

策略选项卡中参数简介

1）清根加工优化

提供下列优化方法：

（1）标准：清根加工不提供优化。该策略与较早 hyperMILL 版本的标准策略相对应。加工可以使用非斜率模式或斜率模式。

（2）型腔和开放区域：型腔和开放（= 可自由进入）区域都得到加工。斜率模式加工将自动启动。它有三种加工模式：

斜率分析加工 – 全部区域：加工全部区域，陡峭区域（处于型腔中）始终进行 Z 轴常量加工，而型腔内平坦区域（= 底面）的加工始终与轮廓平行。陡峭和平坦区域可使用法向、平行或 Z 轴策略进行加工。如图 4-49（a）所示。

斜率分析加工 – 陡峭区域：只对陡峭区域（处于型腔中）进行 Z 轴常量加工。含有开放、可进入区域的陡峭区域在加工时，可采用 Z 层、平行和法向策略。如图 4-49（b）所示。

斜率分析加工 – 平坦区域：只加工开放、可进入区域内的平坦区域，不加工型腔。在加工开放、可进入区域内的平坦区域时，可采用平行或法向策略。如图 4-49（c）所示。

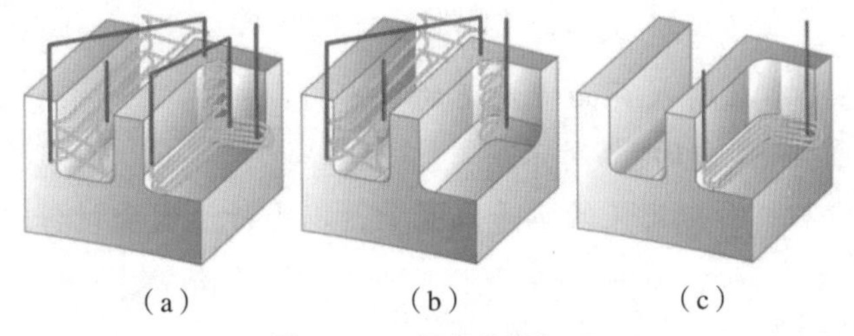

（a） （b） （c）

图 4-49 斜率分析加工

（3）仅型腔。仅型腔得到加工。斜率模式加工将自动启动。在这种情况下，要么所有区域，要么只有陡峭区域得到加工：

斜率分析加工 – 全部区域：陡峭区域（处于型腔中）始终进行 Z 轴常量加工，而型腔内平坦区域（= 底面）的加工始终与轮廓平行。

斜率分析加工 – 陡峭区域：陡峭区域（处于型腔中）进行 Z 轴常量加工。平坦区域不会得到加工。

型腔深度：针对型腔及开放区域和仅型腔策略，可使用该选项。定义从加工模式切换到型腔模式的深度，如图 4-50 中的 ❶ 所示。

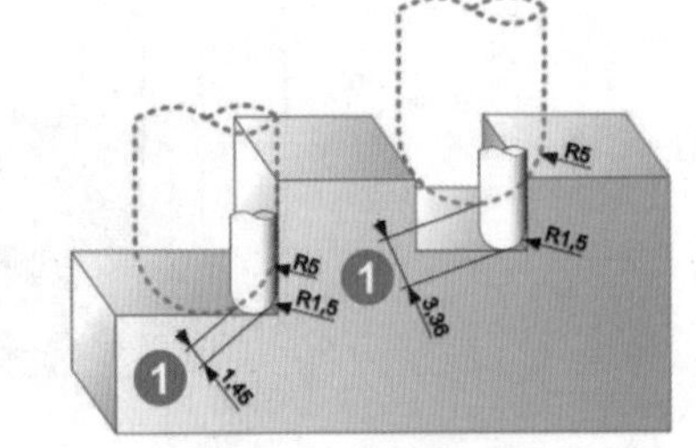

图 4-50 型腔深度

例如图 4−50 中：R5= 参考刀具半径，R1.5= 加工刀具半径，如果型腔深度值（1.45 和 3.36）大于在加工模式下定义的值（1.4——适合图 4−51 中的❶；3.3——适合图 4−51 中的❷），则加工将以型腔模式进行。

如果型腔深度值（1.45 或 3.36）小于在加工模式下定义的值（1.5 适合图 4−52 中的❶或 3.5 适合图 4−52 中的❷），则加工将以标准模式进行。

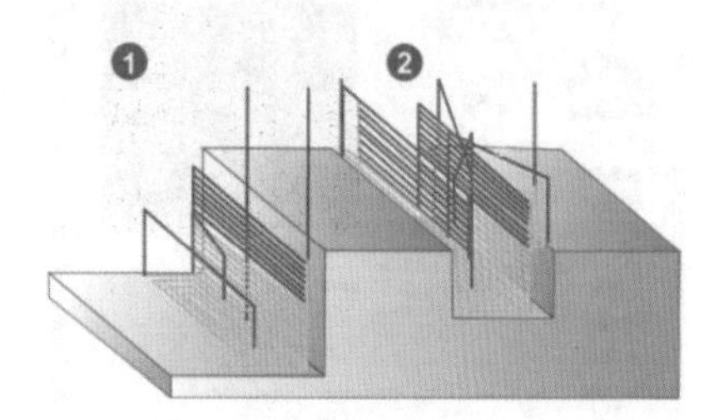

图 4−51 型腔模式轨迹 1

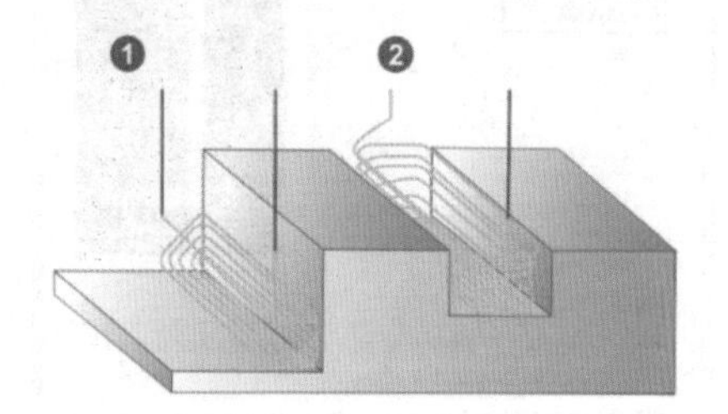

图 4−52 型腔模式轨迹 2

（4）完全加工。

就这种加工模式而言，圆鼻铣刀还可作为参考刀具，型腔和开放区域都得到加工。斜率模式加工将自动启动。在这种情况下，要么所有区域，要么只有陡峭区域得到加工：

斜率分析加工 − 全部区域：加工全部区域，陡峭区域进行 Z 轴常量加工，而平坦区域的加工与轮廓平行。

斜率分析加工 − 陡峭区域：只加工陡峭区域，陡峭区域进行 Z 轴常量加工。

（5）无型腔开放区域。

只加工开放区域。对于斜率模式加工，有以下选项：

斜率分析加工 − 全部区域：加工开放区域中的全部区域，陡峭和平坦区域（开放、可进入）可用法向、平行或 Z 轴层（仅适用于陡峭区域）策略进行加工。型腔中的陡峭区域不会得到加工。

斜率分析加工 − 陡峭区域：只加工开放区域中的陡峭区域，陡峭区域（开放、可进入）可用法向、平行或 Z 轴层策略进行加工。型腔中的陡峭区域不会得到加工。

斜率分析加工 − 平坦区域：只加工开放区域中平坦区域，平坦区域可用法向或平行策略进行加工。

2）平坦区域的法向与平行模式

法向：加工以与残余材料流线方向成 90° 的方向进行，如图 4−53（a）所示。

平行：加工以平行于残余材料流线的方向进行，如图 4−53（b）所示。

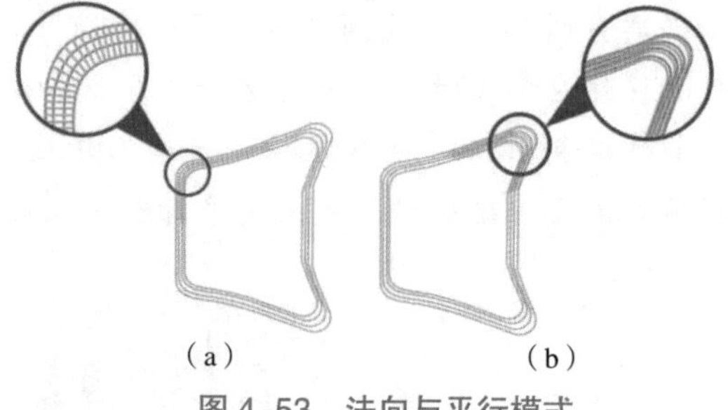

（a） （b）

图 4−53 法向与平行模式

3）陡峭区域

Z− 层 / 法向：加工对应于参数输入页面中定义的垂直进给，在 Z 轴层上进行。如图 4−54 中的❶所示。

平行：加工对应于参数输入页面中定义的水平偏置量，以平行于残余材料流线的方向进行。如图 4−54 中的❷所示。

其中 Z− 层与法向的区别如下：

法向：加工以平行于曲面法线的方式进行，如图 4−55（a）所示。

Z− 层：加工以平行于 Z 轴层的方式进行，如图 4−55（b）所示。

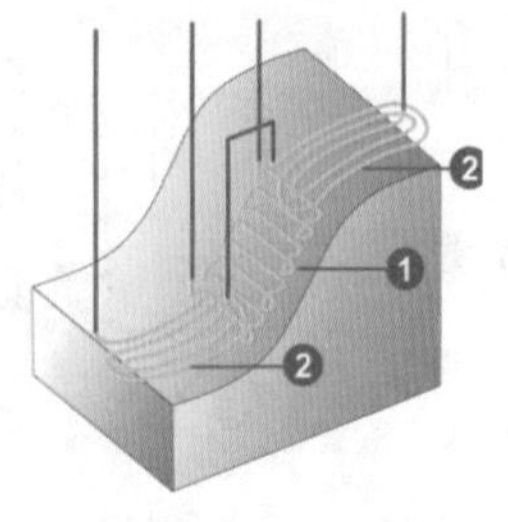

图 4−54 陡峭区域

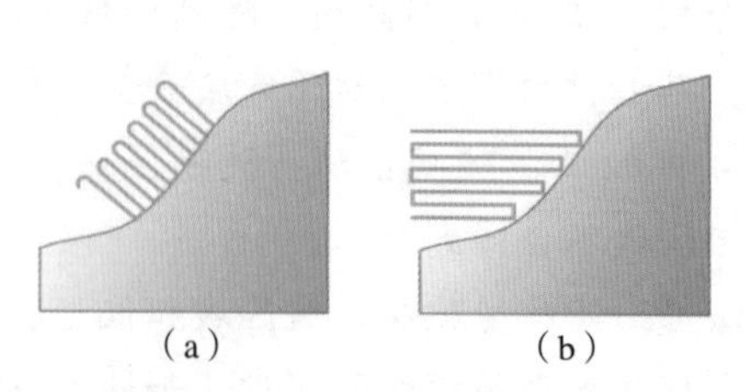

（a） （b）

图 4−55 陡峭区域加工方式

3）进给模式

平滑：铣削路径之间的进给呈 HSC（高速加工）环路状，如图 4–56 所示。

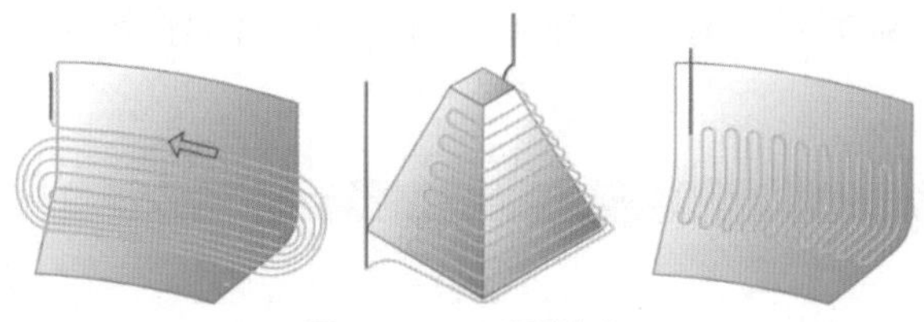

图 4–56　平滑模式

直接：曲面上的进给运动将沿最短的轨迹以加工进给速率（G1）进行。如果线性运动会使工件受到损坏，系统将引导刀具绕工件做曲面接触（不清除材料），如图 4–57 所示。

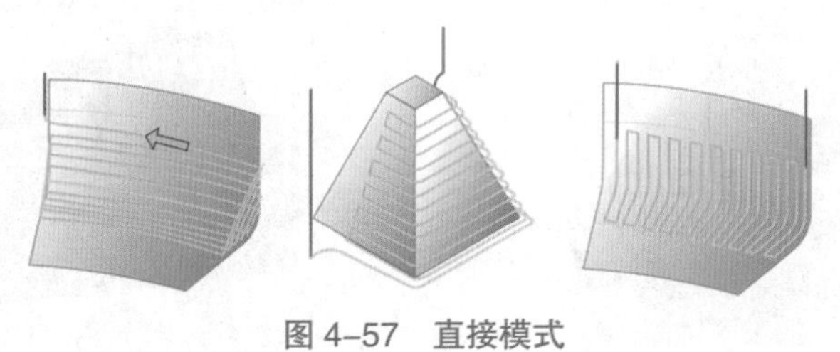

图 4–57　直接模式

4. 设置参数选项卡

如图 4–58 所示，设置【参数】选项卡。

5. 设置粗加工选项卡

如图 4–59 所示，设置【粗加工】选项卡。

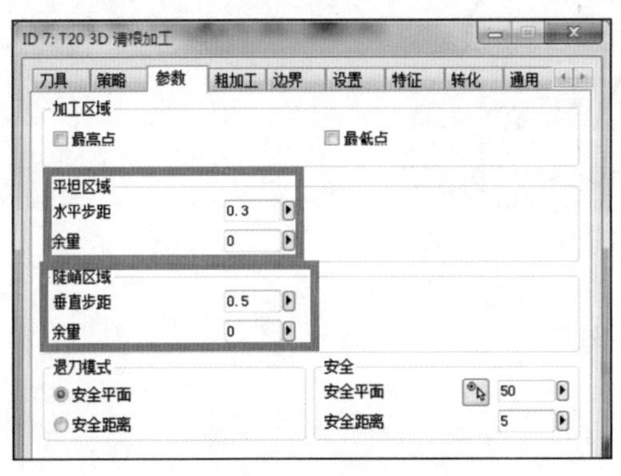

图 4–58　参数选项卡

图 4–59　粗加工选项卡

粗加工选项卡中参数介绍

在粗加工模式中，先前加工产生的残余材料区域得到完全加工，或仅剩下型腔。

（1）粗加工模式：勾选启用，以激活粗加工模式。

如图 4–60 所示，如果残余材料❶将在粗加工后进行精加工，则启用粗加工和精加工Ⓐ选项。使用仅限粗加工选项Ⓑ，则会排除精加工。

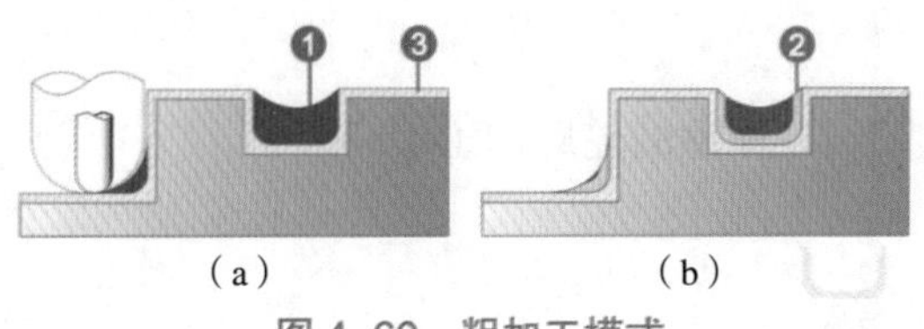

（a）　　（b）

图 4–60　粗加工模式

（2）粗加工余量：除常见余量❷外，可定义作为 Z 轴方向余量的粗加工余量❸和附加 XY 余量。

（3）型腔深度：用参考和加工刀具的半径计算得出，如图 4–61 中的❹所示。

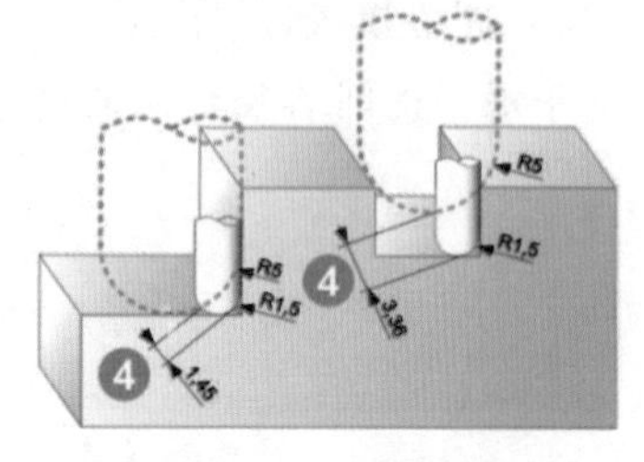

图 4–61 型腔深度

6. 计算刀路，仿真结果

默认其他选项卡的设置，点击【计算】图标完成刀路生成，结果如图 4–62 所示。

钻孔刀路自行完成，至此，完成了该零件全部刀路的生成。零件最终仿真加工结果如图 4–63 所示。

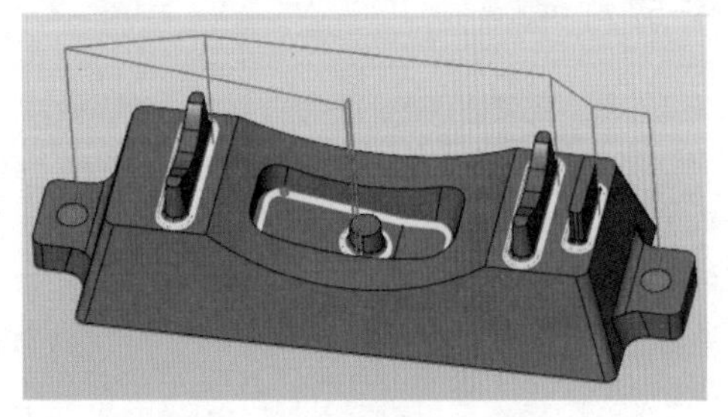
图 4–62 圆角精加工刀路

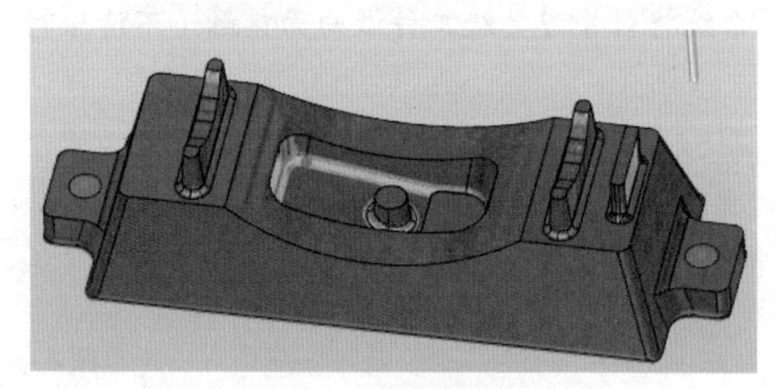
图 4–63 零件仿真结果

4.2 3D 加工案例 2

对于如图 4–64 所示的平面类零件也可使用 3D 加工策略来完成其粗精加工。

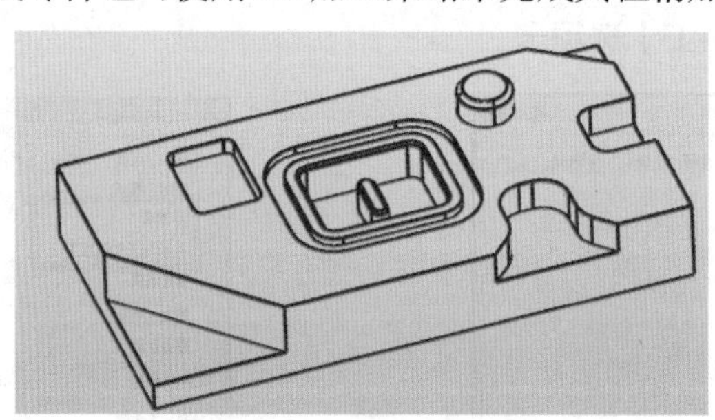
图 4–64 3D 加工案例 2

4.2.1 工艺路线及刀路策略的选择

对于上图所示的这种产品类零件的数控加工，我们可以的加工路线可以设置为粗加工→二次开粗→底面加工→轮廓精加工→倒角。具体方案如下：

1. 粗加工和二次开粗

粗加工和二次开粗均可采用 3D 任意粗加工策略。

2. 底面精加工

可采用 3D 平面加工或 3D 任意粗加工策略。

3. 轮廓精加工

采用 3D 等高精加工策略或基于 3D 模型的轮廓加工策略。

4. 倒角加工

采用基于 3D 模型的倒角加工策略。

加工工序卡如表 4-2 所示。

表 4-2 案例 3 加工工序卡

数控加工工序卡								
零件名称		3D 案例 3	零件图号		2020WZ-3	夹具名称		平口钳
设备名称及型号		DMU60 monoblock						
材料名称及牌号		AL6061	工序名称		加工中心加工	工序号		10
工步号	工步内容	切削用量			刀具		量具	
		n	V_f	a_p	编号	名称	编号	名称
10	零件装夹与对刀	用平口钳装夹零件，露出 31mm，工件坐标系原点设置在零件上表中心，工件长边与 X 轴平行						钢直尺
20	内外型腔粗加工	3500	1000	2	T05	D16 立铣刀		游标卡尺
30	残料二次粗加工	5500	1500	1	T06	D6 立铣刀		
40	平面精加工	4200	1000	0.2	T07	D12 立铣刀		深度尺
50	平面精加工	5000	800	0.2	T08	D6 立铣刀		深度尺
60	轮廓精加工	4000	800	0.2	T09	D12 立铣刀		游标卡尺 内外径千分尺
70	轮廓精加工	5000	800	0.2	T10	D6 立铣刀		游标卡尺 内外径千分尺
90	倒角加工	4000	800		T11	D10 倒角刀		
100	检验	检测零件模型的加工精度						游标卡尺 内外径千分尺

4.2.2 零件粗加工

一、第一次粗加工

（1）打开文件：“第四章\3D 加工案例 2”使用【项目助手】快速建立工单列表。

（2）新建【3D 任意毛坯粗加工】工单。

（3）新建 1 把直径为 16mm 的立铣刀，并设置好工艺参数。

（4）如图 4-65 所示，设置【参数】选项卡。对于多平面层的零件，将【检测平面层】设置为【优化 - 全部】，可以达到比较好的效果。

（5）如图 4-66 所示，设置【高性能】选项卡。主要是开启动态铣削功能，使刀具负载平稳。

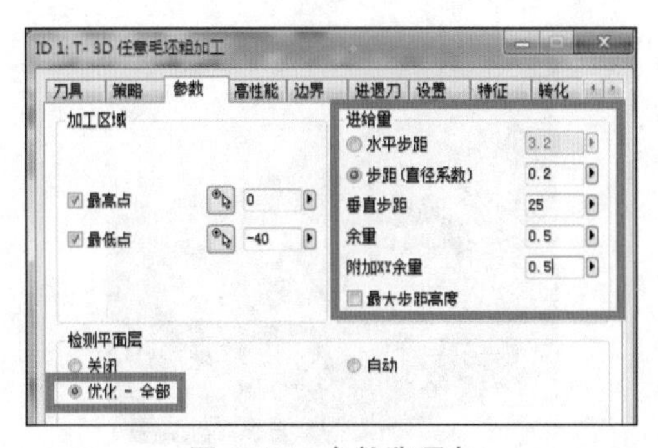

图 4-65 参数选项卡

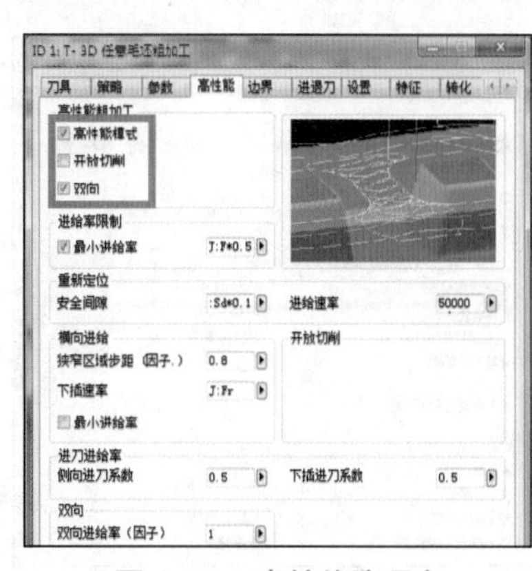

图 4-66 高性能选项卡

（6）如图 4–67 所示，设置【设置】选项卡。

（7）默认其他选项卡设置，生成刀路，刀路如图 4–68 所示。

图 4–67 设置选项卡

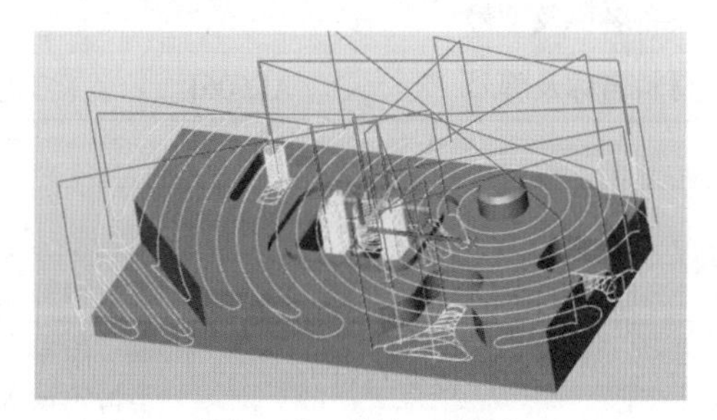

图 4–68 粗加工刀路

二、第二次开粗

（1）利用现有的工单复制出一条工单。双击复制得到的工单进行编辑。

（2）创建一把直径为 6mm 的立铣刀（因为最小槽距尺寸为 7.5mm），设置好工艺参数。

（3）不勾选高性能选项卡中的【高性能模式】，不启用高效加工功能。因为第二次开粗要使用其一工单生成的毛坯模型，高性能模式不支持结果毛坯剩余材料区域的开粗。

（4）如图 4–69 所示，设置【策略】选项卡。

（5）如图 4–70 所示，设置好【参数】选项卡。

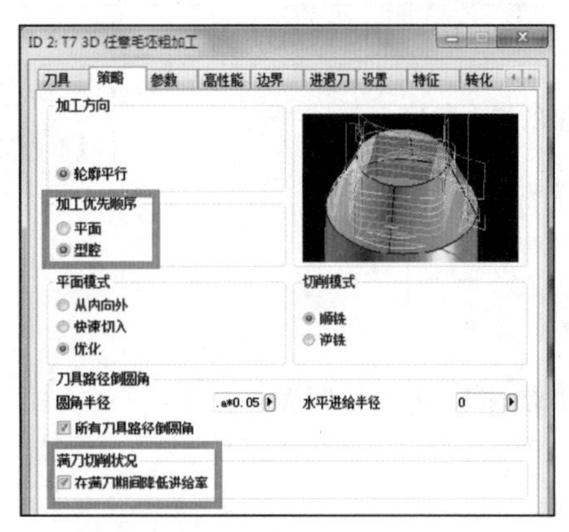

图 4–69 策略选项卡

图 4–70 参数选项卡

（6）如图 4–71 所示，设置【设置】选项卡。

（7）默认其他选项卡的设置，生成刀路，生成的刀路图 4–72 所示。至此完成粗加工。

图 4–71 设置选项卡

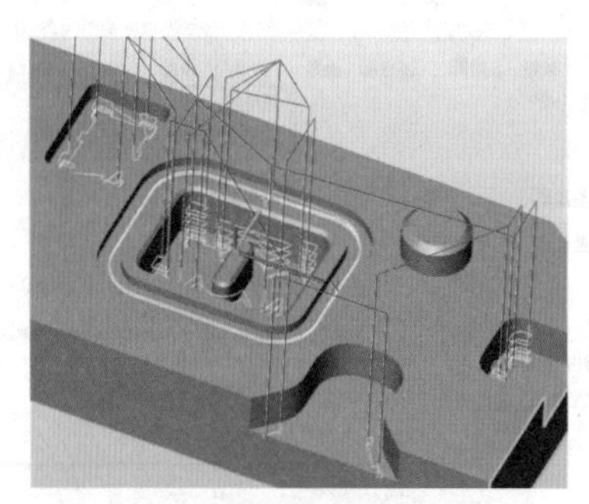

图 4–72 残料粗加工刀路

4.2.3 零件精加工

一、零件各结构底面精加工

（1）新建 3D 平面加工策略。
（2）选用直径为 12mm 的立铣刀进行加工。
（3）如图 4–73 所示，设置【参数】选项卡。
（4）如图 4–74 所示，选择图中 8 个平面进行加工。
（5）默认其他选项卡的设置，完成刀路的生成，生成的刀路如图 4–75 所示。

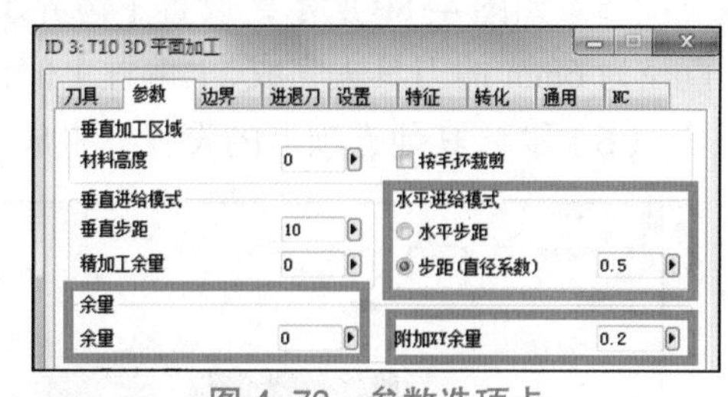

图 4–73 参数选项卡

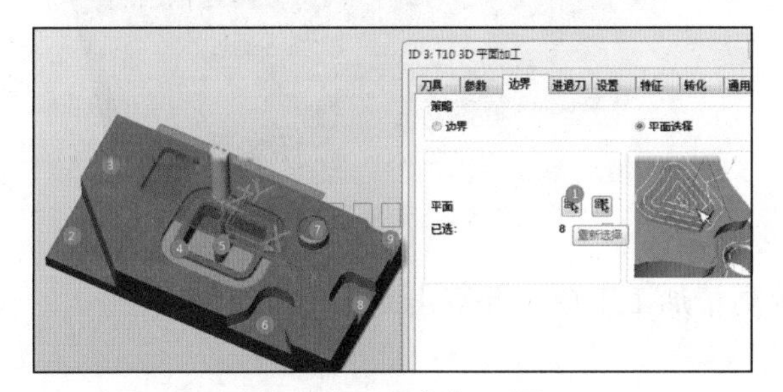
图 4–74 选择加工面

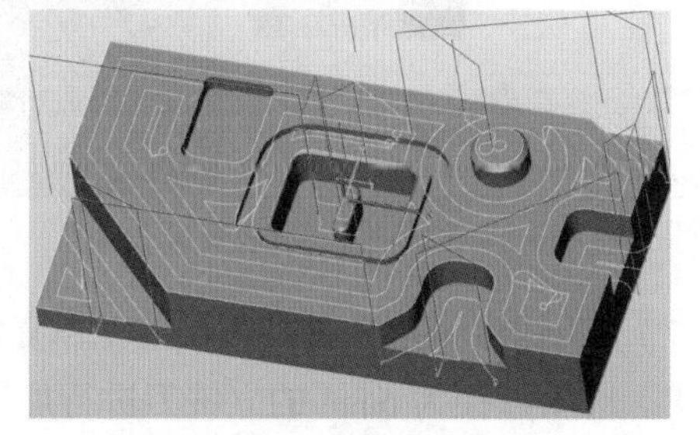
图 4–75 平面精加工刀路

（6）将刚得到的 3D 平面加工工单进行复制，得到一个新的 3D 平面工单，双击新得到的工单进行编辑。
（7）在【刀具】选项卡中选用直径为 6mm 的立铣刀。
（8）在【边界】选项卡中，选择如图 4–76 所示的 3 个平面进行加工。
（9）默认其他选项卡的参数设置，生成刀路，刀路如图 4–77 所示。

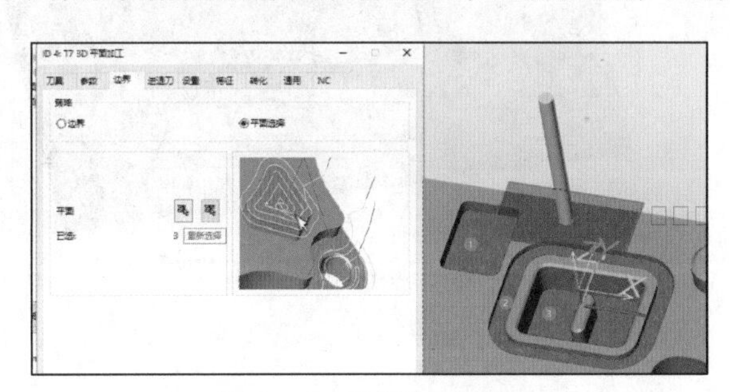
图 4–76 选择加工平面

图 4–77 平面加工刀路

二、轮廓精加工

（1）新建 3D 等高加工工单。
（2）在【刀具】选项卡中选用直径为 12mm 的立铣刀。
（3）如图 4–78 所示，设置【策略】选项卡。
（4）如图 4–79 所示，设置参数选项卡。

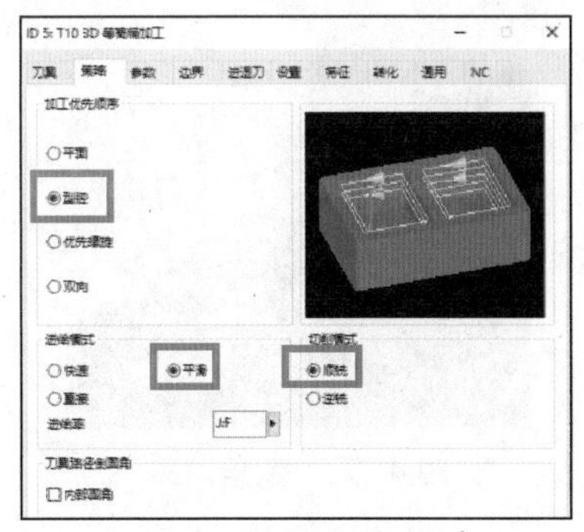
图 4–78 策略选项卡

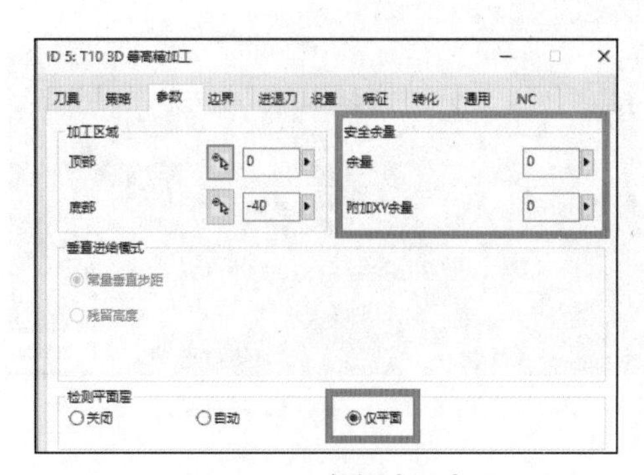

图 4–79 参数选项卡

（5）如图 4-80 所示，设置【边界】选项卡，停止曲面是本次不加工的区域，这部分型腔较小，需要用直径为 6mm 的刀具去完成，【偏置】值设为 0.1。

（6）默认其他选项卡的设置，生成刀路，刀路如图 4-81 所示。

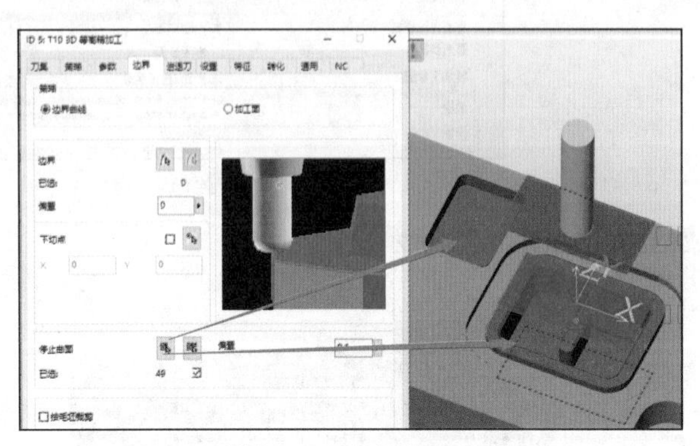

图 4-80 边界选项卡

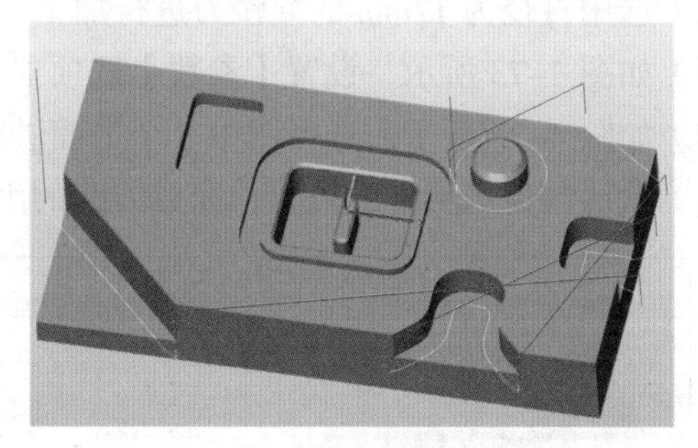

图 4-81 轮廓精加工刀路

（7）将刚得到的 3D 等高精加工工单复制出新的等高精加工工单，并双击此工单进行编辑。

（8）选用直径为 6mm 的立铣刀进行加工。

（9）如图 4-82 所示，在【边界】选项卡中选择要加工的区域。

（10）默认其他选项卡的设置，生成刀路，生成的刀路如图 4-83 所示。

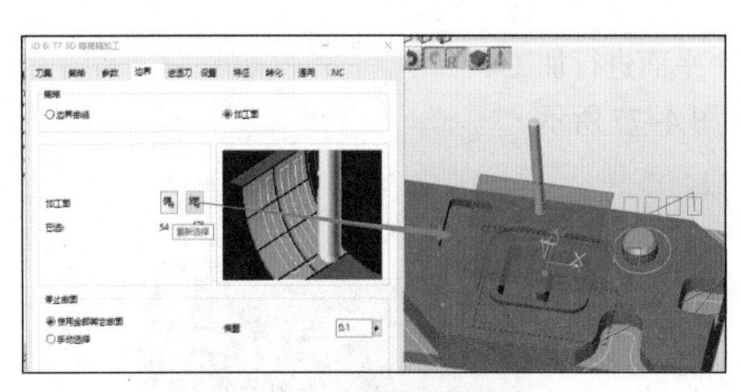

图 4-82 设置边界区域

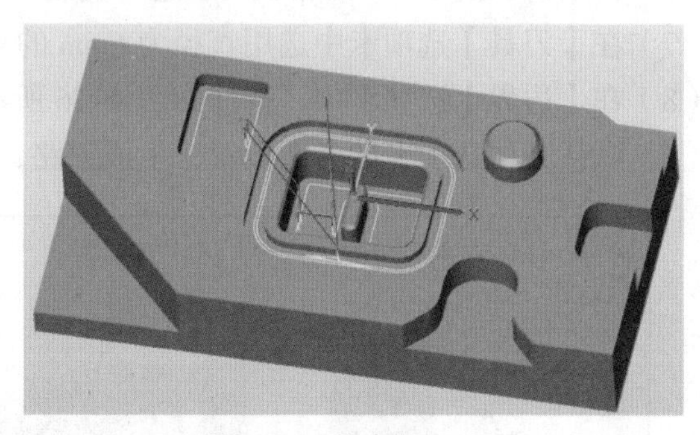

图 4-83 轮廓加工刀路

4.2.4 零件倒角加工

（1）新建基于 3D 模型的倒角加工策略。

（2）新建一把直径为 10mm，倒角角度为 45 的倒角刀。

（3）在【轮廓】选项卡中，选择如图 4-84 所示的轮廓进行倒角。

（4）在【策略】选项卡中选择【模型倒角】的倒角模式，其他选项卡采用默认设置。生成的刀路如图 4-85 所示。

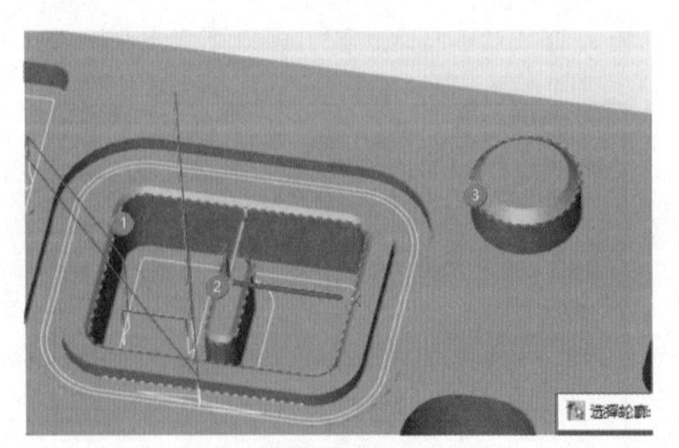

图 4-84 倒角轮廓边界

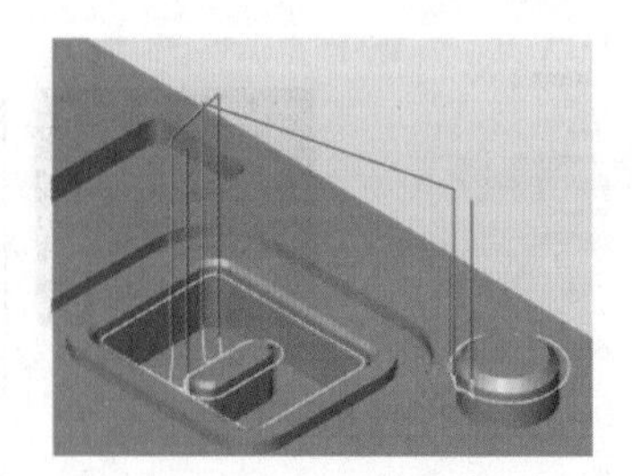

图 4-85 倒角刀路

（5）刀路全部生成后，进行仿真加工，仿真结果如图 4-86 所示。

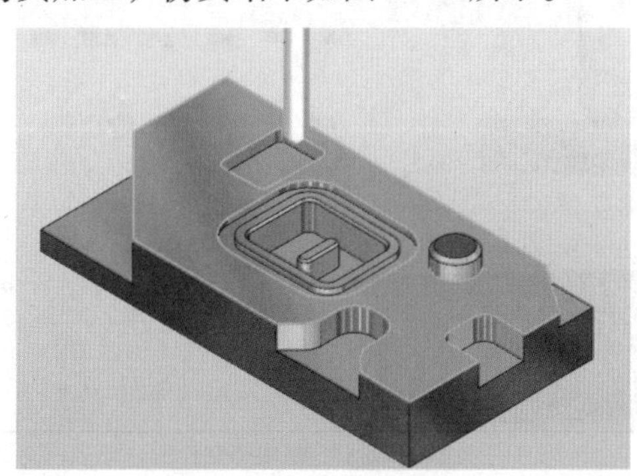

图 4-86 模型仿真结果

4.3 其他常用 3D 加工刀路策略

4.3.1 刻字

在本节主要介绍如图 4-87 所示的两种在曲面上进行刻字的方法，图中❶，采用 3D 自由路径加工策略进行刻字；图中❷采用 3D 投影精加工策略进行刻字。

需要注意的是：在 hyperMILL 中绘制的文字，需要选择菜单栏中【编辑】>【打散】命令，打散绘制的文字，使之变成曲线后，才能作为轮廓曲线或边界曲线使用。如图 4-88 所示。

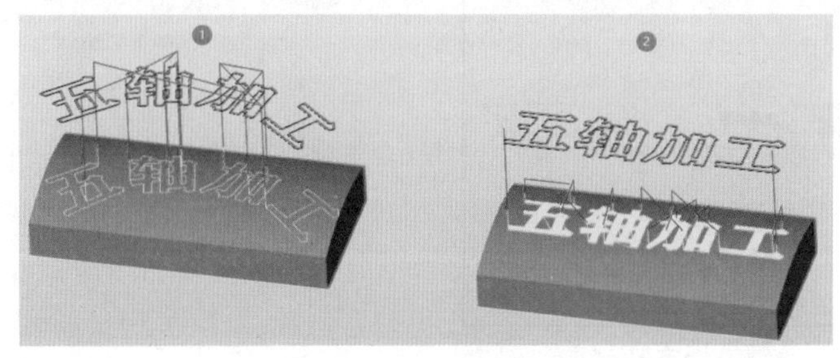

图 4-87 刻字案例

图 4-88 文字打散

一、3D 自由路径加工

3D 自由路径加工策略可以通过不同的进刀和退刀策略对在空间中随意定位的开放和闭合的 3D 轮廓进行铣削。

1. 打开文件“刻字 .hmc”

该零件已经用 3D 优化粗加工策略和 3D 投影精加工策略完成了零件的粗精加工。

2. 新建 3D 自由路径加工工单

3. 设置刀具选项卡

在【刀具】选项卡中新建直径为 10mm 的倒角刀，参数如图 4-89 所示设置。

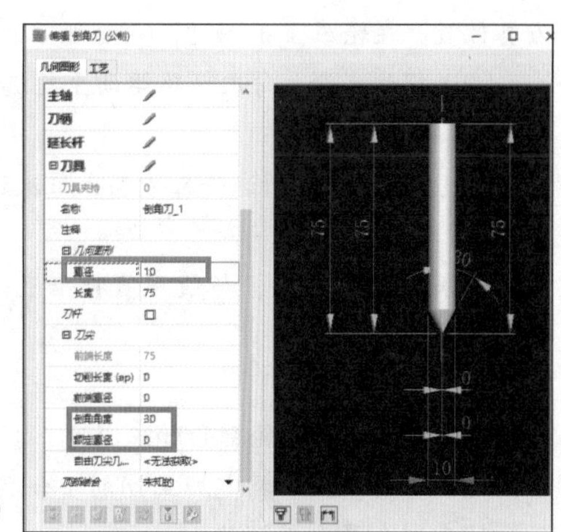

图 4-89 新建刀具

4. 设置轮廓选项卡

如图 4-90 所示，在【轮廓】选项卡中，选择（可以拉框选择）要刻字的文字。如图 4-90 所示。

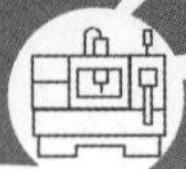

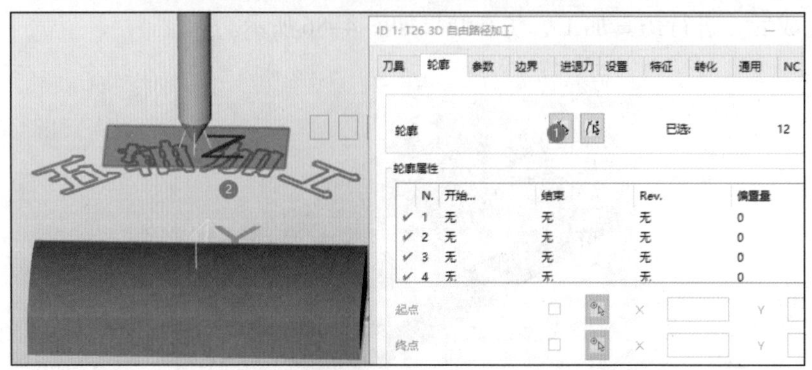

图 4–90 选择文字

5. 设置参数选项卡

设置【参数】选项卡。【Z- 偏置轮廓线】设置为 -100，此参数是将选择的轮廓线进行偏置，在此例中，文字轮廓线要朝 -Z 方向向曲面偏置，它的绝对值要大于文字与曲面之间的距离，才能保证文字刀路在曲面上生成。【毛坯余量】应设为负值，保证在曲面上刻出文字印痕。如图 4–91 所示。

图 4–91 参数选项卡

参数卡选项卡中参数介绍

1）摆线

（1）摆线水平步距：摆线（呈环路状）水平步距沿所选的轮廓进行，所选的轮廓作为中心点路径（仅当刀具位置：在轮廓上）。如图 4–92 所示。

（2）摆线半径：每次环路运动至所选轮廓左 / 右侧的进给量，如图 4–92 中 ❶ 所示。

（3）摆线步距：所选轮廓方向上每次环路运动的进给量，如图 4–92 中 ❷ 所示。

如果选用此选项，与使用直接垂直步距相比，作用于刀具之上的切削力要小。

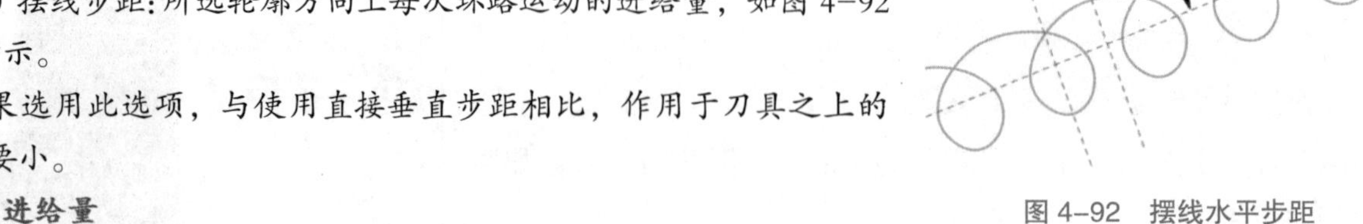
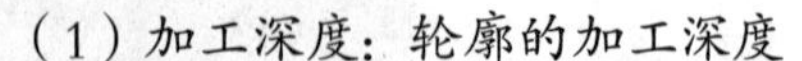
图 4–92 摆线水平步距

2）进给量

（1）加工深度：轮廓的加工深度

（2）垂直步距：指定加工切削回合数移向下一加工回合的 Z 轴进给量最后进给量将根据加工深度和 Z 轴向的毛坯余量自动调整。

6. 设置进退刀选项卡

如图 4–93 所示，在【进退刀】选项卡中【进刀】和【退刀】均设为【垂直】。

7. 生成刀路

默认其他选项卡的设置生成刀路，刀路如图 4–94 所示。

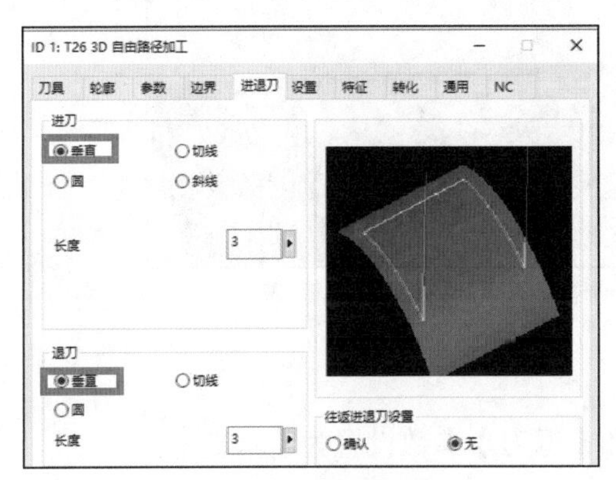

图 4–93 进退刀选项卡

图 4–94 刻字加工刀路

二、使用 3D 投影精加工策略进行刻字

使用 3D 投影精加工策略进行刻字，是利用选择文字轮廓曲线作为边界，将 3D 投影精加工刀路限制在文字区域内，从而完成内凹文字的雕刻。

1. 新建 3D 投影精加工工单

2. 在【刀具】选项卡中新建直径为 1mm 的球刀

3. 设置策略选项卡

如图 4–95 所示，设置【策略】选项卡，此例需勾选【路径优化】选项，将加工区域进行组合。

4. 设置参数选项卡

如图 4–96 所示，设置【参数】选项卡【余量】参数应设为负值。

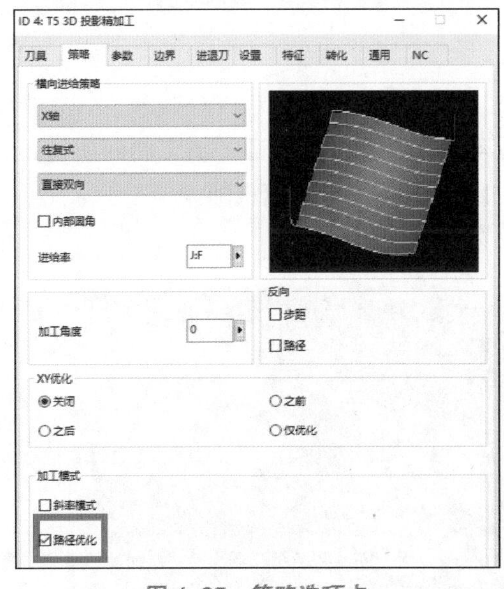

图 4–95 策略选项卡

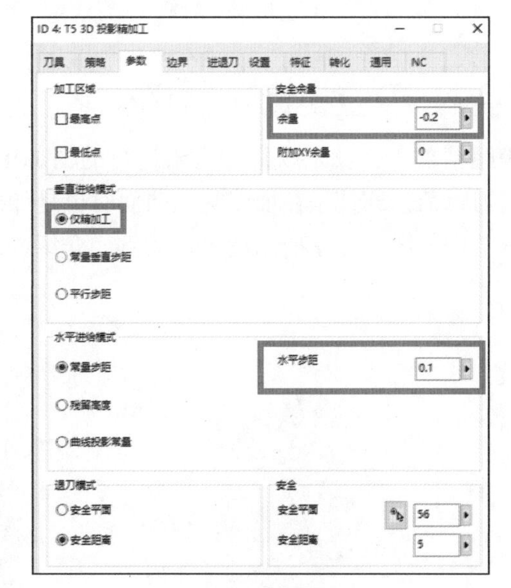

图 4–96 参数选项卡

5. 设置边界选项卡

如图 4–97 所示，在【边界】选项卡中选择所有文件作为刀路边界，将刀路限制在文字区域内。

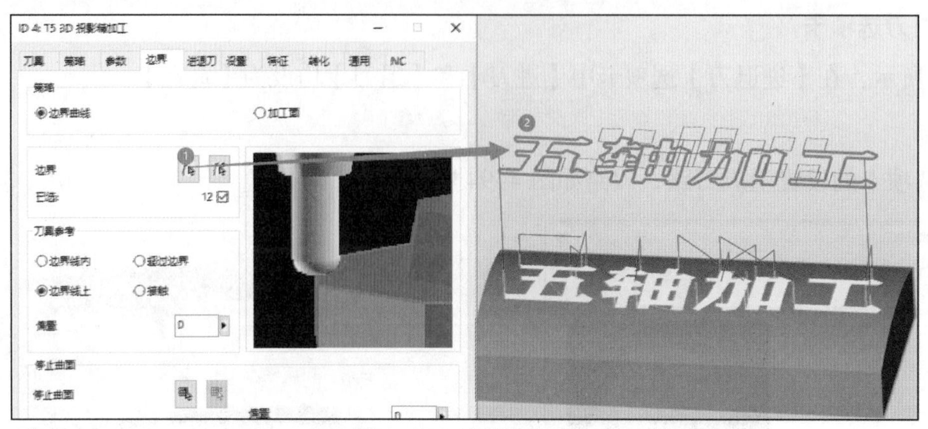

图 4–97 边界选项卡

6. 设置进退刀选项卡

如图 4–98 所示，在【进退刀】选项卡中，将【进刀】和【退刀】参数设置为【垂直】。

7. 生成刀路

默认其他选项卡的设置，生成刀路，刀路如图 4–99 所示。

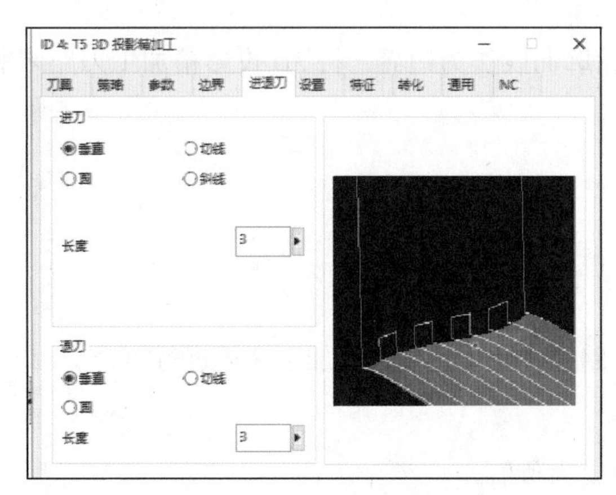

图 4–98 进退刀选项卡

图 4–99 刻字加工刀路

4.3.2 3D 等距精加工策略

等距精加工，就是以常量进给进行的精加工，刀路如图 4–100 所示，既保证了加工曲面质量，同时减小了切刀负荷，即使是在加工陡峭曲面时也是如此。等距精加工尤其适用于高速铣削。

本节以如图 4–101 所示的零件为例，介绍 3D 等距精加工策略的使用。

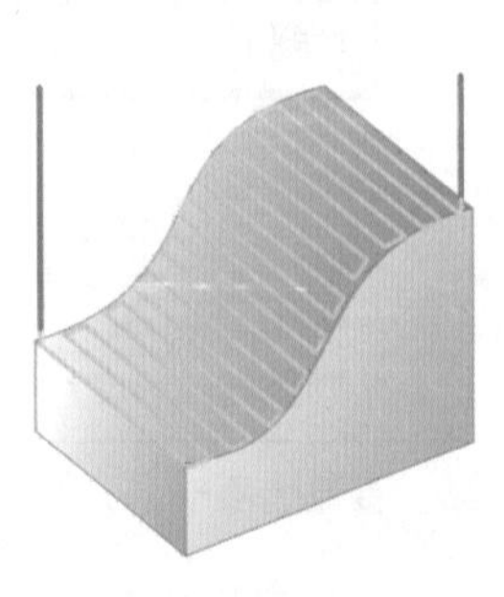

图 4–100 等距精加工

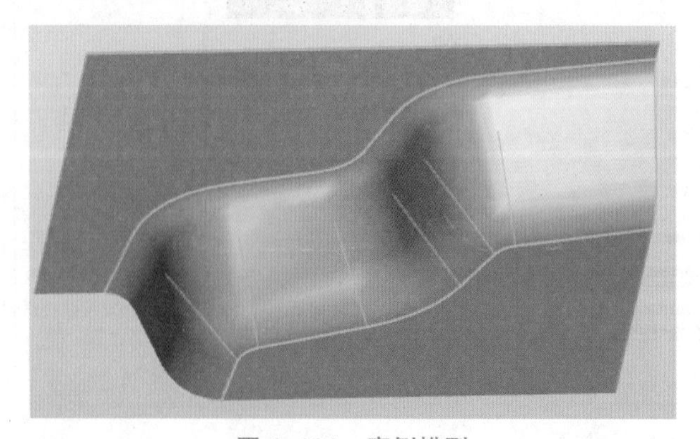

图 4–101 案例模型

1. 打开文件“3D 等距精加工 .hmc”

该零件已经用 3D 优化粗加工策略完成了粗加工，用 3D 平面加工完成了底面的精加工。

2. 新建 3D 等距精加工工单

3. 在【刀具】选项卡中选用球径为 8mm 的球刀

4. 设置策略选项卡

设置【策略】选项卡，选择【流线】模式，选择如图所示的两条轮廓线（注意：两条轮廓线的方向要一致），如图 4–102 所示。

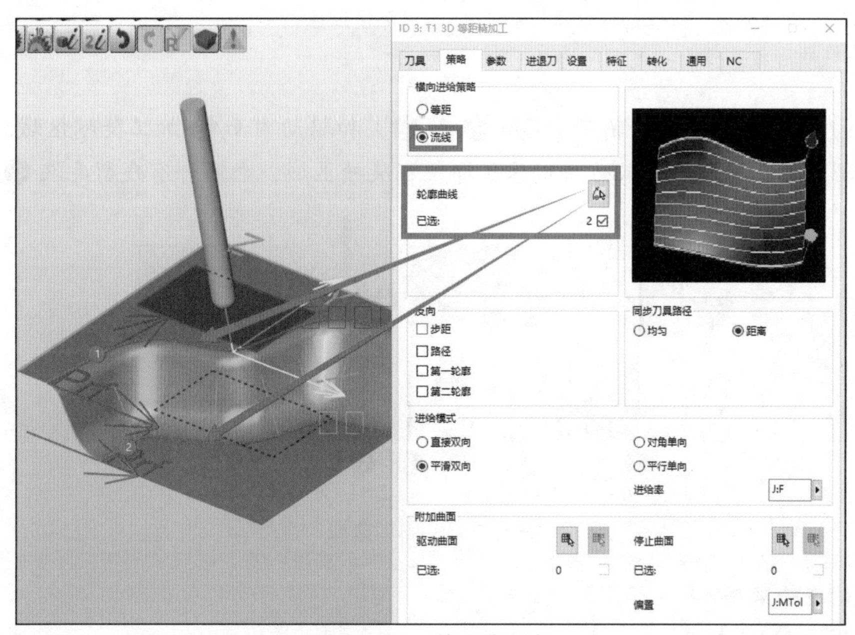

图 4–102 策略选项卡

策略选项卡中参数介绍

1)【等距】横向进给策略

以恒定进给量加工，刀路如图 4–103 所示。

（1）轮廓曲线：如图 4–103 中 ❶ 所示，可以选择多个未互相嵌套的封闭轮廓（边界）。

（2）偏置：选择的轮廓曲线按定义值（正 / 负）偏置。

（3）按 3D 曲线使用：选择的轮廓曲线不投影到加工曲面。

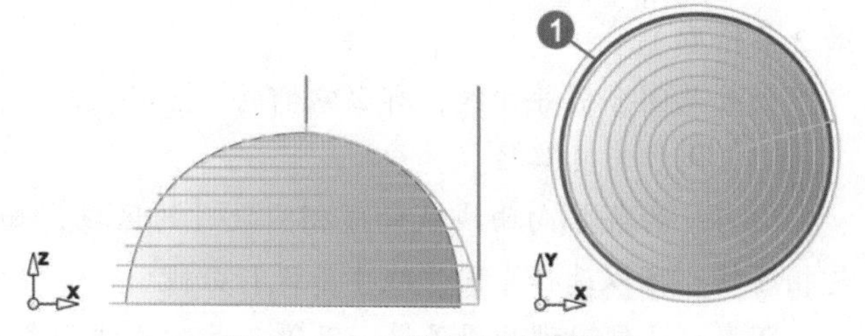

图 4–103 “等距”进给策略

【等距】进给策略的刀路始终平行于轮廓，并且受限区域以轴向模式加工：当刀具轴位于曲线上时路径结束。【路径方向】要么是【顺时针】，要么是【逆时针】。【步进方向】要么【由内向外】，要么【由外向内】。

（4）刀具路径连接。

【跳过第一个路径】：对第一个刀具路径予以计算，但不进行加工，如图 4–104 中 ❶ 所示。如果你在使用从逐层级工单（如等高精加工）参数中抽取的加工曲线，你就可以通过启用此功能避免对相同的路径加工两次。

【连接系数】：由连接系数决定层级间斜线形路径连接的长度和圆度。该系数是作为刀具直径给出的。斜线长度 = 刀具直径 × 系数。

在选择连接系数的大小时，应考虑到路径的距离（进给）和机床的运动学因素。系数越大，轨迹间的连接过渡越平顺，但是如果系数较大，将延长计算时间。图 4–104 中❷连接系数 = 0.5，图中❸连接系数 =2。

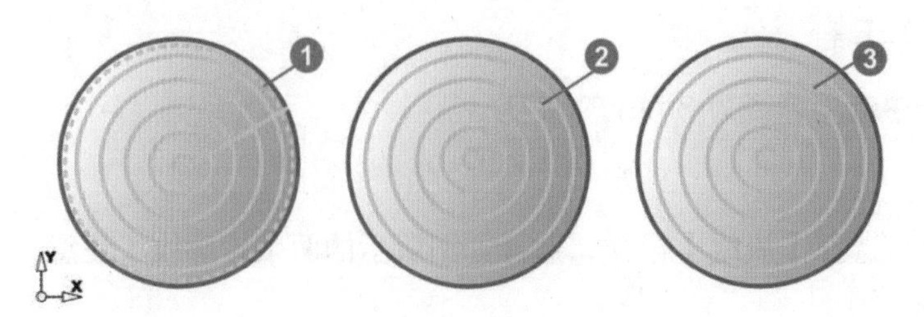

图 4–104 刀具路径连接

（5）附加曲面。

如图 4–105（a）所示，通过选择轮廓曲线（❶和❷）和驱动曲面❸加工陡峭区域。所定义的轮廓曲线必须位于所选的驱动曲面区域内。此方法确保了即便在陡峭区域，也不会有残留毛坯❹。

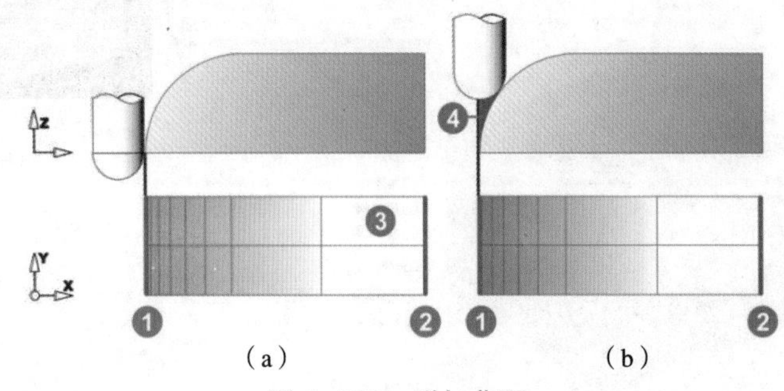

（a） （b）

图 4–105 附加曲面

2）【流线】横向进给策略

此策略尤其适用于 HSC 加工。

（1）轮廓曲线：流动轮廓需要两条引导曲线（如图 4–106❶、❷所示），每条引导曲线不相互交叉，而且方向相同。

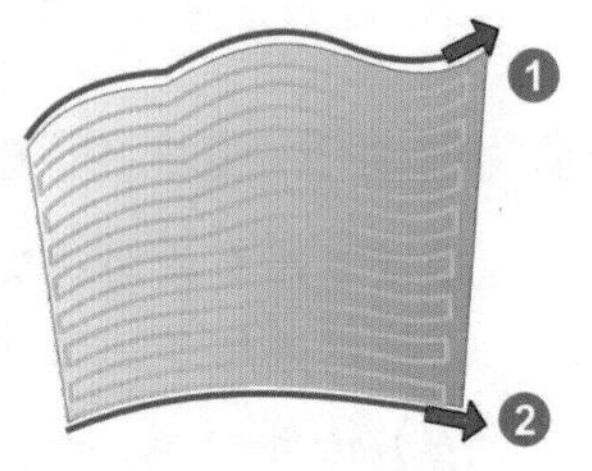

图 4–106 流线轮廓

（2）反转方向。

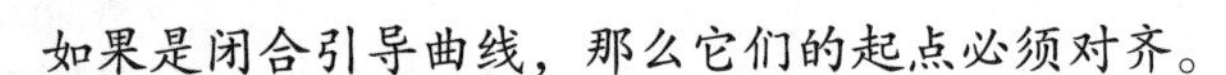

如果方向相反的两条引导曲线，则要逆转其中一条引导曲线的方向（第 1 条 / 第 2 条轮廓）。

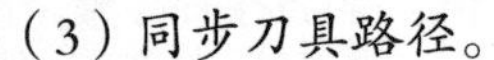

如果是闭合引导曲线，那么它们的起点必须对齐。

（3）同步刀具路径。

均匀：两条导向曲线被分成相同数目的区段，如图 4–107（a）所示。相应部分区段的起始点及终止点是相连的。可以选择【同步线】来进行分段

距离：这里同步利用了第一及第二导向曲线间各个情况中最短距离的线条。确保在第二条曲线上，为第一条曲线的每一点分配一个独有的对应点，且从刀具轴的方向出发，第二点离第一点有距离为最短，如图 4–107（b）所示。

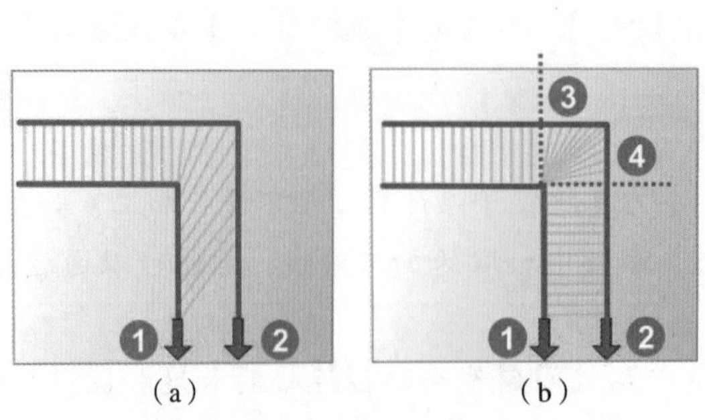

（a） （b）

图 4–107 同步刀具路径

5. 设置参数选项卡

如图 4–108 所示，设置【参数】选项卡。

6. 生成刀路

默认其他选项卡的设置，生成刀路，刀路如图 4–109 所示。

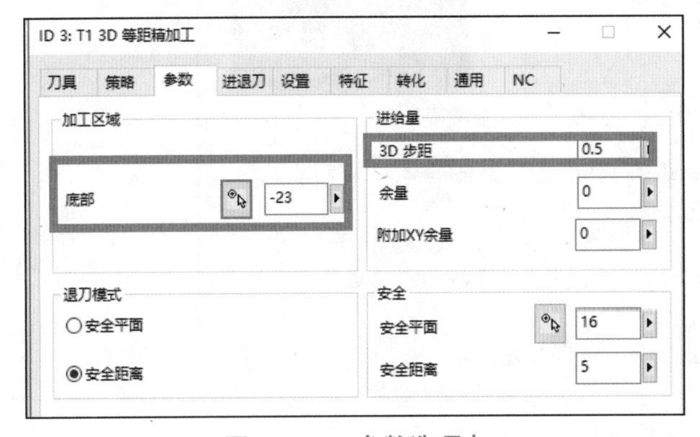

图 4–108　参数选项卡

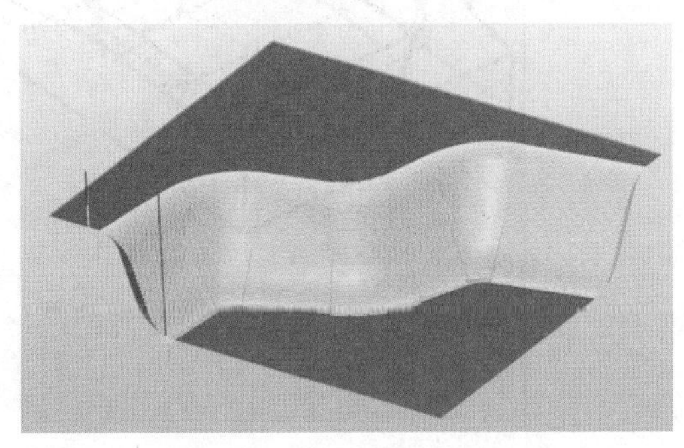

图 4–109　等距精加工刀路

4.3.3　3D Z 轴形状精加工策略

Z 轴形状精加工策略主要用来使用单向或 Z 形路径加工陡峭区域。还可选用平行于任意形状的切削层替代 Z 层切削，以减少与相应几何形状相关的退刀运动。如图 4–110 所示。

如图 4–111 所示的零件型腔壁特别适合用 Z 轴形状精加工策略来进行精加工。本节以此为例，介绍 Z 轴形状精加工策略的使用。

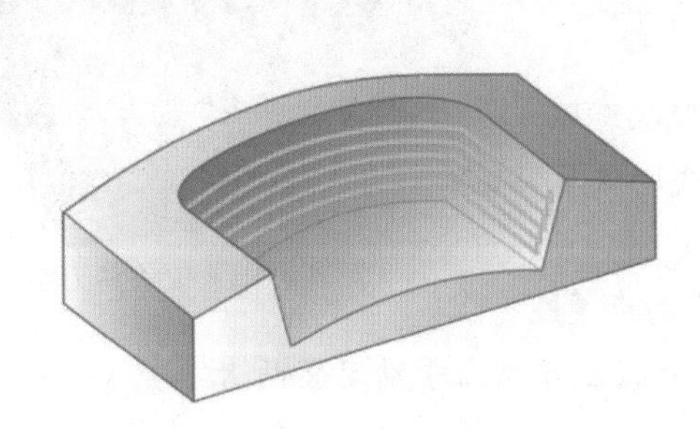

图 4–110　Z 轴形状精加工

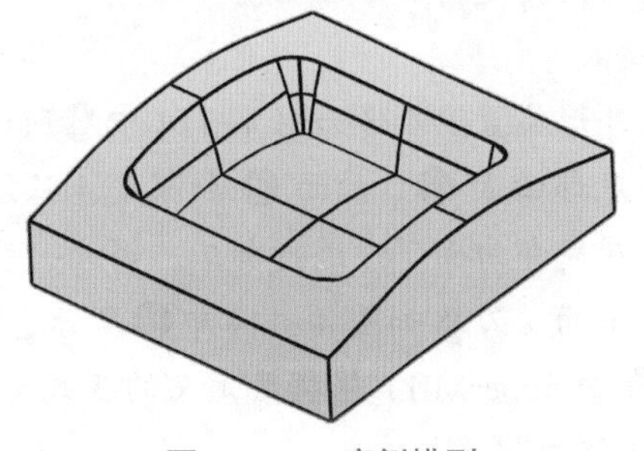

图 4–111　案例模型

1. 打开文件“Z 轴形状精加工 .hmc”

该零件已经用 3D 任意毛坯粗加工策略完成了粗加工，用 3D 投影精加工完成了平坦面（上表面和型腔底面）的精加工。

2. 新建 Z 轴形状精加工工单

3. 在【刀具】选项卡中选用球径为 6mm 的锥度球刀

4. 设置策略选项卡

设置【策略】选项卡，选择【形状偏置】模式，形状偏置选项需要选择一组底面，这些底面在向工单坐标系 XY 平面内的投影中形成包含被加工面的区域。在这里，选择型腔底部的辅助曲面作为底部曲面（注意：作为底部曲面的辅助曲面要大于底面，需要加工的陡峭面沿 Z 轴的投影必须在辅助面内才能生成刀路）。如图 4–112 所示。

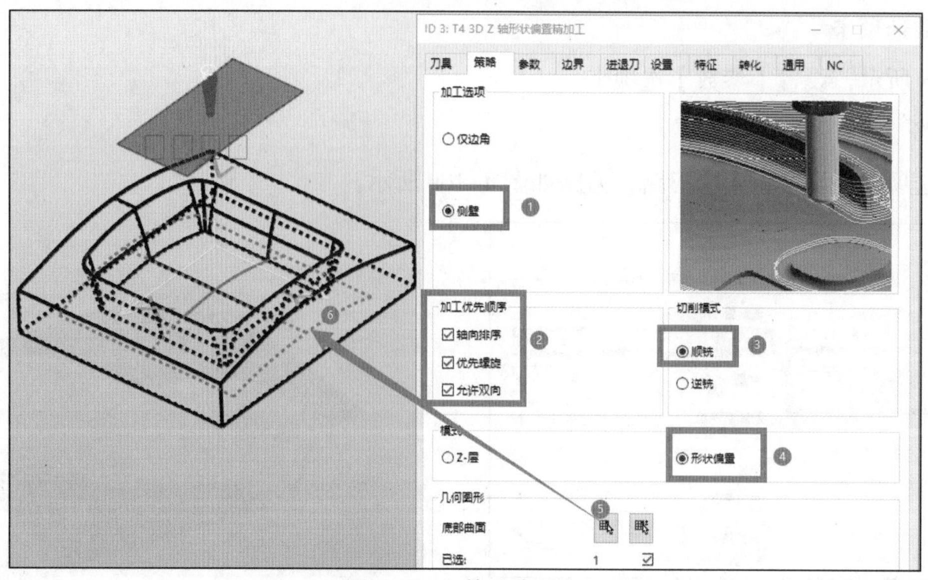

图 4-112 策略选项卡

策略选项卡中参数介绍

1）加工选项

（1）仅边角：仅适用外形偏置模式。所有侧壁都将在一次轴向进给中得到加工。刀路如图 4-113 所示。

（2）侧壁：所有侧壁将在多重轴向进给中得到加工。利用边界曲线或铣削曲面指定待加工区域。

图 4-113 仅边角刀路

2）模式

（1）外形偏置：刀路如图 4-114 中Ⓐ所示，刀具路径的形状遵照所定义的底部曲面❷。曲面❸和深度④必须定义成底部曲线的偏置量。无法在底部曲面下方进行加工。因此，参数深度必须≥ 0。

（2）平面：刀路如图 4-114 中Ⓑ所示，加工逐层进行。曲面❸和深度❹由 hyperMILL 根据已定义的模式自动定义。或者可直接在模型上手动定义两者。

3）几何形状

底部曲面：帮助定义刀具路径形状和垂直加工区域的附加曲面，如图 4-114 中❷所示。如果未定义任何铣削曲面或边界曲线，则底面（从 Z 轴方向看）必须包括整个模型。如果未定义任何铣削曲面或边界曲线，则底部曲面（从 Z 轴方向看）必须包括加工区域。

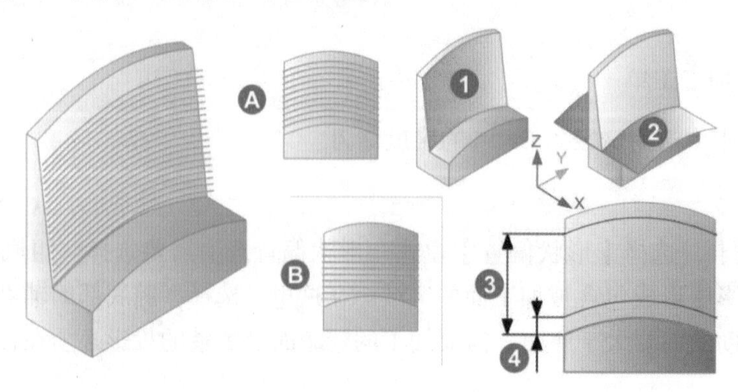

图 4-114 加工模式

5. 设置参数选项卡

如图 4–115 所示，设置【参数】选项卡，由【顶部】和【底部】确定加工区域高度范围。

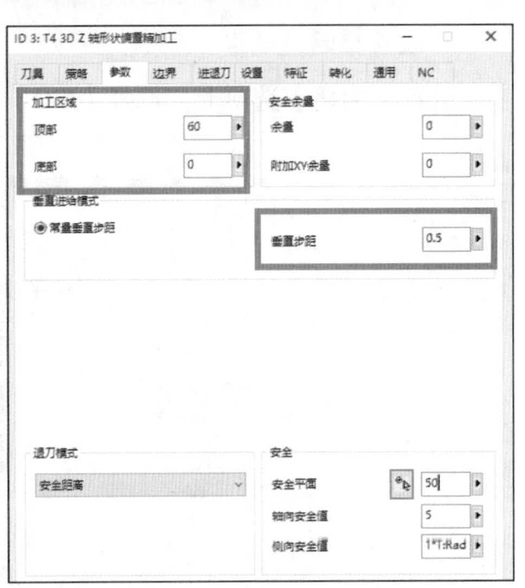

图 4–115　参数选项卡

6. 设置边界选项卡

如图 4–116 所示，在【边界】选项卡中选取型腔表面的边缘线作为边界，确保加工面不超出所选的底面曲面。

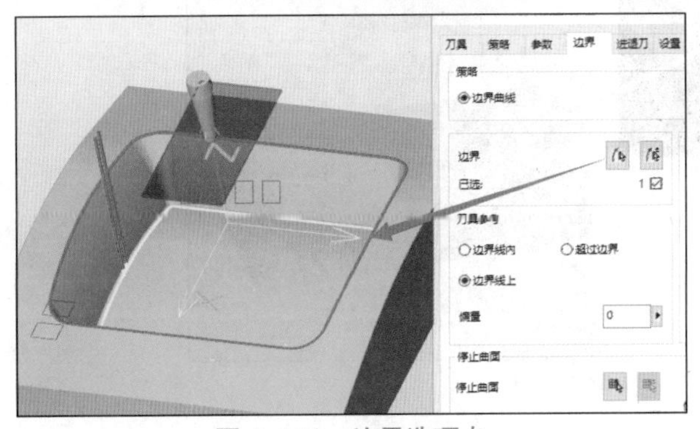

图 4–116　边界选项卡

7. 生成刀路

默认其他选项卡的设置，生成刀路，刀路如图 4–117 所示。

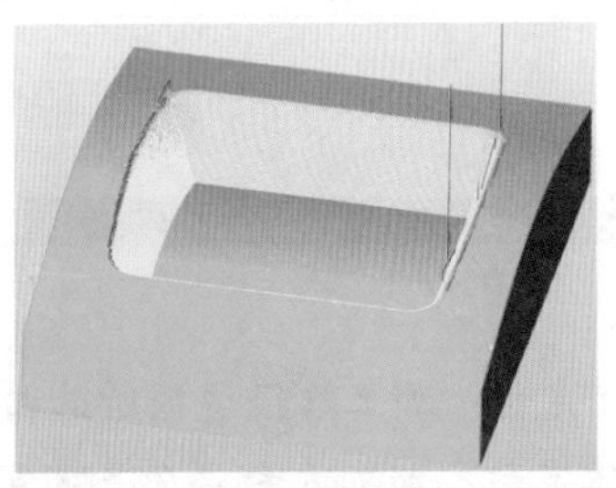

图 4–117　Z 轴形状精加工刀路

4.3.4　3D ISO 加工策略

该加工循环主要用来对单个或较不连续曲面进行精确加工。加工轨迹沿循曲面（U，V）线路，以便与曲面流线充分配合，如图 4–118 所示如果满足下列条件可以在一次工单中对几个相邻曲面进行加工：

（1）在这些曲面的参数线之间有平滑过渡。

（2）未经过裁剪曲面。

加工区域内的裁剪曲面将不会被连续加工。每个曲面都单独加工。参数线加工策略特别适合以链式或圆环式分布的曲面加工。

本节以如图 4–119 所示的零件为例，介绍 3D ISO 加工策略的使用。

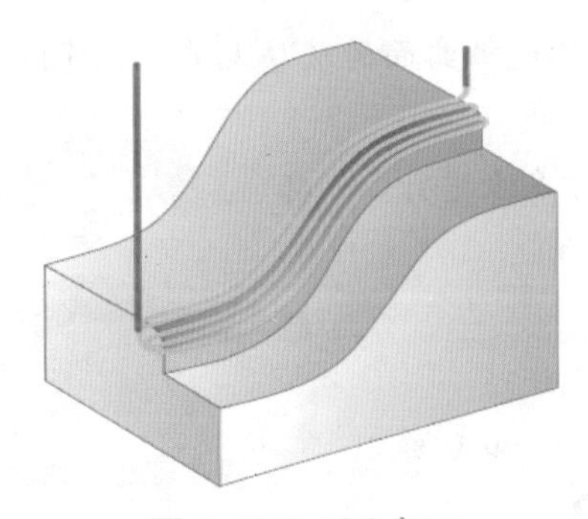

图 4–118　ISO 加工

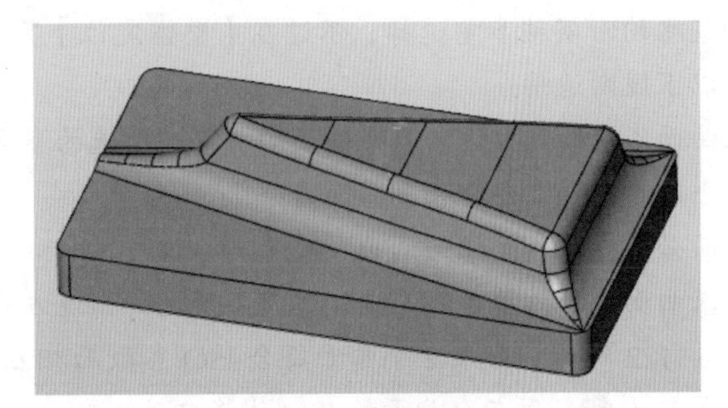

图 4–119　案例模型

1. 打开文件“3D ISO 加工 .hmc”

该零件已经用 3D 优化粗加工策略完成了粗加工，用 3D 平面加工完成了底面的精加工。

2. 新建 3D ISO 加工工单

3. 在【刀具】选项卡中选用球径为 12mm 的球刀

4. 设置策略选项卡

设置【策略】选项卡，选择【ISO】模式，选择如图所示的模型凸起部分的所有曲面。如图 4–120 所示。

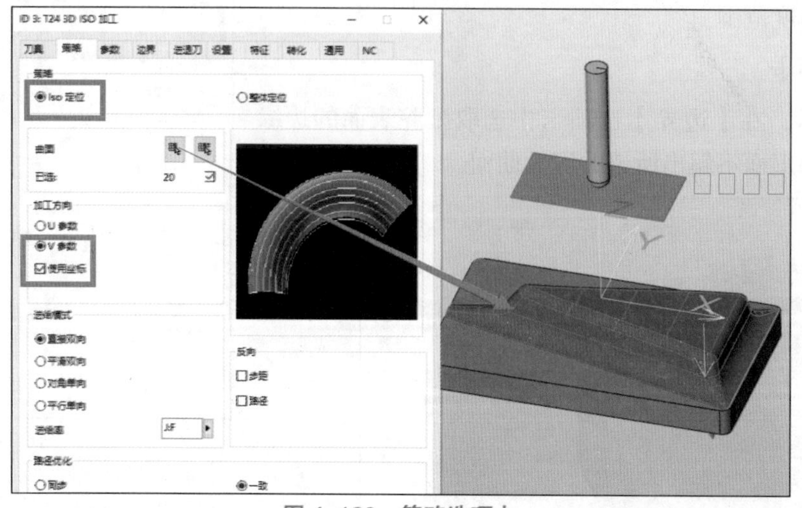

图 4–120 策略选项卡

策略选项卡中参数介绍

1）策略

（1）ISO 定位：加工路径遵循所选曲面的参数线（U，V）线路。

（2）整体定位：加工方向要么是贯穿，要么是流向，即与所选面的最长边界曲线平行。理想情况下，这些面不应有 2 个以上的相邻面。相邻还包括通过边界曲线接触，但不包括通过孤立点接触。

在图 4–121 中：

❶：所有选定的面都最多有 2 个相邻面，并适合加工。得出的铣削路径是最优路径。

❷：面 1 至 4 每个都有 3 个相邻面，不适合加工。得出的铣削路径并非最优路径。

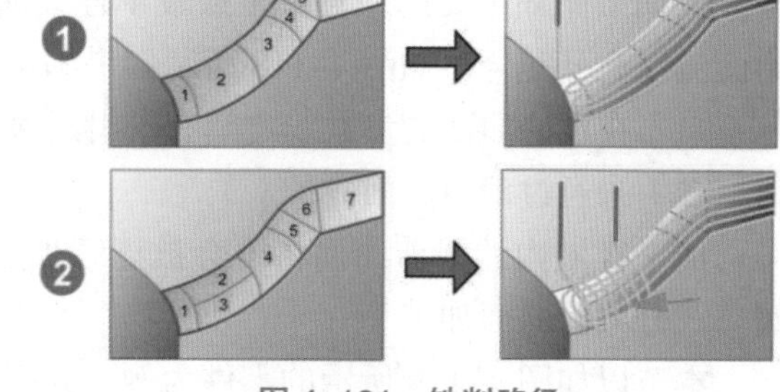

图 4–121 铣削路径

3）曲面

两种策略均可实施多重选择，不过在【整体定位】策略中，与你选择曲面的顺序无关。在【ISO 定位】策略中，以下规则适用：

独立曲面不应距离太近。每个曲面的加工在所选的参数线参数方向上进行。

在一个边界内加工几个相邻曲面时：

①曲面必须相连，无任何间隙。

②要求曲面边缘的参数线有流线过渡。不允许出现方向改变或跳跃。

如图 4–122 所示，如果 2 个曲面符合 ISO 参数而相互交接，但 U 和 V 线以相反的方式定义❶，第二个曲面的 ISO 线将自动适应第一个曲面❷。

图 4–122 曲面策略

4）贯穿 / 流线（策略：整体定位）

加工方向要么是贯穿，如图 4–123（a）所示，要么是流向，如图 4–23（b）所示，要么与所选曲面的最长边界曲线平行。

5）路径优化

仅针对 ISO 定位策略提供。

（1）一致：路径均匀分布（整个面上路径之间的距离是一致的），如图 4–124（a）所示。

（2）同步：路径从要加工的面中心出发，进行对称分割（整个曲面上路径之间的距离不一致），如图

4–124（b）所示。

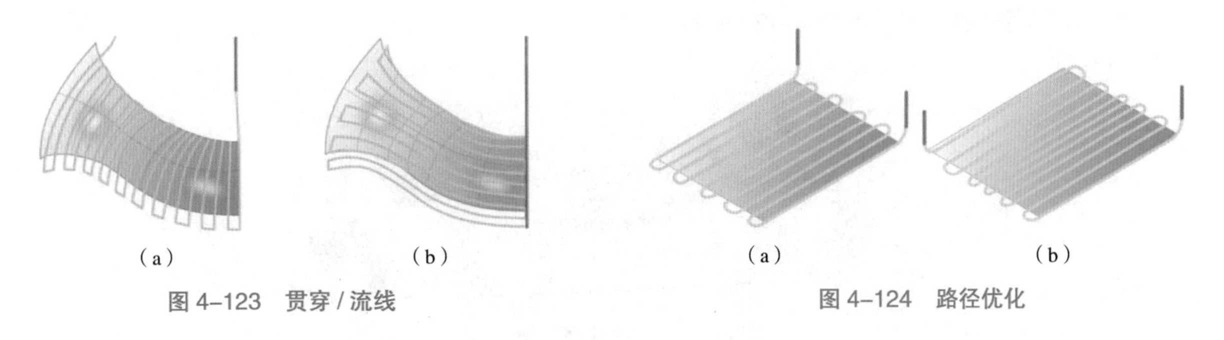

（a）（b）

图 4–123 贯穿 / 流线

（a）（b）

图 4–124 路径优化

5. 设置参数选项卡

如图 4–125 所示，设置【参数】选项卡。

6. 生成刀路

默认其他选项卡的设置，生成的刀路如图 4–126 所示。

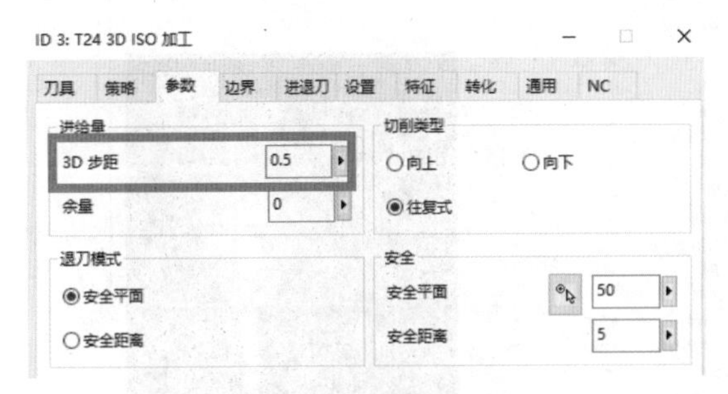

图 4–125 参数选项卡

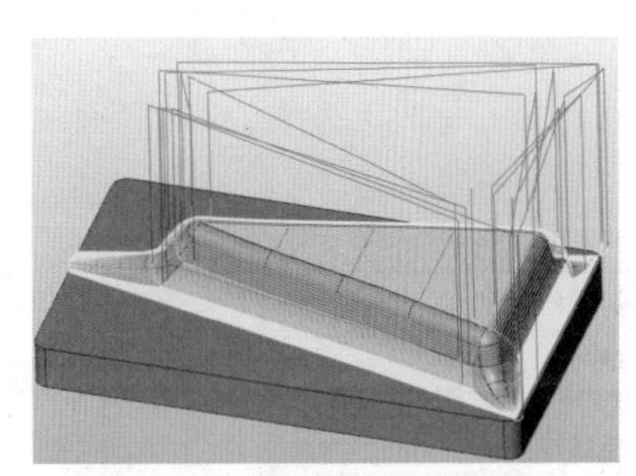

图 4–126 ISO 加工刀路

4.3.5 3D 再加工策略

3D 再加工策略可以用于对使用修剪选项而在参考工单中生成的但因检测到碰撞而不能加工的预先计算刀具路径进行加工。再加工是可以应用不同的刀具，以避开参考工单中探测到的碰撞区域。

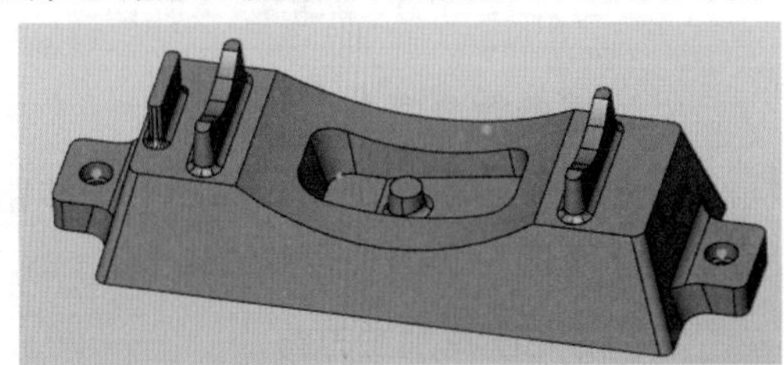

图 4–127 案例模型

本节以图 4–127 所示的零件的精工路径的生成来介绍 3D 再加工策略的使用。首先使用已有的刀具生成精加工刀路，如果刀具长度不够，将会停止刀路的生成，这时修改【设置】选项卡，生成能够用这把刀能够完成加工的安全刀路，那些干涉部分的刀路，可以用一把足够长的刀具使用 3D 再加工策略来完成。

1. 打开文件“3D 再加工 .hmc”

该零件已经用 3D 优化粗加工策略完成了粗加工。

文件中生成了 3D 等高精加工工单，该工单使用的刀具带有刀柄，刀具露出刀柄的长度为 30mm，由于伸出长度不够，导致刀柄与工件干涉，停止了刀路的生成。

2. 设置设置选项卡

双击“3D 等高精加工”工单，切换到设置选项卡，选择【分割】选项，如图 4–128 所示。此项设置是用这把刀继续完成能够加工的区域，干涉区域不生成刀路。

图 4–128 设置选项卡

3. 生成 3D 等高精加工刀路

生成的 3D 等高精加工刀路如图 4–129 所示。

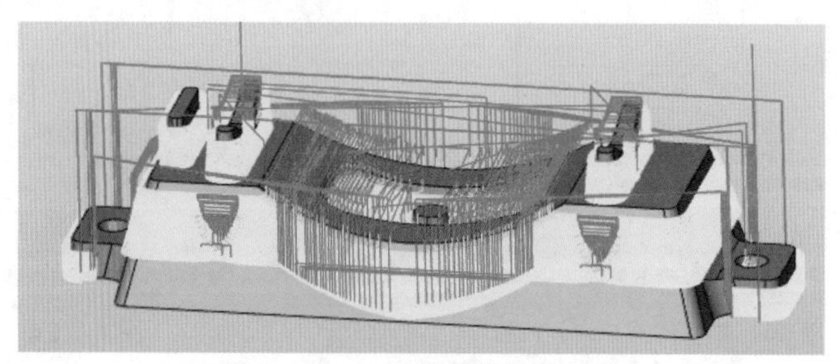

图 4–129 3D 等高精加工刀路

4. 新建“3D 再加工”工单

选择如图 4–130 所示的等高精加工作为参考工单，并选择“用参考工单数据覆盖现有参数”。

5. 新建刀具

在【刀具】选项卡中新建一把球刀，球径为 8mm，设置参数。如图 4–131 所示。

图 4–130 新建 3D 再加工

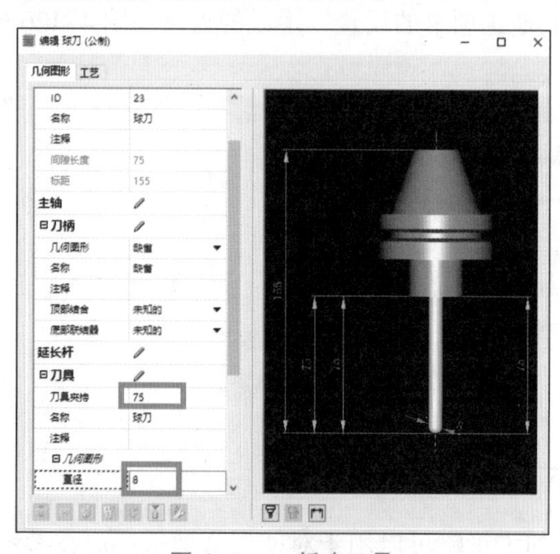

图 4–131 新建刀具

6. 设置参数选项卡

设置【参数】选项卡，选择【干涉路径】模式，即只生成参考工单中干涉的刀路，不生成整个刀路。图 4–132 所示。

7. 生成 3D 再加工刀路

默认其他选项卡中的设置生成刀路，刀路如图 4–133 所示。

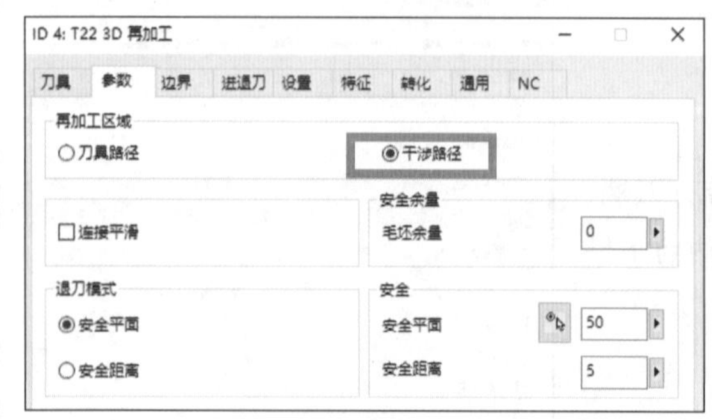

图 4–132 参数选项卡

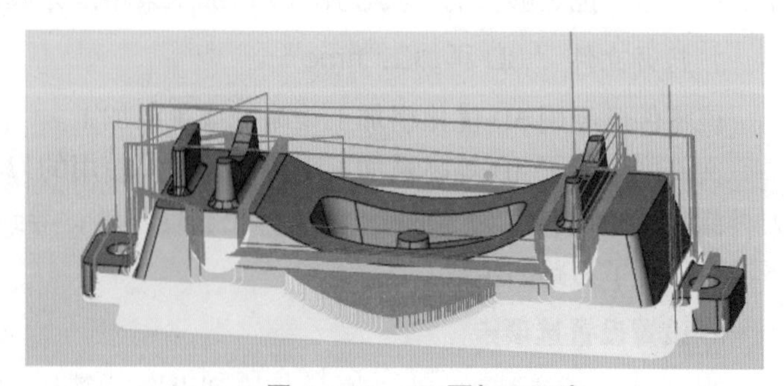

图 4–133 3D 再加工刀路

第五章 五轴加工

hyperMILL 提供五轴型腔循环和五轴曲面循环两大刀路策略来进行五轴零件的加工，还提供叶轮加工、叶片加工、通道加工等专用加工策略。

一、型腔循环

型腔加工软件包中的循环主要用于对 3 轴加工效果不好的陡壁深腔区域而进行 5 轴加工。关于刀轴运动行为，有以下三种方法：

（1）固定倾角：加工时，刀轴倾斜角度固定，即定轴加工，也称为：“3+2”定向加工。

（2）联动加工：即五轴联动加工。hyperMILL 有下列联动控制策略可供使用：自动、径向 Z、手动曲线和偏置曲线。

（3）自动分度：再生成刀具路径时，自动将刀具路径分割成多个定轴加工区域，以定轴加工为主，但刀具在不同定轴加工区域过渡时，可实施多轴联动来完成。

型腔循环有以下几种加工策略

（1）5X 等高粗加工：在 3D 等高粗加工模式下加工型腔并附带干涉避让功能。如果出现碰撞，将自动转换到 5X 等高粗策略，如图 5-1（a）所示。

（2）5X 等高精加工：对平面或具有陡峭曲面的型腔进行加工，加工层面之间可实行平滑转换，如图 5-1（b）所示。

（3）5X 投影精加工：为平坦和 / 或略微弯曲的曲面进行精细加工。用途仅限于 5 轴粗加工。多核支持可改善刀具路径计算期间的性能，如图 5-1（c）所示。

（4）5X 等距精加工：加工型腔的底部区域及起伏不大的弯曲曲面结构，可在各个刀具路径之间实行平滑转换，如图 5-1（d）所示。

（5）5X 清根加工：残料加工包括 3D 加工的所有策略变化。还具备额外的刀轴倾斜功能，可减少细长刀具悬伸长度，如图 5-1（e）所示。

（6）5X 自由路径加工：自由路径铣削可实现沿着自由指定的中心点路径，进行经过碰撞检查的多轴加工，可对倒扣区域进行加工，如图 5-1（f）所示。

（7）5X 再加工：为任何先前的参考工单进行 5X 加工计算。因此可将先前因碰撞隐藏的刀具路径进行 5X 再加工，通过 5X 再加工策略中的自动碰撞检查确保所选刀具绝对避免碰撞，刀路如图 5-1（g）所示。

（8）5X 边缘加工：可以实现在没有导向曲面的情况下，加工带有倒扣的 3D 切削边，可自动计算刀具倾角及自动定位，如图 5-1（h）所示。

（9）5 轴优化残余粗加工：使用更短的刀具优化残余材料区域的加工。将基于最小毛坯的毛坯模型和用户定义值计算残余材料区域。每次材料去除之后，刀具路径将与针对毛坯模型检查碰撞的 G0 运动相连接。通过曲面选择为 B 或 C 轴预定义的角度限值确定刀具方向。按最大毛坯去除或通过选择刀具方向的曲面或通过最先移动的轴（C 轴 /B 轴）的默认排序残料区域。

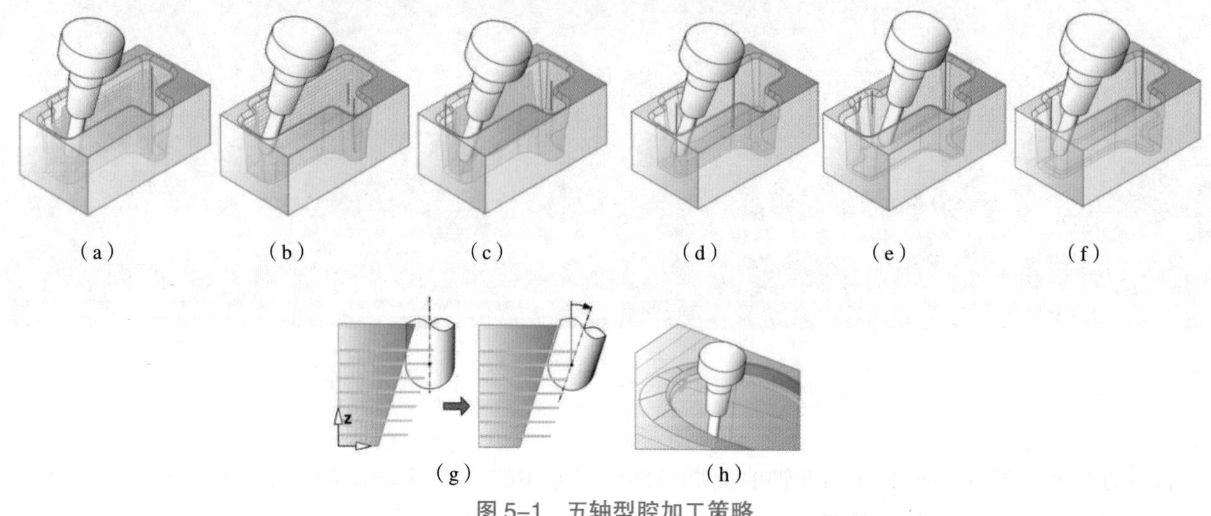

图 5-1 五轴型腔加工策略

二、曲面循环

曲面加工循环主要用于加工略微弯曲的曲面及有规则曲面的几何体。刀具的倾角通常由所选曲面或导向曲面的曲面法线确定。所有用来确定刀具铣削行为的额外元素（点、线、轮廓）必须落在欲加工的曲面上。

曲面循环概述：

（1）5X 端面铣削：在铣削中，刀具倾斜角度是通过接触点的表面法线进行计算。刀具路径可定向至 X 轴或 Y 轴或一个可自由定义的轮廓，如图 5-2（a）所示。

（2）5X ISO 端面铣削：铣削时，接触点的刀具倾角是在进给方向上，用一个可自由指定的与面法线的倾斜角度计算得出的。刀具路径被定向至曲面的 U 向或 V 向线条中，也可以是所选的同步线条，如图 5-2（b）所示。

（3）5X 轮廓加工：5X 轮廓加工特别适合于以规定的刀具倾角（相对于曲面）进行铣削，如开槽、切边或雕刻等等。通过选用同步直线，可以手动调节刀具倾角。如图 5-2（c）所示。

（4）5X 单曲线侧刃加工：这种循环用于容许铣削刀具沿一根线条跟曲面接触的规则曲面。轴方向上的加工区域是根据轮廓曲线定义的，如图 5-2（d）所示。刀具倾角是由要加工的曲面确定的。

（5）5X 双曲线侧刃加工：这种循环用于容许铣削刀具沿两根线条跟曲面接触的规则曲面。轴向加工区域也是根据轮廓曲线定义的，如图 5-2（e）所示。跟侧刃切单曲线不同的是，这里的刀具倾角是由另外一条轮廓曲线定义的。

（6）5X 外形偏置粗加工：使用统一余量对小曲度曲面进行粗加工，因此路径跟随所选驱动曲面。可为加工定义底部曲面，如图 5-2（f）所示。

（7）5X 外形偏置精加工：使用统一余量对小曲度曲面进行精加工，因此路径跟随所选驱动曲面。可为加工定义底部和顶部曲面，如图 5-2（g）所示。

（8）切向平面加工（MAXX Machining）：使用圆桶刀精加工平面曲面。仅通过自动调整刀具与要铣削曲面的倾角进行。自动碰撞检查可保证最优的流程安全性。通过将加工策略和刀具形状相结合，可提高加工效率，如图 5-2（h）所示。

（9）切向加工：通过自动生成的 ISO 曲线或 Z 常量曲线，定义刀具的接触点。可以选择手动生成曲线。碰撞避让和自动生成的进刀和退刀宏确保最佳的刀具路径，如图 5-2（i）所示。

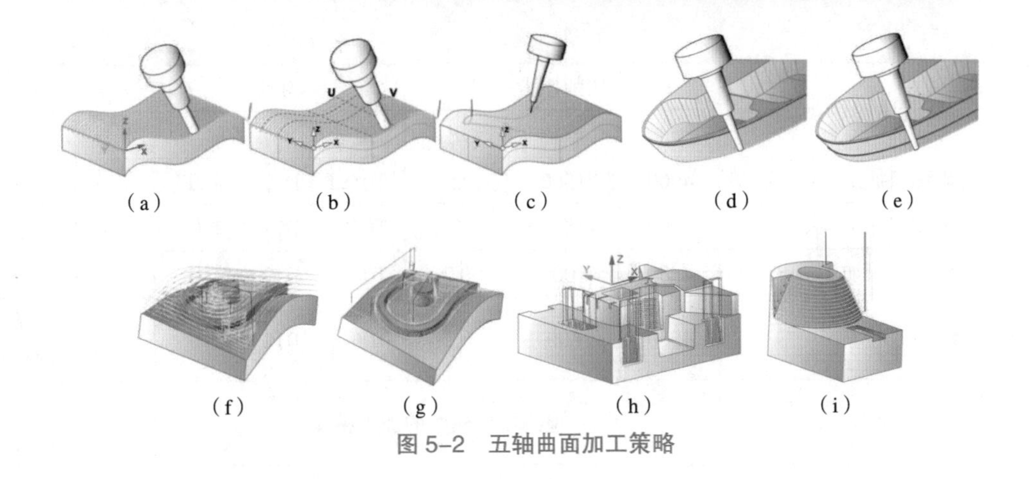

图 5-2 五轴曲面加工策略

5.1 案例 1——“3+2”定轴加工

“3+2”定轴加工就是将刀具轴通过两根旋转轴的运动定向到合适的位置，然后在加工过程中，刀具轴保持此方位不变，其他三根轴进行运动完成的加工。本节以图 5-3 所示的案例来介绍“3+2”定轴加工。

图 5-3 案例模型

5.1.1 工艺路线规划及刀具策略选择

图 5-8 所示零件主要的结构有斜面及其上的孔，及顶面和四个侧面上的型腔和孔。型腔的最小内槽圆角半径为 10mm，最小圆柱孔的直径为 16mm。为了编程方便，把所有圆柱孔当作型腔来处理，所有结构的加工采用直径为 12mm 的立铣刀来完成。具体步骤如下：

（1）采用定轴加工方式，用 3D 优化粗加工策略加工斜面。

（2）进行型腔参数设置，识别出全部型腔特征。

（3）基于型腔特征建立型腔粗加工（2D 型腔加工）、型腔底面精加工（2D 型腔加工）及型腔轮廓精加工刀路（基于 3D 模型的轮廓加工）。

（4）基于特征建立宏。

（5）应用宏技术完成全部型腔特征的刀路生成。

加工工序卡如表 5-1 所示。

表 5-1 案例 1 加工工序卡

数控加工工序卡								
零件名称		5X 案例 1	零件图号		2020WX-1	夹具名称		平口钳
设备名称及型号		DMU60 monoblock						
材料名称及牌号		AL6061	工序名称		加工中心加工	工序号		10
工步号	工步内容	切削用量			刀具		量具	
		n	V_f	a_p	编号	名称	编号	名称
10	零件装夹与对刀	用平口钳装夹零件，露出 35mm，工件坐标系原点设置在零件上表中心，工件长边与 X 轴平行						钢直尺

续表

工步号	工步内容	切削用量			刀具		量具	
		n	V_f	a_p	编号	名称	编号	名称
20	斜面粗加工	4000	1500	2	T05	D12 立铣刀		游标卡尺
30	型腔粗加工	4000	1500	2	T05	D12 立铣刀		游标卡尺
40	型腔底面精加工	4500	1000	0.2	T06	D12 立铣刀		深度尺
50	型腔轮廓精加工	4500	800	0.2	T06	D12 立铣刀		游标卡尺 内外径千分尺
60	检验	检测零件模型的加工精度						游标卡尺 内外径千分尺

5.1.2 斜面加工

1. 生成工单列表

打开文件“第五章 \3+2 定轴加工 .hmc”，利用【项目助手】快速生成工单列表。

2. 新建工作平面

如图 5-4 所示，在斜面上新建一个工作平面，注意 Z 轴正向朝上。

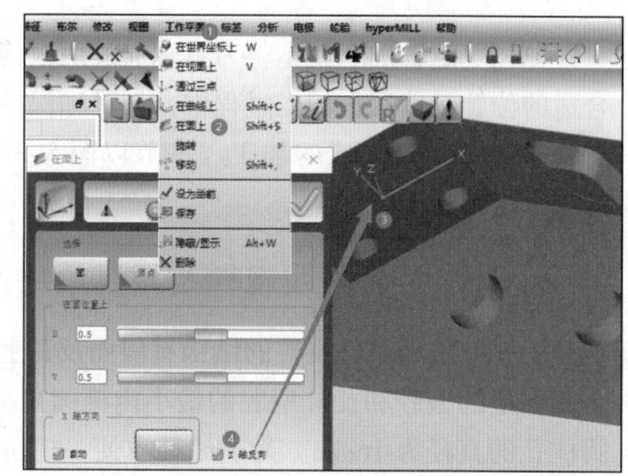

图 5-4 新建工作平面

3. 新建【3D 优化粗加工】工单

4. 设置刀具选项卡

如图 5-5 所示，在【刀具】选项卡中新建或从刀库中选用一把直径为 12mm 立铣刀，再点击新建坐标系图标，为斜面的加工建立一个 Z 轴垂直于斜面的加工坐标系。

2D 刀路策略和 3D 刀路策略都可以用于“3+2”定向加工，定向加工的关键就是在此建立一个合适的加工坐标系，此坐标系是用来确定刀轴的，所以坐标系原点可以随意设置，但其 Z 轴就是刀轴方向，所以要确保 Z 轴的方位符合加工要求。

像这种在工单中建立的坐标系不是 G54 坐标系（工单列表中定义的坐标系才是工件的 G54 坐标系），而是定向坐标系，它定义当前的加工面和方位。此坐标系建立后，刀具到位点的坐标由后处理器进行处理，不需要用户关注。

如图 5-6 所示，使用工作平面中的坐标系作为定向坐标系。当然也可以在对话框中采用其他方式来建立定向坐标系。

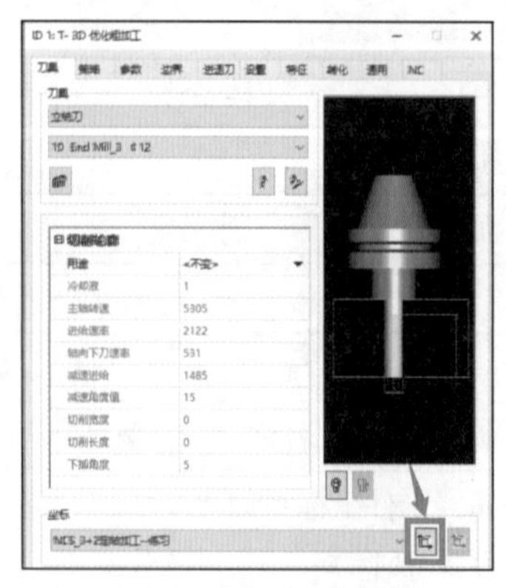

图 5-5 刀具选项卡

图 5-6 定义加工坐标系

5. 设置参数选项卡

如图 5-7 所示，设置【参数】选项卡。

6. 设置边界选项卡

如图 5-8 所示，在【边界】选项卡中选取斜面作为刀路的边界。

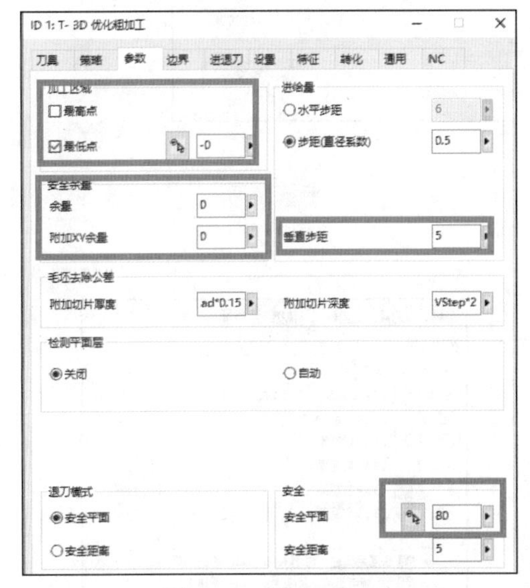

图 5-7 参数选项卡

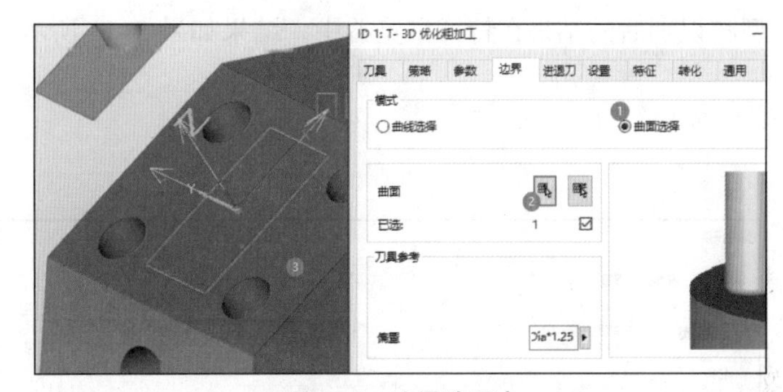

图 5-8 边界选项卡

7. 设置设置选项卡

如图 5-9 所示，设置【设置】选项卡。

8. 生成刀路

默认其他选项卡的设置生成刀路，完成斜面的加工，其刀路如图 5-10 所示。

图 5-9 设置选项卡

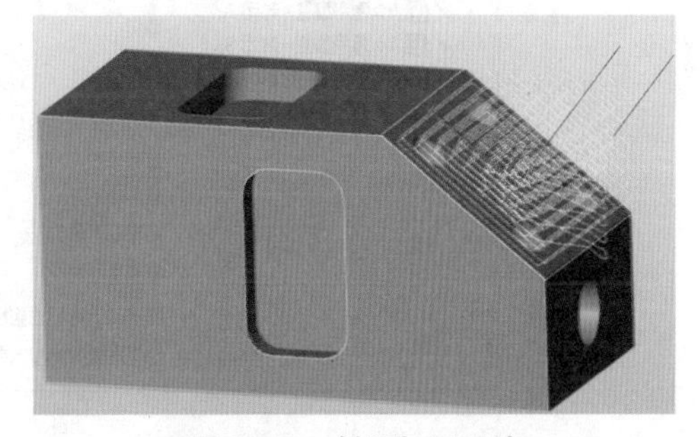

图 5-10 斜面加工刀路

5.1.3 基于型腔特征宏的建立与应用

1. 型腔特征识别

按如图 5-11 所示在特征浏览器中右击鼠标，从弹出的快捷式菜单中选择【型腔识别】，再按如图所示进行型腔识别的设置，将最小的圆形型腔设置为直径 12mm，即直径大于 12mm 的圆柱孔当作型腔，不识别直径小于 12mm 的孔。

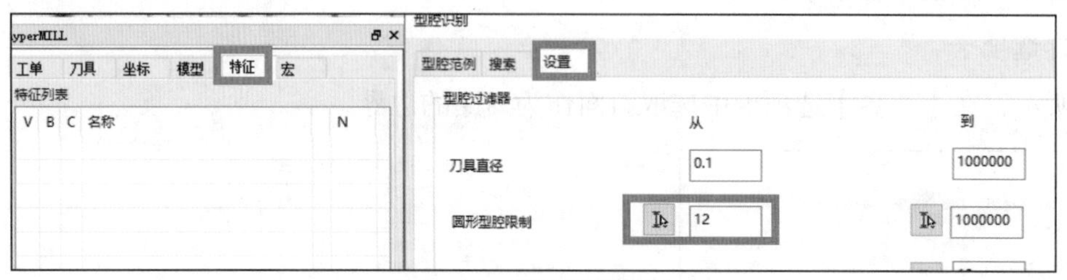

图 5–11 型腔特征识别

再点击图 5–12 中的【选择全部】按钮进行型腔识别。

型腔识别后的结果在特征浏览器中，结果如果 5–13 所示。

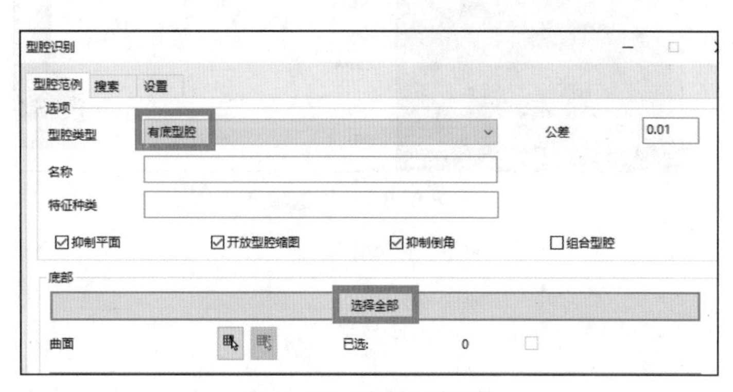

图 5–12 型腔识别设置

图 5–13 识别的特征

2. 建立型腔粗加工刀路

（1）如图 5–14 所示，在第一个特征上右击鼠标，从弹出的菜单中选择【型腔加工】。

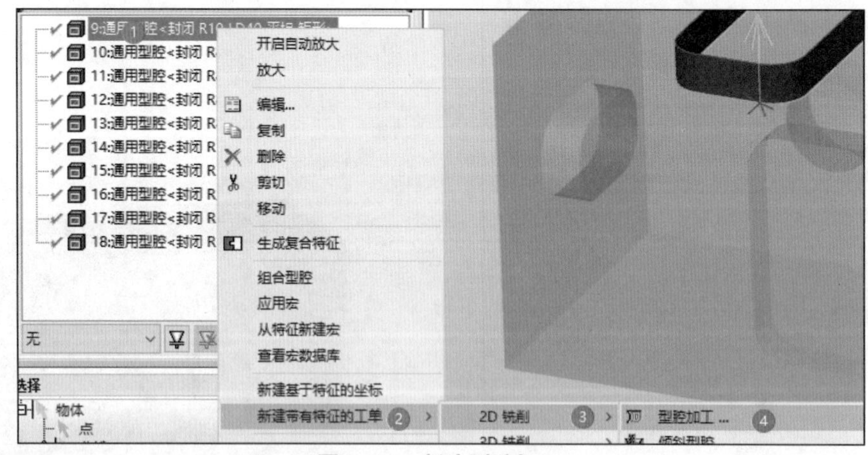

图 5–14 新建型腔加工

（2）在【刀具】选项卡中选择直径为 12mm 的立铣刀。

（3）在【策略】选项卡中选择【2D 模式】和【顺铣】。

（4）如图 5–15 所示，设置参数选项卡中的参数。

（5）在【高性能】选项卡中勾选【高性能模式】。

（6）如图 5–16 所示，在【通用】选项卡中将工单名称设置为“2：T10 型腔粗加工”。

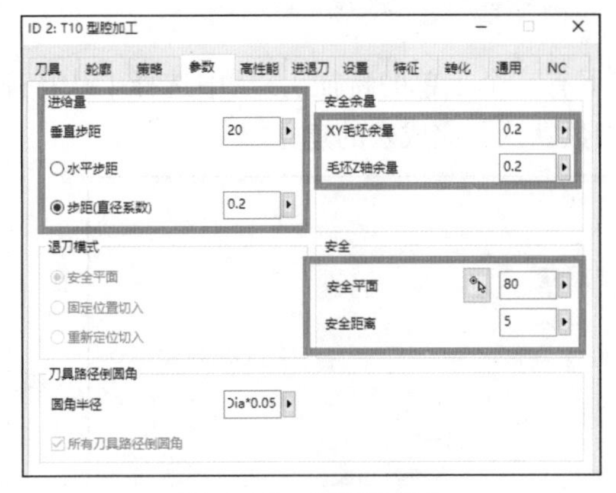

图 5–15 参数选项卡

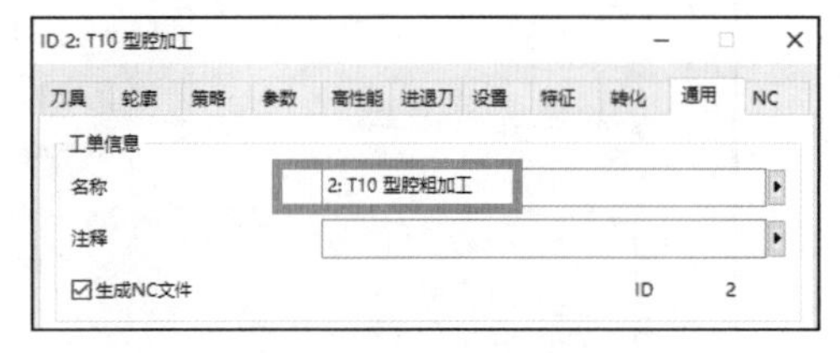

图 5–16 通用选项卡

（7）默认其他选项卡的设置生成刀路。

2. 建立型腔底面精加工加工刀路

重复上一步粗加工的方法，继续新建一条【型腔加工】工单，刀具还是选用直径 12mm 的立铣刀，与粗加工工单不同的是：

（1）不选用高性能模式。

（2）【参数】选项卡如图 5–17 所示设置。

（3）在【通用】选项卡中将工单名称设置为“3：T10 型腔底面精加工”。

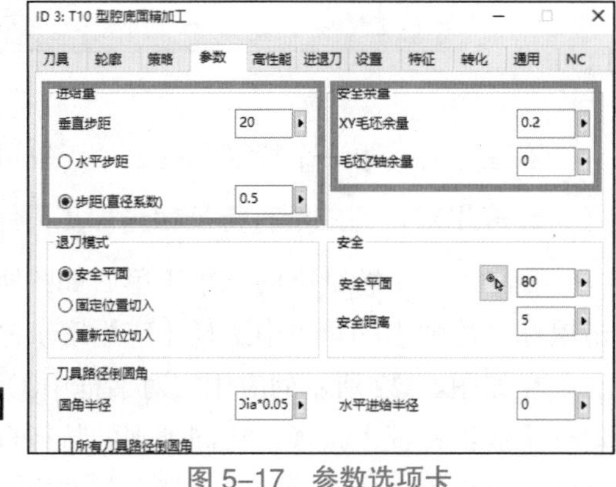

图 5–17 参数选项卡

3. 建立型腔轮廓精加工刀路

（1）如图 5–18 所示，新建一条【基于 3D 模型的轮廓加工】工单。

（2）刀具继续使用直径为 12mm 的立铣刀。

（3）如图 5–19 所示，设置【参数】选项卡。

（4）在【通用】选项卡中将工单名称设置为“4: T10 型腔轮廓精加工”。

（5）默认其他选项卡的设置生成轮廓精加工刀路。至此完成了型腔加工的刀路设置。

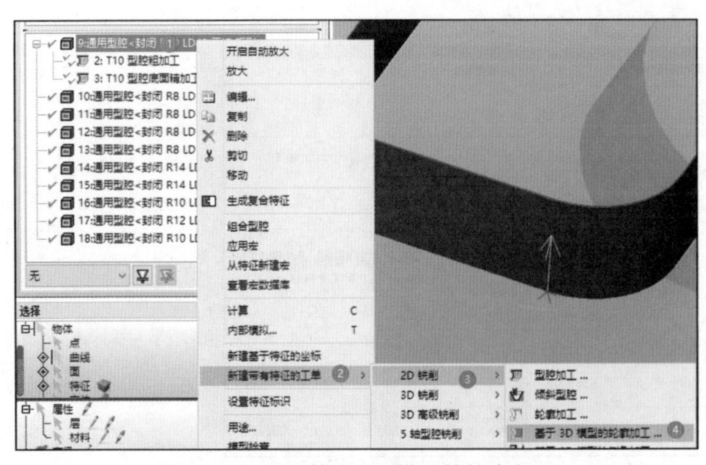

图 5–18 新建基于 3D 模型的轮廓加工

图 5–19 参数选项卡

4. 新建基于特征的宏

如图 5–20 所示，在特征浏览器中右击第一个特征（其下有三个工单的特征），从中选择【从特征新建宏】，然后在宏对话框中新建一个“有底型腔”组别，其他参数默认，完成宏的建立。

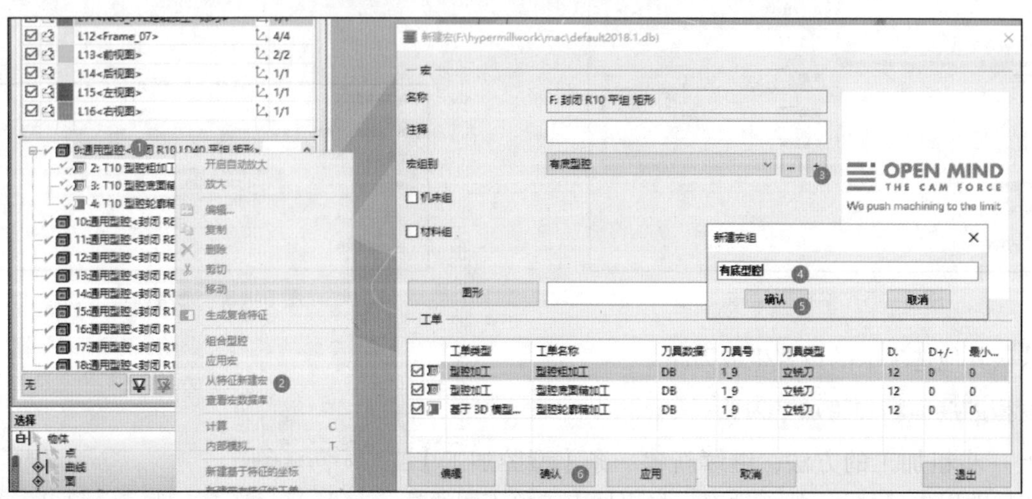

图 5–20 新建宏

宏建立后，第一个特征下的三个工单可以删除，删除后并不影响随后基于宏技术的刀路的生成。

5. 应用宏，完成所有特征粗精加工刀路的生成

删除第一个特征下的三个工单后如图所示选择全部特征，再右击鼠标，从弹出的菜单中选择【应用宏】命令，如图 5–21 所示。

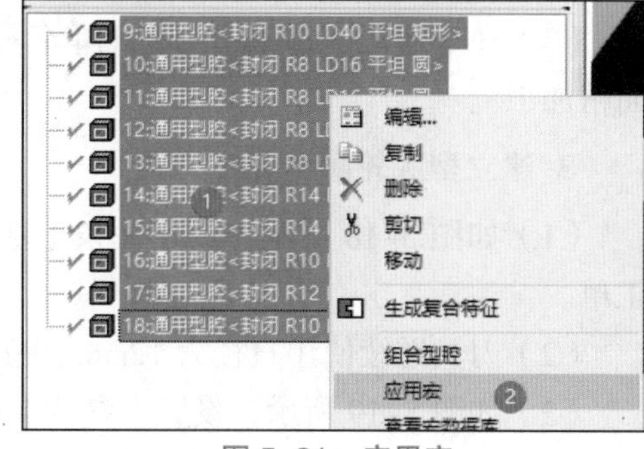

图 5–21 应用宏

在如图 5–22 所示的应用宏对话框中①区域，不勾选任何选项，勾选【成组特征】选项，将同类别的特征合并为一类。然后在其下面的窗口中每点击一种特征，就在其右边的窗口中只勾选【F: 封闭 R10 平坦矩形】（一共进行 4 次设置），完成后点击【确认】按钮退出，完成宏的应用。

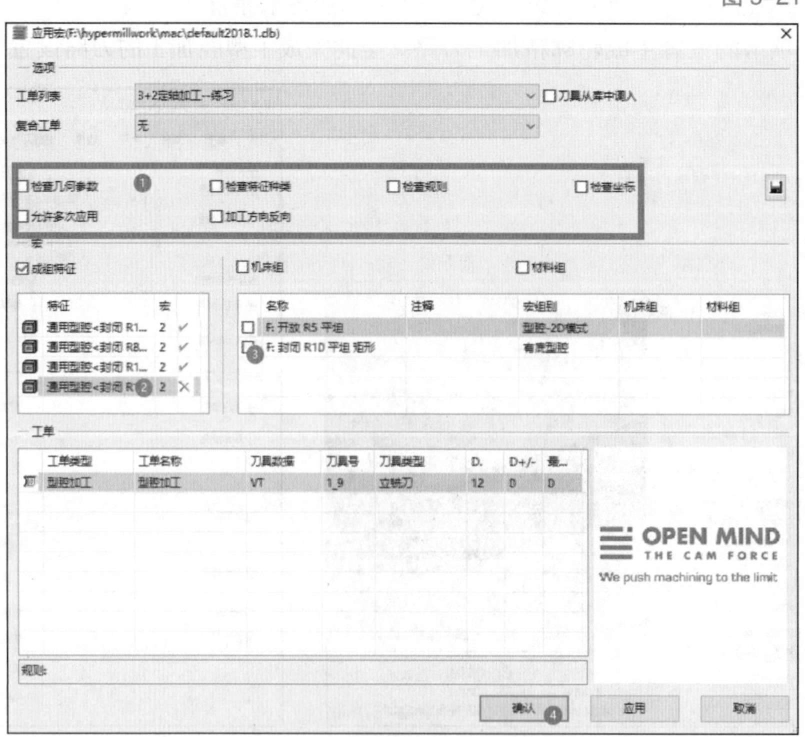

图 5–22 设置“应用宏”参数

6. 生成刀路

（1）应用宏之后，在特征浏览器中的每一个特征下均有如图 5-23 所示的三个工单。

（2）优化工单。在工单浏览器中，选择刚生成的工单（一共 18 个），右击鼠标，从弹出的菜单中选择【优化】。如图 5-24（a）所示。

优化后的结果如图 5-24（b）所示，优化工单后工单自动按型腔粗加工 > 型腔底面精加工 > 型腔轮廓精加工进行排序。

图 5-23 特征浏览器

（a）

（b）

图 5-24 优化工单及其结果

（3）生成工单。

选择上述 18 个刚生成的工单，点击计算图标，完成工单的生成。至此完成了这个零件的加工，仿真结果如图 5-25 所示。

我们从此例中可以发现：基于特征建立的“3+2”定向加工的刀路，其刀路的坐标系就自动采用了特征在识别过程中生成的坐标系，因此不需要我们再去建立。

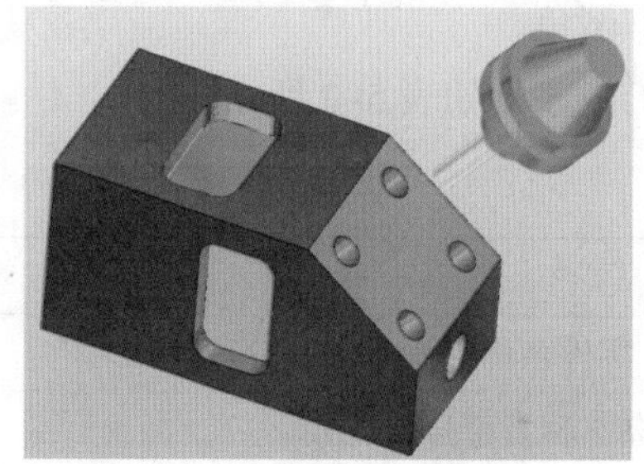

图 5-25 案例 1 仿真结果

5.2 案例 2——2018 年湖南省数控技能大赛实操试题零件 1

本节以 2018 年湖南省数控技能大赛实操试题中的零件为例（如图 5-26 所示），介绍其自动编程过程。

5.2.1 工艺路线分析与刀路策略选择

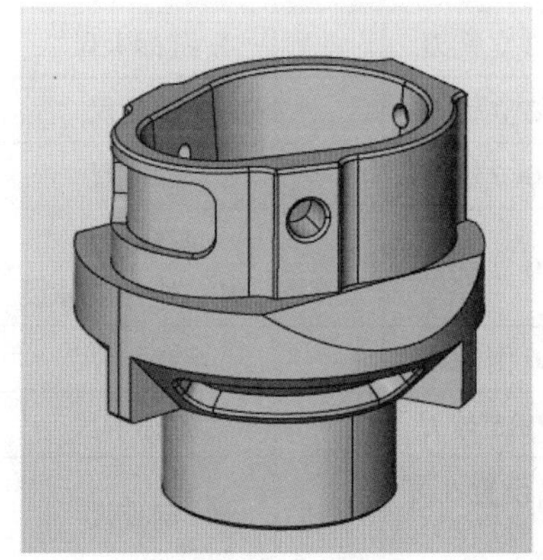

图 5-26 案例 2

我们将此零件分成底部结构、上部结构两个部分，具体的工艺路线是：先加工底部结构，再倒头加工上部结构，该零件的编程难点是顶部结构的编程。

一、底部结构的加工路线及刀路策略

1. 粗加工

（1）钻出中间的通孔。

（2）用 3D 任意毛坯粗加工策略对底部结构做整体开粗。

（3）最后用 5X 形状偏置粗加工策略对圆锥面及其面上的槽进行粗加工。

2. 精加工

（1）用3D平面加工对型腔底面进行精加工。

（2）用基于3D模型的轮廓加工策略对型腔轮廓进行精加工。

（3）最后用5X形状偏置精加工策略对圆锥面及其面上的槽进行精加工。

（4）最后用5X单曲线侧刃加工对斜面进行精加工。

（5）倒角。

二、上部结构的加工路线及刀路策略:

1. 粗加工

（1）用3D任意毛坯粗加工策略对上部结构做整体开粗。

（2）用5X形状偏置粗加工策略对缺口结构行粗加工。

（3）使用定向加工策略用3D平面加工对两斜面和侧面平面进行粗加工。

2. 精加工

（1）使用3D平面加工策略对平面进行精加工。

（2）使用基于3D模型的轮廓加工策略对轮廓进行精加工。

（3）最后用5X单曲线侧刃加工拔模面进行精加工。

（4）用5X形状偏置精加工策略对缺口结构进行精加工。

（5）钻孔。

（6）倒角。

加工工序卡如表5–2所示。

表5–2 案例2加工工序卡

数控加工工序卡								
零件名称	5X案例2	零件图号		2020WX-2		夹具名称		三爪卡盘
设备名称及型号	DMU60 monoblock							
材料名称及牌号	AL7050	工序名称		加工中心加工		工序号		10
工步号	工步内容	切削用量			刀具		量具	
		n	V_f	a_p	编号	名称	编号	名称
10	零件装夹与对刀	用三爪卡盘装夹零件，露出72mm，工件坐标系原点设置在零件上表中心						钢直尺
20	钻孔	600	60	3	T02	D12麻花钻		游标卡尺
30	内外轮廓形状粗加工	5500	1500	2	T03	D12立铣刀		游标卡尺
40	底面平面精加工	4500	800	0.2	T04	D12立铣刀		深度尺
50	圆锥、槽底面精加工	4800	800	0.2	T05	D10立铣刀		深度尺
60	轮廓精加工、斜面精加工	4800	800	0.2	T05	D10立铣刀		游标卡尺 内、外径千分尺
70	倒角加工	3500	800	0.5	T06	D16倒角刀		游标卡尺
80	槽倒角面的加工	5000	1500	0.3	T07	D10R5球刀		游标卡尺
90	调头装夹与对刀	装夹零件，露出69mm，工件坐标系原点设置在零件上表中心。打表找正平面与X轴平行						钢直尺
100	内外轮廓形状粗加工	5500	1500	2	T03	D12立铣刀		游标卡尺

续表

工步号	工步内容	切削用量			刀具		量具	
		n	V_f	a_p	编号	名称	编号	名称
110	两斜面、侧平面粗 / 精加工	5000	1000	1	T03	D12 立铣刀		游标卡尺
120	侧面型腔粗加工	5500	1200	1.5	T03	D12 立铣刀		游标卡尺
130	底面平面精加工	4800	800	0.2	T05	D10 立铣刀		深度尺
140	轮廓、侧型腔精加工	4800	800	0.2	T05	D10 立铣刀		游标卡尺 内侧千分尺
150	钻中心定位孔	3500	100	1	T06	D16 倒角刀		游标卡尺
160	钻 3-ϕ6 的孔	1200	60	3	T08	D6 麻花钻		游标卡尺
170	倒角加工	3500	800	0.5	T06	D16 倒角刀		游标卡尺
180	检验	检测零件模型的加工精度						游标卡尺 内外径千分尺

5.2.2 零件底部结构加工

一、粗加工

1. 创建工单列表

（1）打开文件“第五章 \ 五轴案例 2.hmc”，创建工单列表。

（2）在 hyperMILL 浏览器中点击工单选项卡，在工单选项卡中右击鼠标，从弹出的菜单中选择【新建】>【工单列表】。

（3）在【工单列表设置】选项卡中，点击坐标系设置图标，在如图 5-27 所示的【加工坐标系定义】对话框中点【工作平面】按钮，即将当前工作平面的坐标系设置为 G54 坐标系。

（4）设置【零件数据】选项卡。如图 5-28 所示选择【拉伸】模式，选择辅助圆拉伸成毛坯，再选择整个 CAD 模型作为加工模型，材料选用航空铝合金“AL7050”。

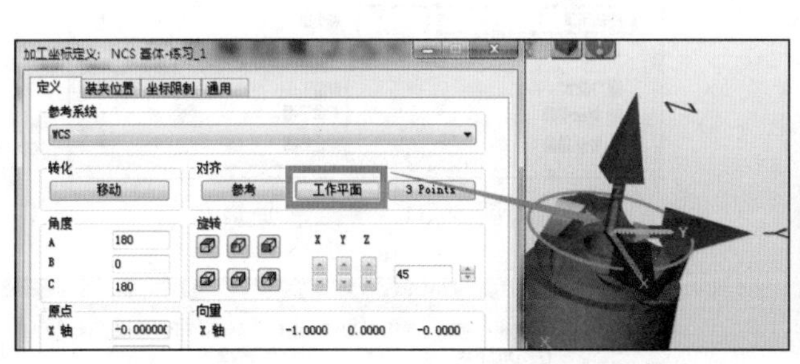

图 5-27 定义加工坐标系

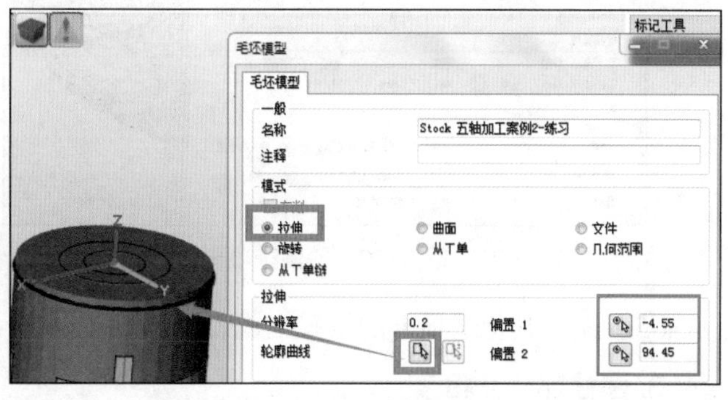

图 5-28 定义毛坯模型

（5）在【后处理】选项卡中，以作者使用的 DMG 公司生成的 DMU 60 monoBLOCK 五轴加工中心为例，设置后处理器，如图 5-29 所示新建一个后处理器。勾选【机床】选项，点击其后的设置机床图标，然后选择【新建】按钮，名称命名为“DMG 60”，点击【后处理器】选项，从其后选择合适的后处理器（如 \DMU60 monoBlock\PP\DMU 60 monoBLOCK\R04w_E02），再点击【模型模式】，从其后选择【模型从 MMF 文件中调入】选项，之后点击【模型文件】选项，选择合适的模型文件（如：\DMU60 monoBlock\DMU60T monoBlock_HSK-A63_V2（B-120 +30）.mmb），【文件扩展名】设为“H”（海德汉系统的数控程序的扩展名）。

需要注意的是：为避免撞机事故的发生，每台五轴机床需要为其定制五轴后置处理器。

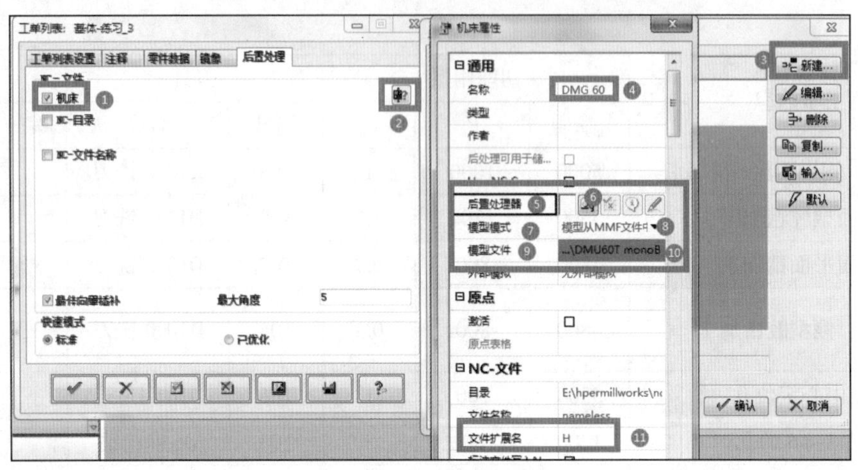

图 5–29　新建后处理器

（6）将新建的“DMG 60”设置为默认，完成工单列表的设置。

2. 钻孔

（1）新建【啄钻】工单。

（2）在【刀具】选项卡中，新建一把直径为 12mm 的钻头。

（3）在【轮廓】选项卡中，如图 5–30 所示进行设置。选择顶面圆的圆心作为钻孔点，设置孔的【直径】为 12mm，【顶部】和【底部】参数如图 5–30 所示。

（4）如图 5–31 所示设置【参数】选项卡。这里勾选【刀尖角度补偿】和【穿透长度】选项是保证孔能钻通。

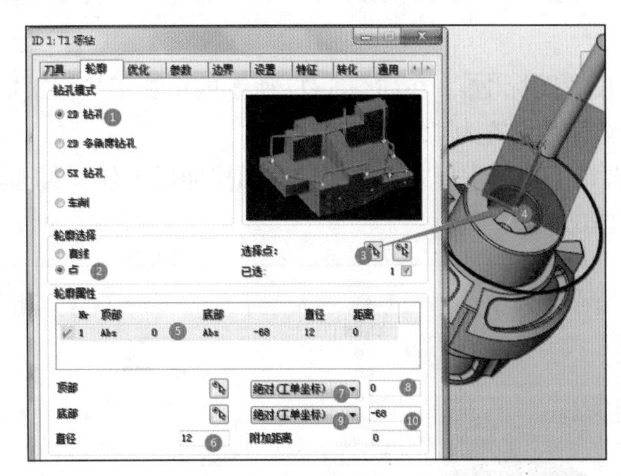

图 5–30　轮廓选项卡

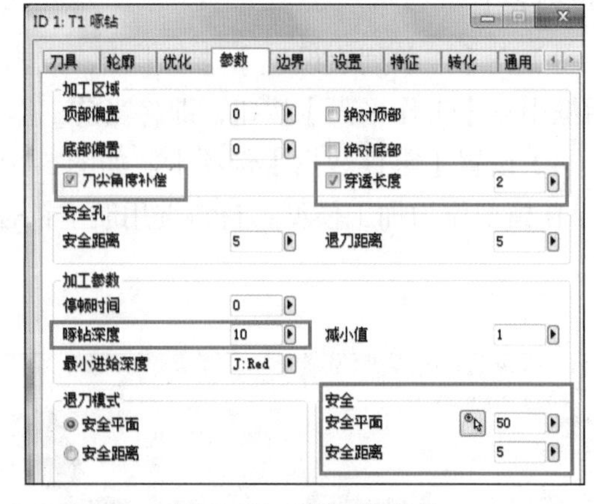

图 5–31　参数选项卡

（5）默认其他选项卡的设置生成刀路。

3. 圆柱部分开粗

（1）新建【3D 任意毛坯粗加工】工单。

（2）在【刀具】选项卡中新建一把直径为 12mm 的立铣刀，选用“ER32”刀柄，【刀具夹持】设为 50mm。

（3）如图 5–32 所示，设置【参数】选项卡。不勾选【最高点】选项，最高点有软件自动搜索得到。

（4）在【高性能】选项卡中，勾选【高性能模式】。

（5）在【设置】选项卡中，如图 5–33 所示设置毛坯模型，并勾选【产生结果毛坯】选项。

图 5–32　参数选项卡

（6）默认其他选项卡的设置生成如图 5-34 所示的粗加工刀路。

图 5-33　设置毛坯模型

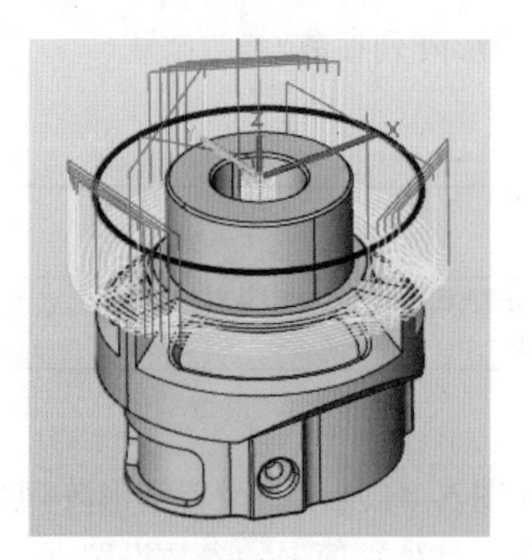

图 5-34　圆柱粗加工刀路

4. 圆锥面粗加工

（1）选择如图 5-35 所示的面，按【M】键，启动【移动 / 复制】命令，勾选【复制】选项，数量为 1，其他选项默认，点确认按钮完成复制。在原地复制出一张一模一样的面。

（2）在菜单栏选择【修改】>【取消裁剪面】命令，如图 5-36 所示，选择刚复制出的曲面，完成缺口的填补。

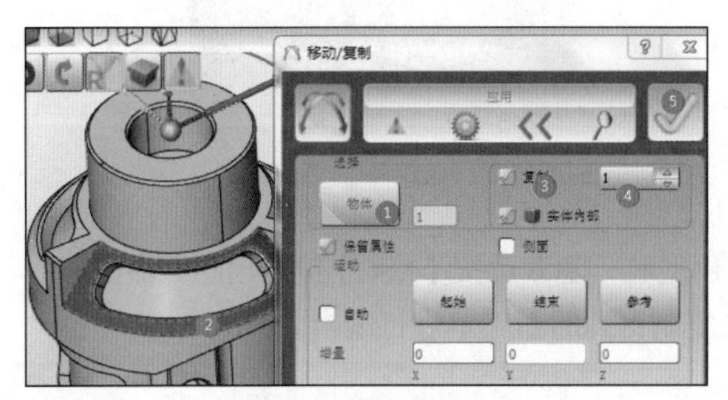

图 5-35　移动 / 复制面

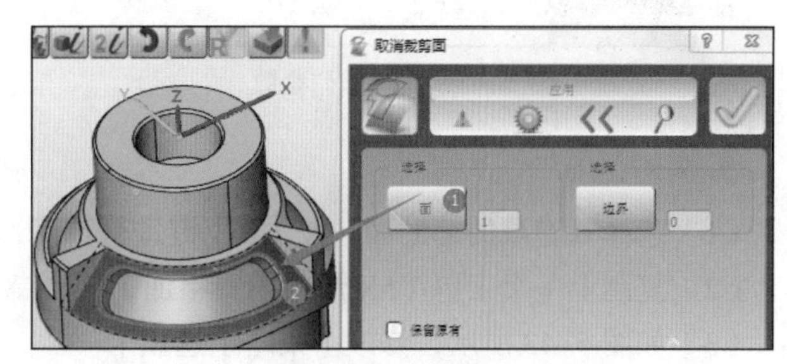

图 5-36　填补缺口

（3）新建【5X 形状偏置粗加工】工单。

5X 形状偏置粗加工使用统一余量对小曲度曲面进行粗加工，其路径跟随所选驱动曲面，刀具垂直于所选的驱动曲面。

（4）在【刀具】选项卡中选用直径为 12mm 的立铣刀。

（5）在【策略】选项卡中，如图 5-37 所示选择完整的曲面作为驱动曲面，默认选项卡中其他参数的设置。

（6）如图 5-38 所示，设置【参数】选项卡。

图 5-37　选择驱动曲面

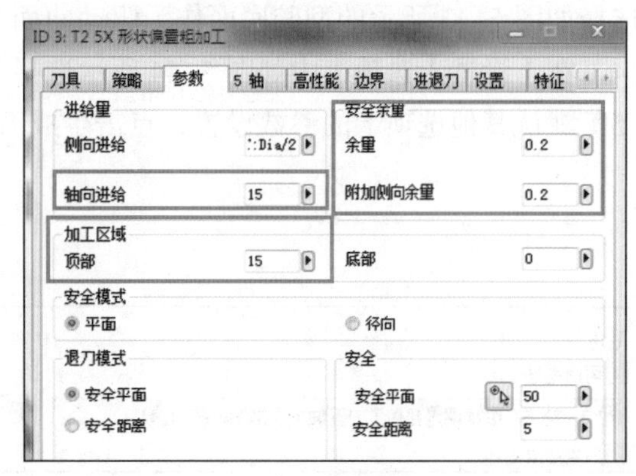

图 5-38　参数选项卡

（6）在【高性能】选项卡中勾选【高性能模式】启动高性能加工。

（7）在【设置】选项卡中如图 5-39 所示选择上一个工单生成的毛坯，并勾选【产生结果毛坯】选项。

（9）在【转化】选项卡中，如图5-40所示，勾选【激活】选项卡，选择【圆形阵列】，在点击其后的图标，设置圆形阵列参数。

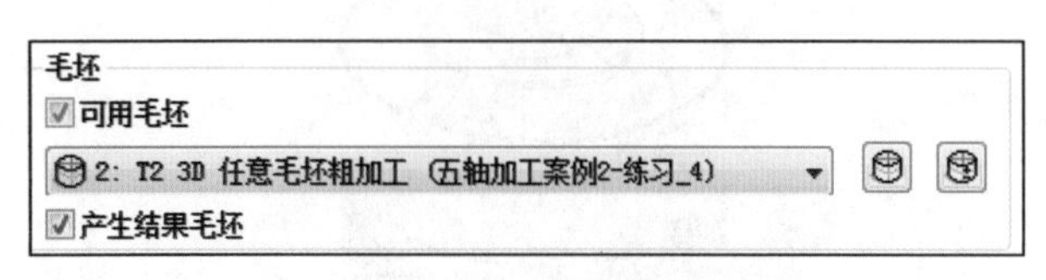

图5-39 设置毛坯

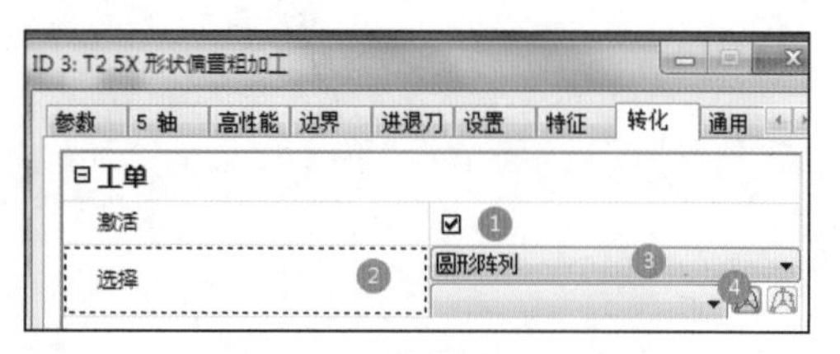

图5-40 转化选项卡

（10）如图5-41所示，设置圆形阵列参数，完成刀路的阵列。

（11）默认其他选项卡的参数设置，点击生成刀路，结果如图5-42所示。

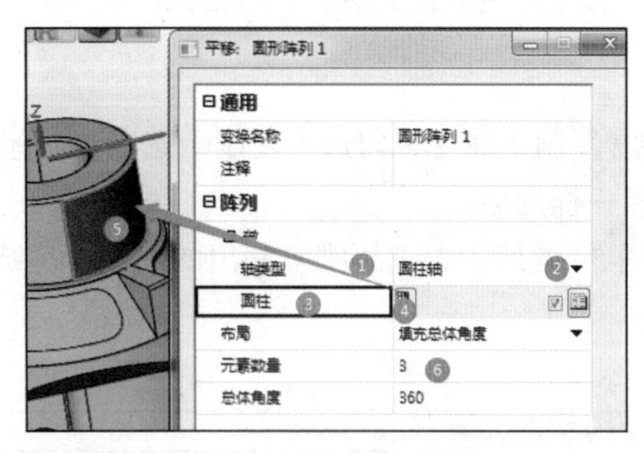

图5-41 圆形阵列参数

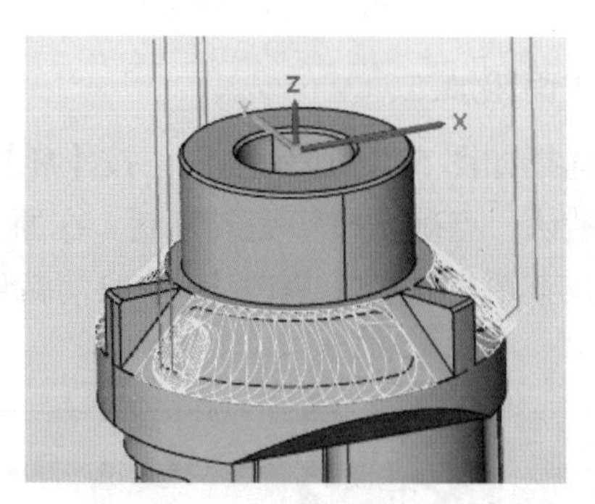

图5-42 圆锥面粗加工刀路

5. 槽的粗加工

（1）选择要隐藏的辅助面，按【H】键进行隐藏，露出型腔，隐藏后按【ESC】键退出隐藏命令。

（2）复制上一个工单（5X形状偏置粗加工），并双击复制得到的新工单进行编辑。

（3）如图5-43所示，修改【策略】选项卡。

勾选【轴向排序】：诸如圆角或型腔等区域沿轴向排序，并将连续加工，这样可以缩短空的路径和加工时间。对于单个型腔来说可以不勾选。

不勾选【使用坐标系】选项：对于那些不能清楚确定Z方向为首选加工侧的工件（如需360度加工的圆柱形工件或带有与Z方向平行对称轴的圆柱形工件），也就是型腔方向与Z轴不一致的都可以不勾选。

选择如图5-43所示的型腔底面作为驱动曲面

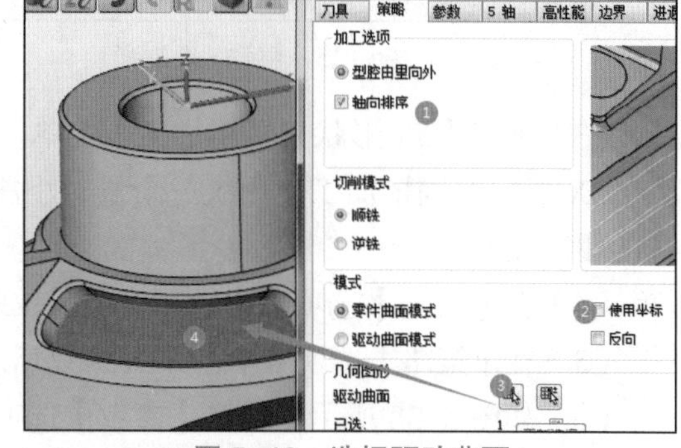

图5-43 选择驱动曲面

（4）在【设置】选项卡中如图5-44所示选择上一个工单生成的毛坯，并勾选【产生结果毛坯】选项。

（5）默认其他选项卡的参数设置，点击生成刀路，结果如图5-45所示。

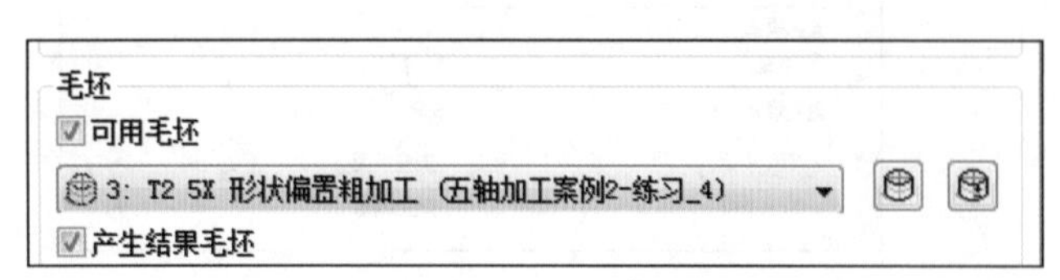

图5-44 设置毛坯

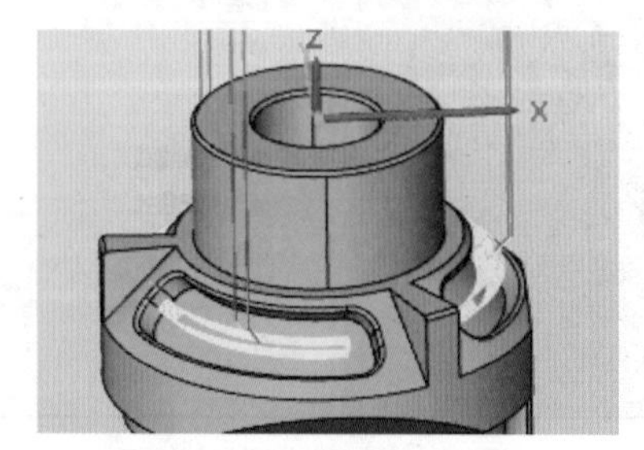

图5-45 槽的粗加工

二、精加工

1. 底面精加工

（1）新建【3D 平面加工】工单。

（2）新建直径为 10mm 的立铣刀，选用“ER32”刀柄，夹持部分设为: 50mm。

（3）在【参数】选项卡中将【附加 XY 余量】设为 0.2mm。

（4）在【边界】选项卡中，如图 5–46 所示选择要加工的 2 个平面。

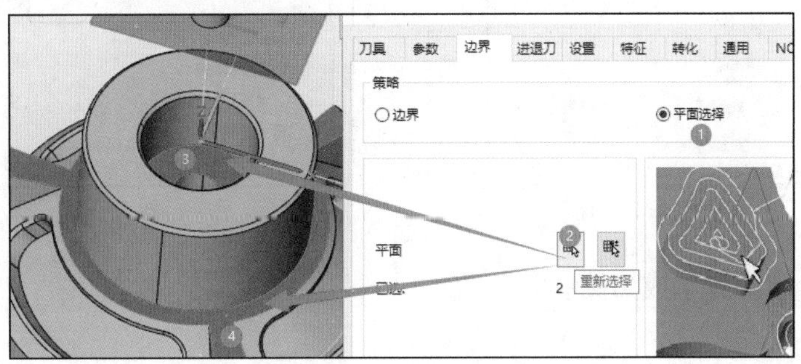

图 5–46　边界选项卡

（5）默认其他选项卡的设置，生成刀路。

2. 轮廓精加工

（1）新建【2D 铣削】>【基于 3D 模型的轮廓加工】工单。

（2）在【刀具】选项卡中选择直径为 10mm 的立铣刀。

（3）在【轮廓】选项卡中，如图 5–47 所示选择两个圆形轮廓。并将它们的【底部】和【顶部】参数设为:【轮廓顶部】，参数值设为 0。

（4）在【参数】选项卡中，余量均设为 0。

（5）默认其他选项卡的设置，生成轮廓精加工刀路。

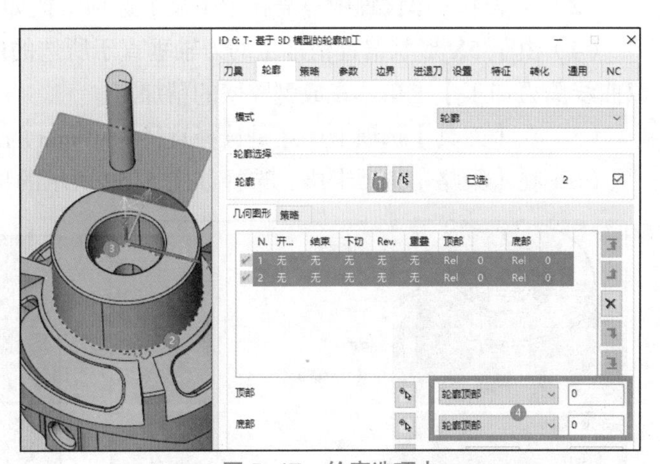

图 5–47　轮廓选项卡

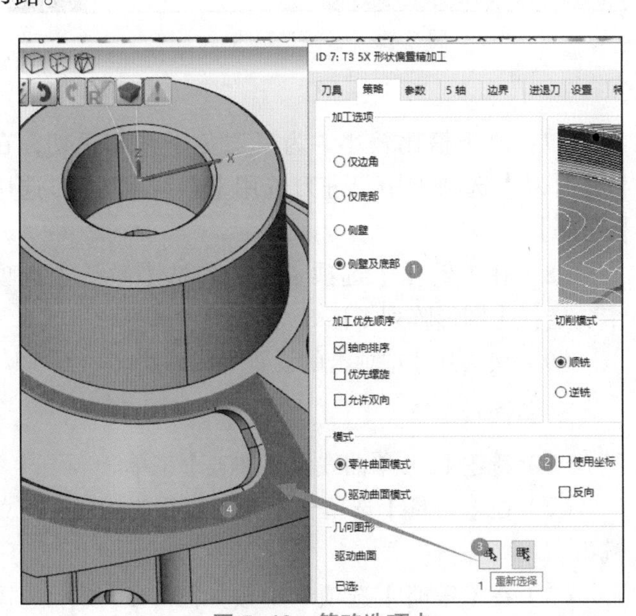

图 5–48　策略选项卡

3. 圆锥面精加工

（1）新建【5X 形状偏置精加工】工单。

（2）在【刀具】选项卡中选择直径为 10mm 的立铣刀。

（3）在【策略】选项卡中，勾选【侧壁及底部】选项，不勾选【选用坐标系】，选择如图 5–48 所示的曲面作为驱动曲面，默认选项卡中其他参数的设置。

（4）如图 5–49 所示，设置【参数】选项卡。

（5）如图 5–50 所示，在【转化】选项卡中，勾选【激活】选项卡，选择【圆形阵列 1】

图 5–49 参数选项卡

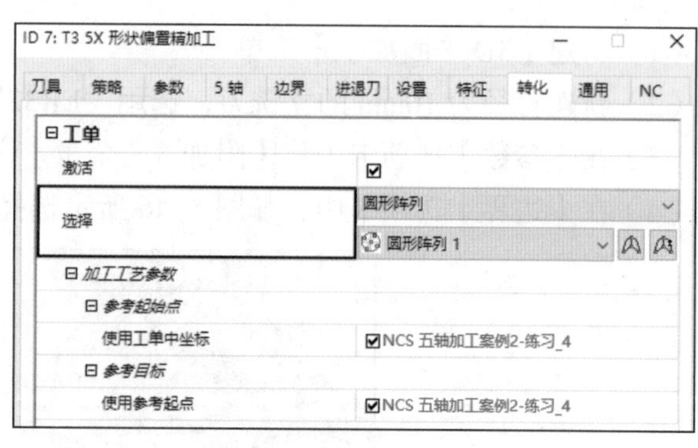

图 5–50 转化选项卡

（6）默认其他选项卡的设置生成刀路。

4. 型腔精加工

（1）复制上一条【5X 形状偏置精加工】工单，并双击复制得到的工单进行编辑。

（2）在整个工单设置中只需在【策略】选项卡按如图 5–51 所示将中驱动面换成型腔底面即可。

（4）由于 5X 形状偏置精加工的刀轴垂直于所选的曲面，因此在型腔的侧壁会留有残料，因此新建【5X 双曲线侧刃加工】工单，完成型腔壁的精加工。

（5）在【刀具】选项卡中还是选择直径为 10mm 的立铣刀。

（6）在【策略】选项卡中，选择如图 5–52 所示的顶部曲线和底部曲线。

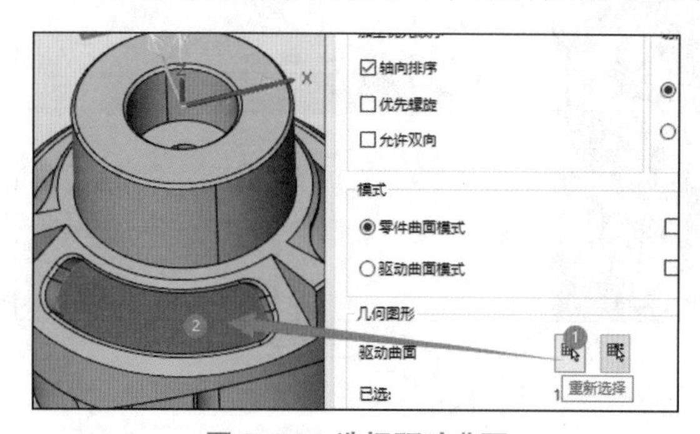

图 5–51 选择驱动曲面

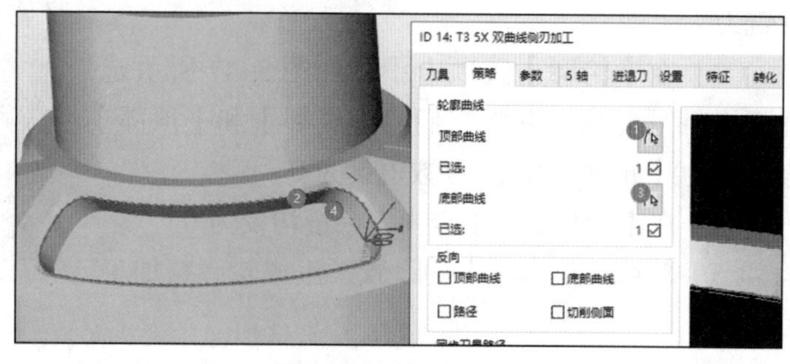

图 5–52 策略选项卡

（6）如图 5–53 所示，设置【参数】选项卡。

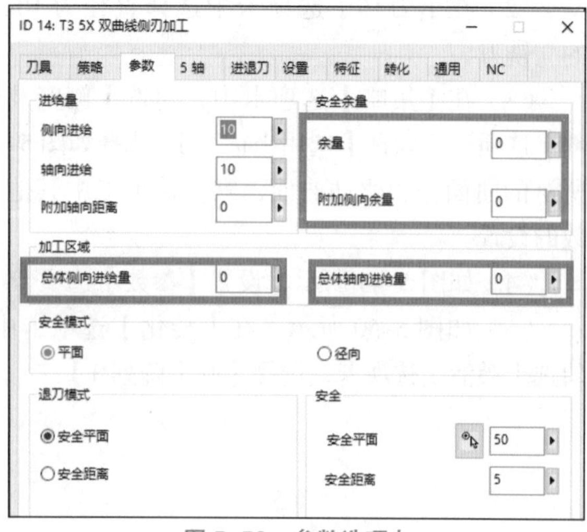

图 5–53 参数选项卡

（7）由于槽比较小，为了避免干涉和过切，在【进退刀】选项卡中，进刀选用【斜线】，退刀选用【垂直】。

（8）在【转化】选项卡中，勾选【激活】选项卡，选择【圆形阵列 1】。

（9）默认其他选项卡的设置生成刀路。

5. 斜面精加工

（1）新建【5X 单曲线侧刃加工】工单。

（2）在【刀具】选项卡中选用直径为 10mm 的立铣刀。

（3）在【策略】选项卡中按如图 5–54 所示选择侧向曲面和轮廓曲线。

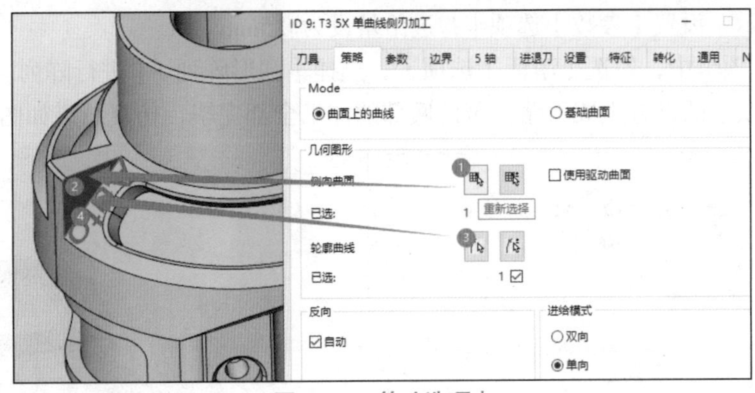
图 5-54 策略选项卡

（4）在【参数】选项卡中，如图 5-55 所示设置参数。

（5）如图 5-56 所示，设置【5 轴】选项卡。

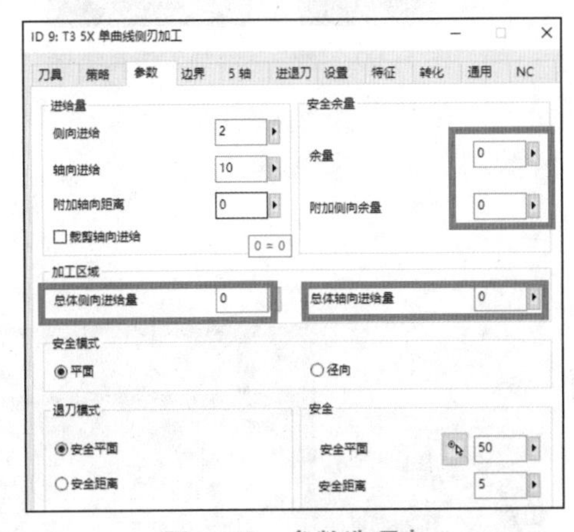
图 5-55 参数选项卡

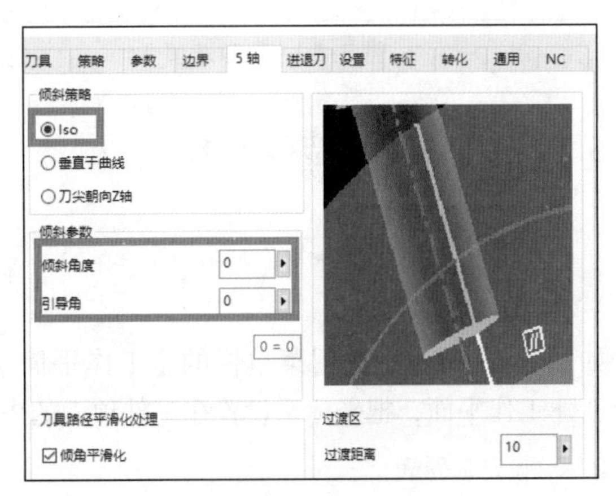
图 5-56 5 轴选项卡

（6）在【转化】选项卡中，勾选【激活】选项卡，选择【圆形阵列 1】进行阵列。

6. 倒角

（1）新建【基于 3D 模型的倒角加工】工单。

（2）新建直径为 16mm 的倒角刀，选用“ER32”刀柄，【刀具夹持】设置为 50，工艺参数自行设定。

（3）在【轮廓】选项卡中选择图 5-57 中需要倒角的 5 条边进行 2D 倒角。

（4）默认其他选项卡的设置生成倒角刀路。

（5）新建【5X ISO 端面加工】工单对槽进行倒角加工。

（6）在【刀具】选项卡中新建直径为 10mm 的球刀，选用“ER32”刀柄，【刀具夹持】设为 50mm。

（7）在【策略】选项卡中，选择【整体定位】选项，选取如图 5-58 所示的倒角面，【加工方向】设为【流线】，默认其他设置。

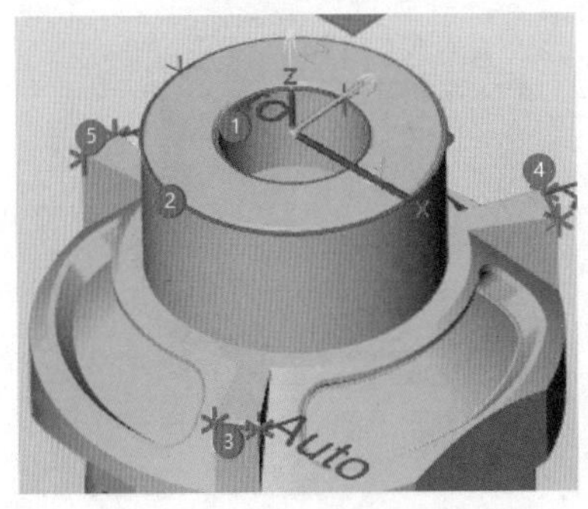
图 5-57 选择倒角边界

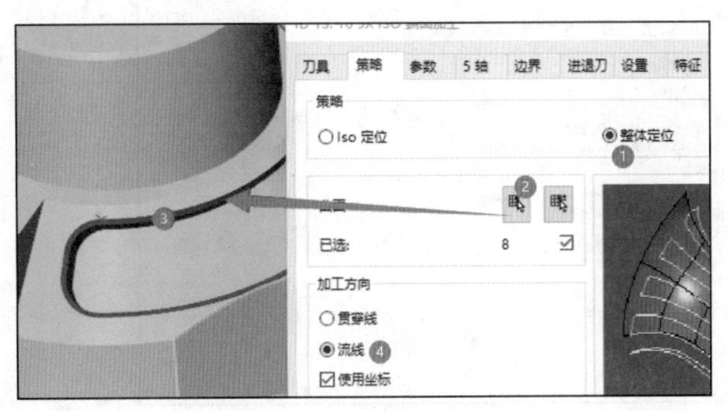
图 5-58 策略选项卡

（8）如图 5–59 所示，设置【参数】选项卡：进给量设为 0.5mm。

（9）在【转化】选项卡中，勾选【激活】选项卡，选择【圆形阵列 1】进行阵列。

（10）默认其他选项卡的设置生成刀路，至此底部的加工全部完毕，仿真结果如图 5–60 所示。

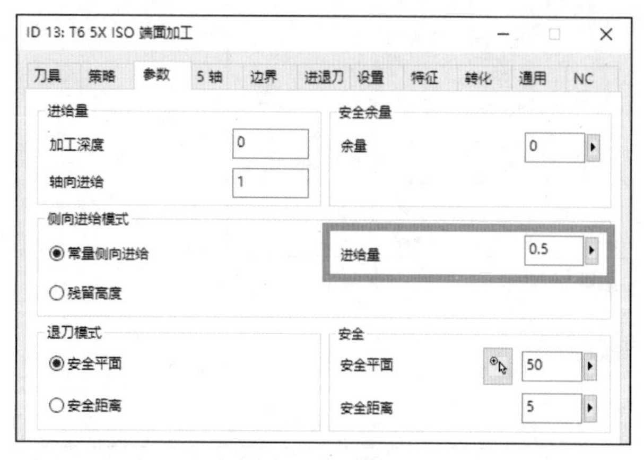

图 5–59 参数选项卡

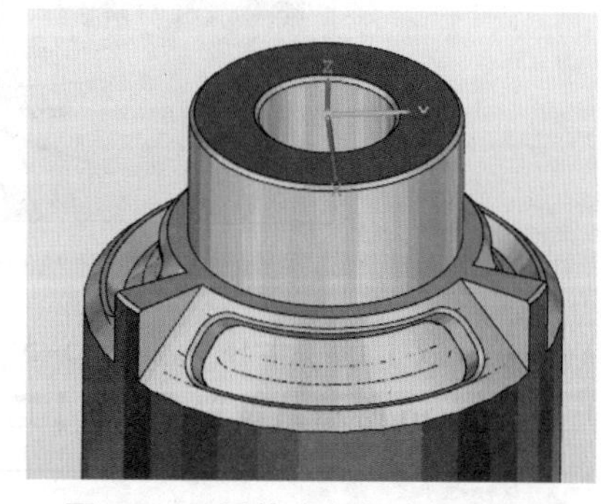

图 5–60 零件底部加工仿真结果

5.2.3 零件上部结构加工

一、粗加工

1. 新建工作平面

如图 5–61 所示，选用菜单栏的【工作平面】>【移动】命令新建工作平面，把坐标系设置在工件顶面的中心。

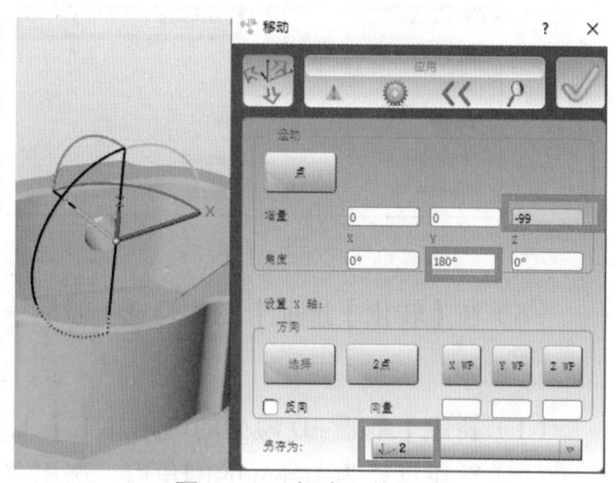

图 5–61 新建工作平面

2. 新建工单列表

在【工单列表设置】选项卡中将工单列表名称设为：上部结构加工，坐标系设为【工作平面】，在【零件数据】选项卡中选择如图 5–62 所示的零件模型和毛坯模型。在【后处理】选项卡中的勾选【机床】选项并选择【DMG 60】，完成工单列表的设置。如图 5–62 所示。

3. 整体开粗

（1）复制上一工单列表中的第 2 条工单（3D 任意毛坯粗加工），并双击复制得到的工单进行编辑。

（2）在【刀具】选项卡中，在【坐标】选项区域选择【NCS 上部结构加工】选项。

（3）在【参数】选项卡中，将【最低点】参数设为 –34，完成该工单参数的修改，生成的刀路如图 5–63 所示。

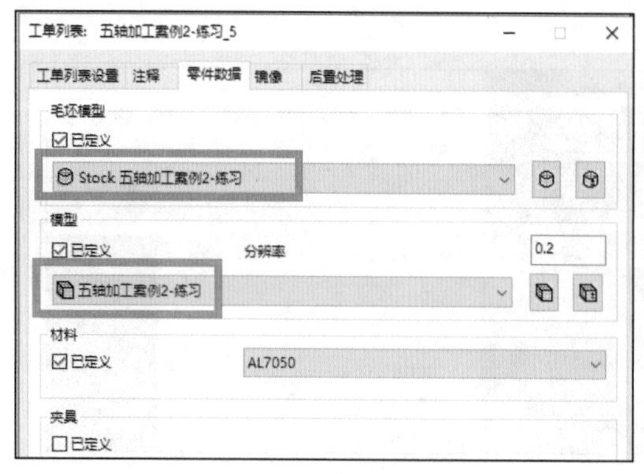

图 5–62 新建工单列表

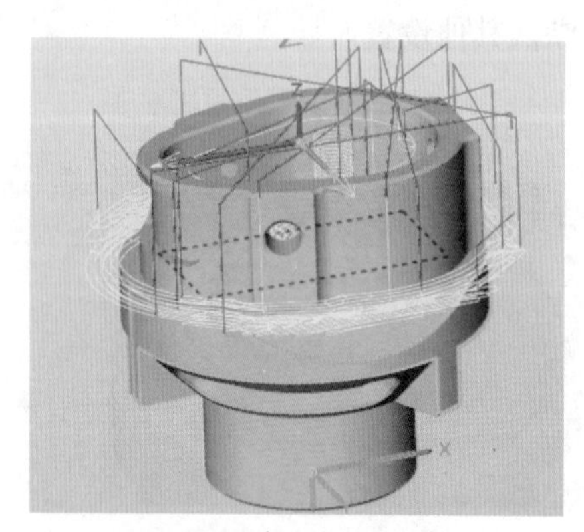

图 5–63 整体开粗刀路

4. 两斜面粗精加工

（1）新建工作平面：选择菜单栏的【工作平面】>【在面上】，如图 5-64 所示新建一个工作平面。

（2）新建【3D 平面加工】工单。

（3）在【刀具】选项卡中的坐标选项区域点击新建坐标图标，选择【工作平面】将加工坐标系设置在斜面上。

（4）如图 5-65 所示，设置【参数】选项卡，将【材料高度】参数设置大一点，在勾选【按毛坯裁剪】选项，这样就可以避免出现第一层刀路切削深度较大的现象。设置【精加工余量】为 0.2mm，此精工余量将在本刀路中完成切削，即会增加一层精加工刀路，【余量】和【附加 XY 余量】设为 0。

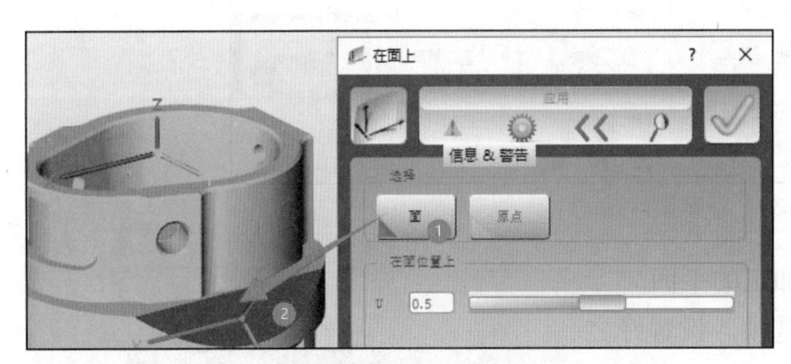

图 5-64　新建工作平面

图 5-65　参数选项卡

（5）在【边界】选项中，如图 5-66 所示选择斜面作为刀路边界。

（6）在【设置】选项卡中选择上一工单生成的毛坯，如图 5-67 所示。

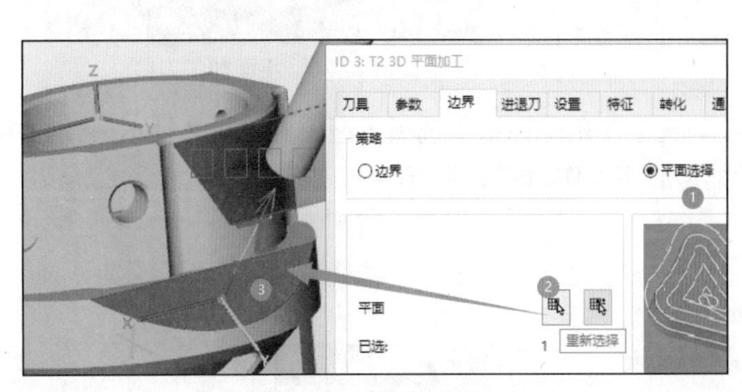

图 5-66　选取加工平面

图 5-67　定义毛坯

（7）在【转化】选项卡中，勾选【激活】选项，默认【镜像】选项，再点击其后的【新建转化】的图标，如图 5-68 所示，通过选取【3 点】方式定义镜像平面选择，点选底面圆孔中心、坐标系原点和型腔顶部轮廓小圆的中间定义镜像平面（此三点定义的平面即 XZ 平面）。

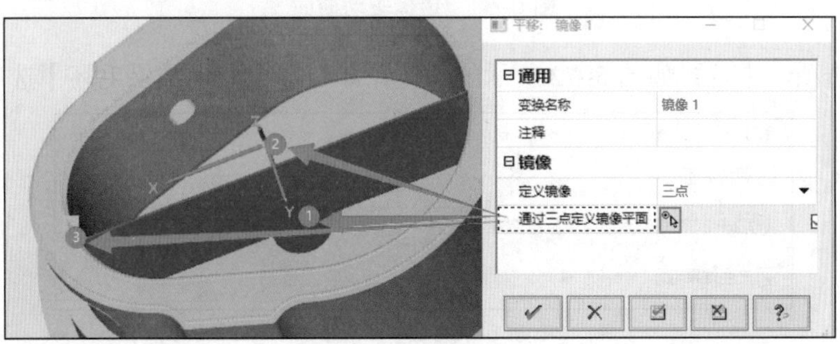

图 5-68　新建转化

（8）在【转化】选项卡中勾选【复制】选项后生成刀路。

5. 侧平面粗精加工

（1）复制第三条刀路（3D 平面加工），双击复制得到的刀路进行编辑。

（2）在【刀具】选项卡中，刀具默认，点击其后的坐标系设置图标，如图 5–69 所示，点击【3 points】按钮，在选择如图 5–69 所示的两个圆心点和面上一点确定坐标系。选择的第一点将作为坐标系原点，第二点确定 X 轴正方向，第三点确定 Y 轴正方向，Z 轴方向随即自行确定下来。

图 5–69 新建坐标系

（3）在【边界】选项卡中，将平面修改为要加工的平面。

（4）在【转化】选项卡中，不勾选【激活】选项。设置好之后生成刀路，刀路如图 5–70 所示。

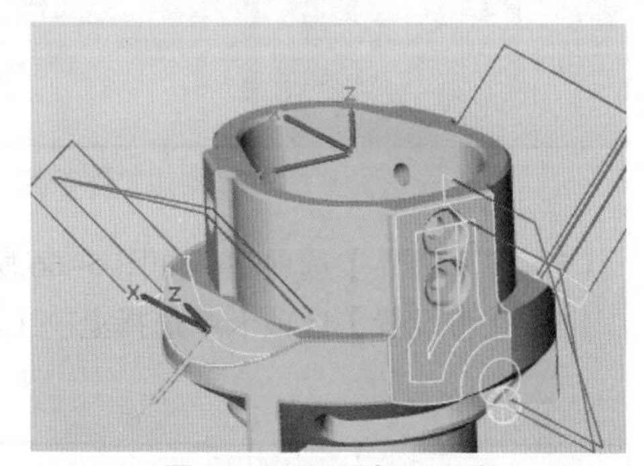

图 5–70 平面加工刀路

6. 侧面型腔粗加工

（1）复制上一工单列表中的第 3 个工单（5X 形状偏置粗加工），并双击复制得到的新工单进行编辑。

（2）在【刀具】选项卡中，确保坐标系为:【NCS 上部结构加工】。

（3）如图 5–71 所示，修改【策略】选项卡：不勾选【使用坐标系】选项（型腔方向与 Z 轴不一致的应不勾选，否则不能生成刀路）。选择如图 5–71 所示的型腔底面作为驱动曲面。

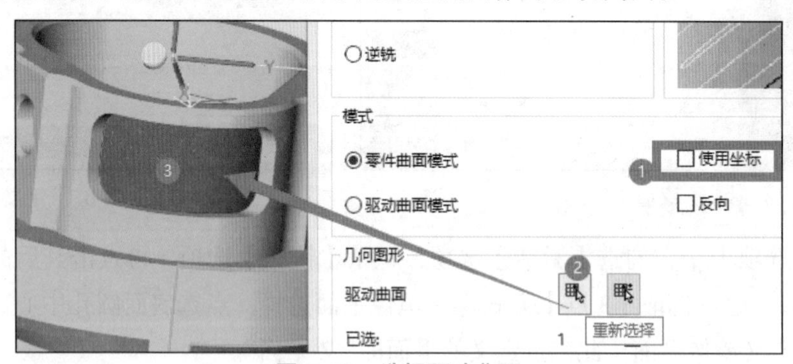

图 5–71 选择驱动曲面

（4）在【设置】选项卡中选择如图 5–72 所示的毛坯，并勾选【产生结果毛坯】选项。

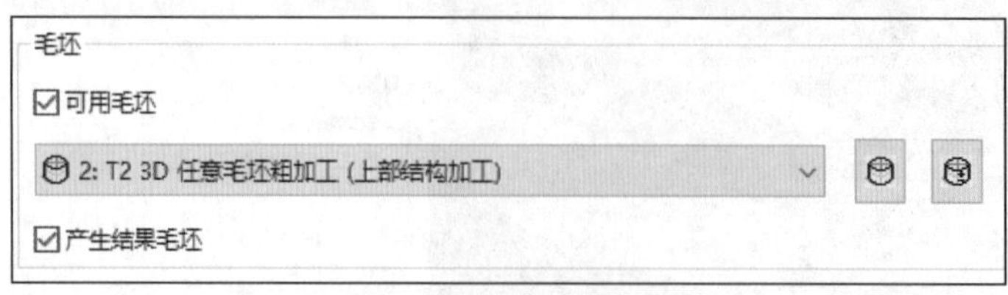

图 5–72 选择毛坯

（5）在【转化】选项卡中，不勾选【激活】选项。

（6）默认其他选项卡的参数设置，点击生成刀路，至此粗加工，仿真结果如图 5-73 所示。

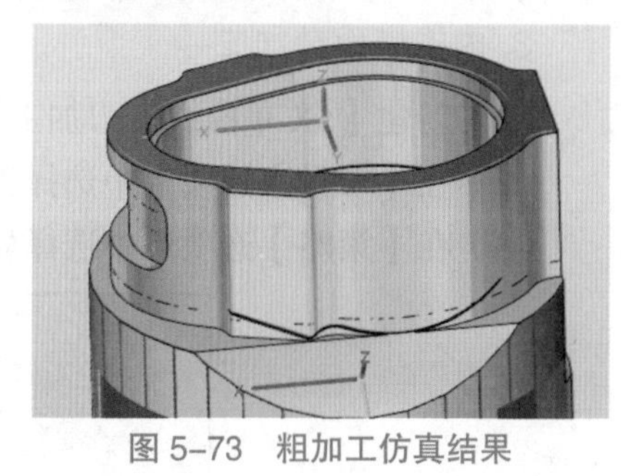

图 5-73 粗加工仿真结果

二、精加工

1. 底面精加工

（1）新建【3D 平面加工】工单

（2）在【刀具】选项卡中选择直径为 10mm 的立铣刀，坐标系选择【NCS 顶部结构加工】。

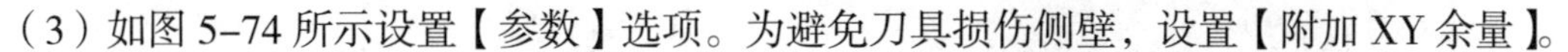

（3）如图 5-74 所示设置【参数】选项。为避免刀具损伤侧壁，设置【附加 XY 余量】。

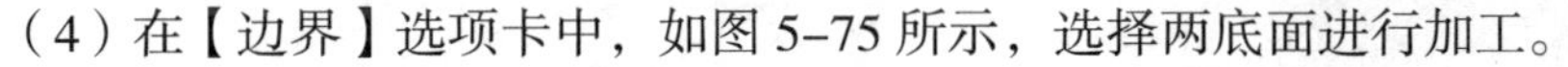

（4）在【边界】选项卡中，如图 5-75 所示，选择两底面进行加工。

图 5-74 参数选项卡

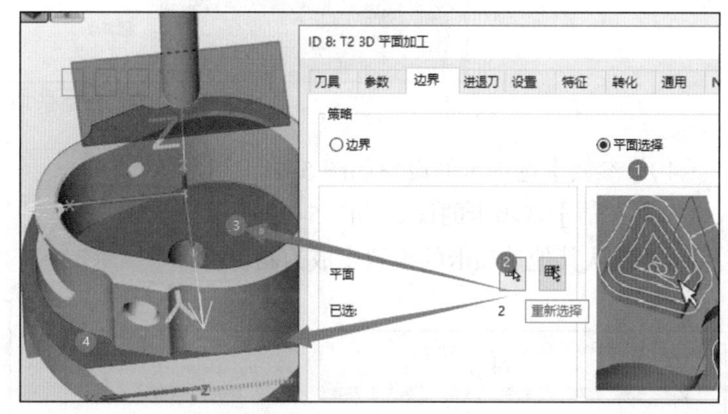

图 5-75 选择加工平面

（5）默认其他选项卡的设置生成刀路。

2. 轮廓精加工

（1）新建【基于 3D 模型的轮廓加工】工单。

（2）在【刀具】选项卡中选择直径为 10mm 的立铣刀。

（3）在【轮廓】选项卡中，采用链选的方式选择如图 5-76 所示的两处轮廓，并将它们的【顶部】和【底部】参数设为:【轮廓顶部】，值为 0。

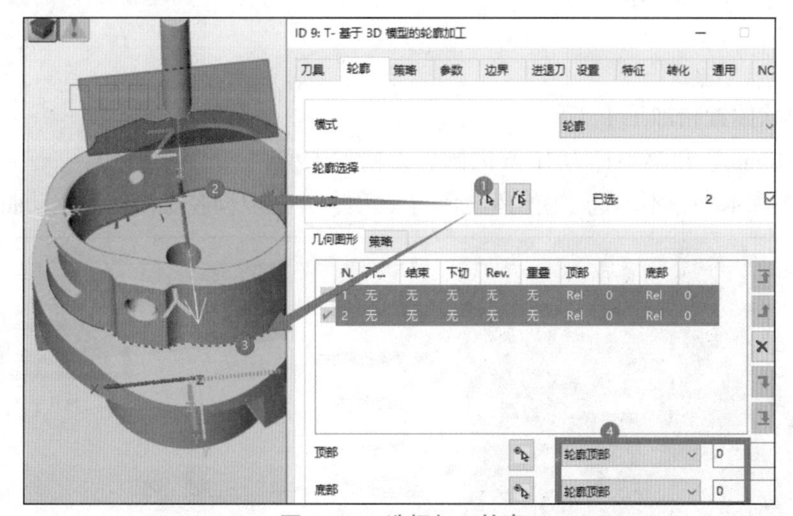

图 5-76 选择加工轮廓

（4）在【参数】选项卡中，将余量均设为 0。然后默认其他选项卡的设置生成刀路。

3. 内拔模面精加工

（1）新建【5X 单曲线侧刃加工】工单。

（2）在【刀具】选项卡中选择直径为 10mm 的刀具。

（3）在【策略】选项卡中选择如图 5-77 所示的侧曲面和底面曲线。

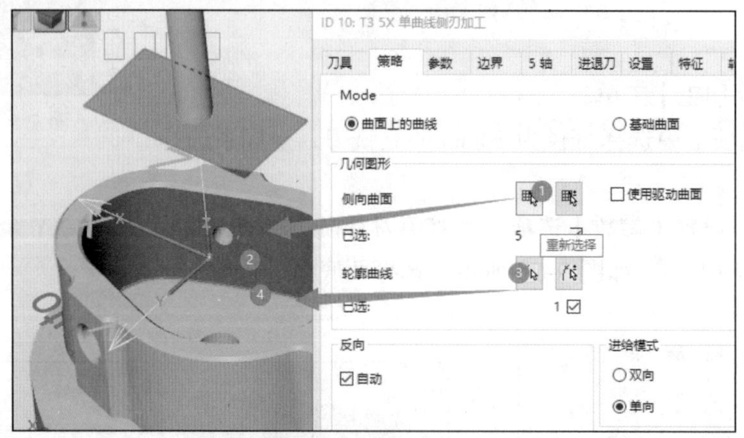

图 5-77 策略选项卡

（4）【参数】选项卡的设置如图 5-78 所示。

（5）【5 轴】选项卡的设置如图 5-79 所示。

（6）默认其他选项卡的设置生成刀路。

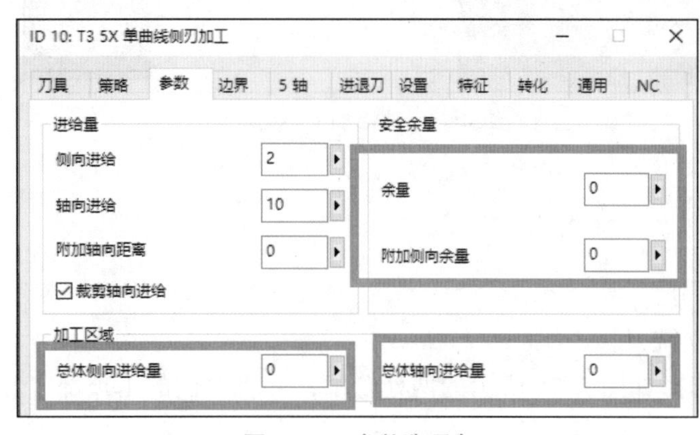

图 5-78 参数选项卡

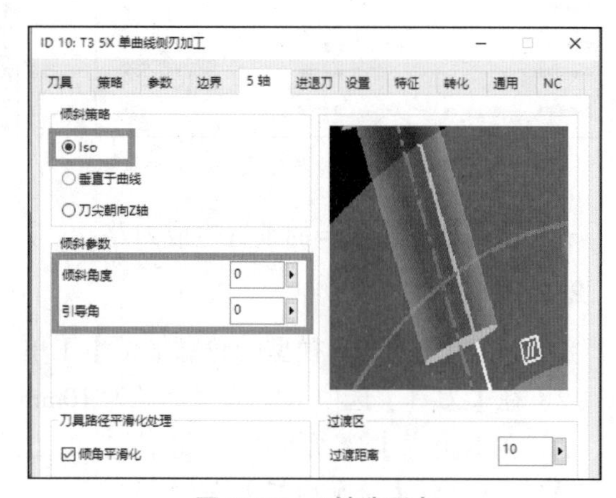

图 5-79 5 轴选项卡

4. 侧型腔精加工

（1）新建【5X 形状偏置精加工】工单。

（2）新建直径为 10mm、角落半径为 1mm 的圆鼻刀精加工型腔。

（3）在【策略】选项卡中，不勾选【使用坐标系】选项，并选取型腔底面作为驱动曲面，如图 5-80 所示。

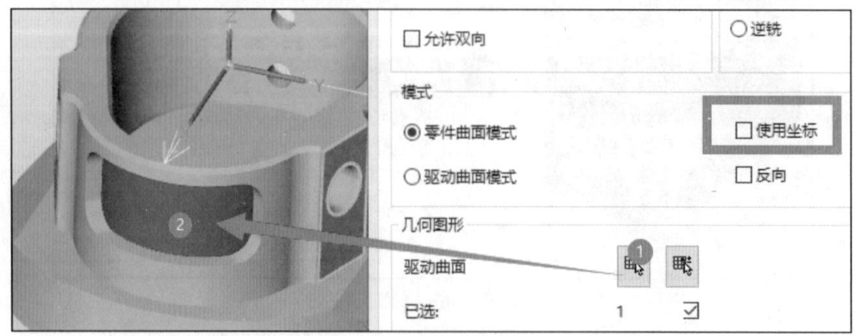

图 5-80 选择驱动曲面

（4）如图 5-81 所示，设置【参数】选项卡。侧壁轮廓进行分层铣削。

（5）默认其他选项卡的设置生成刀路，刀路如图 5-82 所示。

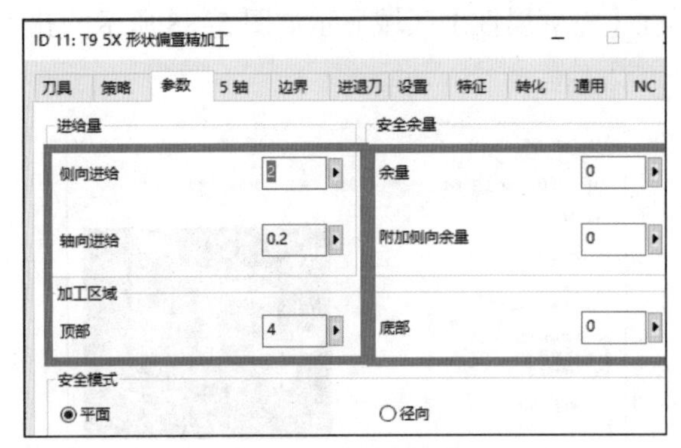

图 5-81　参数选项卡

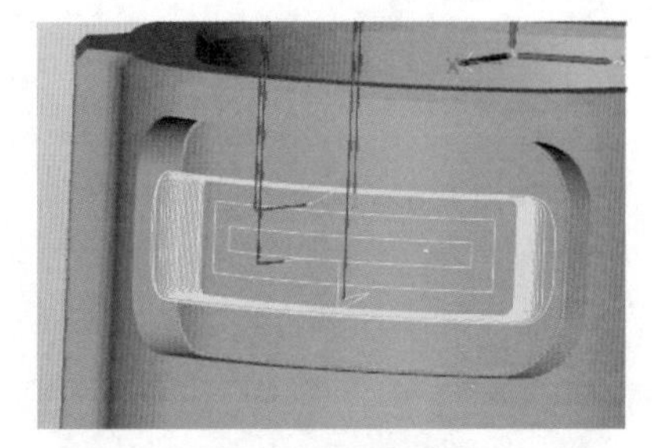

图 5-82　5X 形状偏置精加工刀路

5. 钻孔加工

1）识别孔特征

在特征浏览器中，右击鼠标选择【特征映射（孔）】选项，执行孔的识别，识别结果如图 5-83 所示。

2）钻中心孔（顺便把孔口倒角完成）

（1）新建【中心钻】工单。

（2）选择直径为 16mm 的倒角刀。

（3）在【特征】选项卡中点击如图 5-84 所示的特征选择图标。

图 5-83　特征映射（孔）

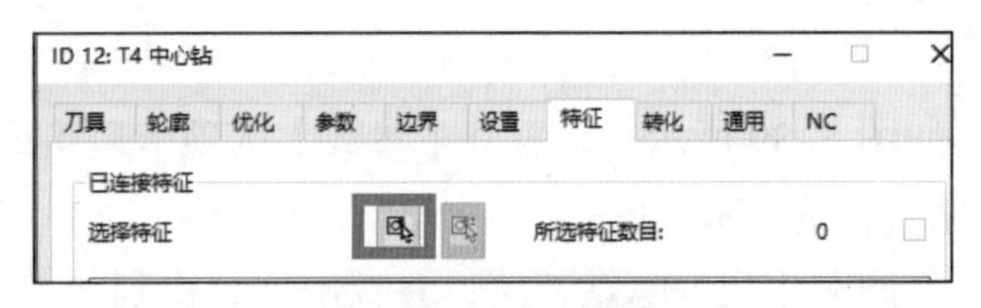

图 5-84　选择特征

（4）如图 5-85 所示，选择 4 个孔特征。

（5）如图 5-86 所示，选择第一个孔特征，在双击【沉头 1: 倒角】以激活倒角特征。

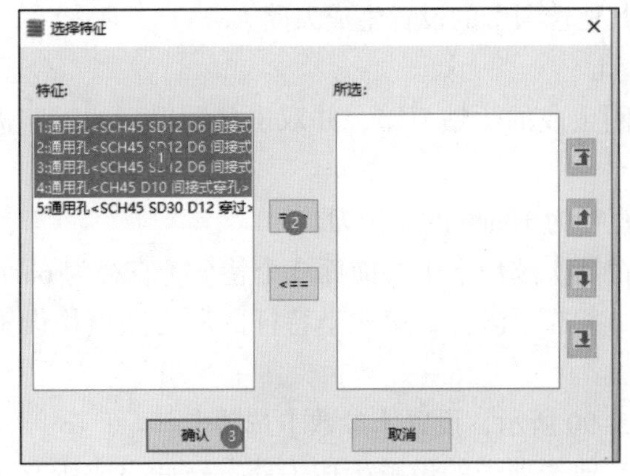

图 5-85　选择孔特征

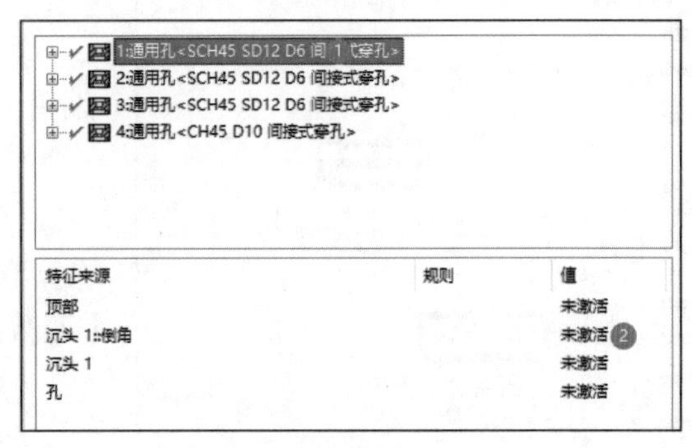

图 5-86　激活倒角特征

激活结果如图 5-87 所示：

（6）用同样的方法将其他三个孔特征的倒角激活。

（7）在【轮廓】选项卡中选择【5X 钻孔】选项，同时在【轮廓属性】区域显示如图 5-88 所示的孔的直径表示倒角激活正确。

特征来源	规则	值
顶部		未激活
沉头 1:倒角		激活
顶部偏置	0	0
深度 (SCH)	SCH	1
直径 (SCD)	SCD	14
底部偏置	0	0
沉头 1		未激活
孔		未激活

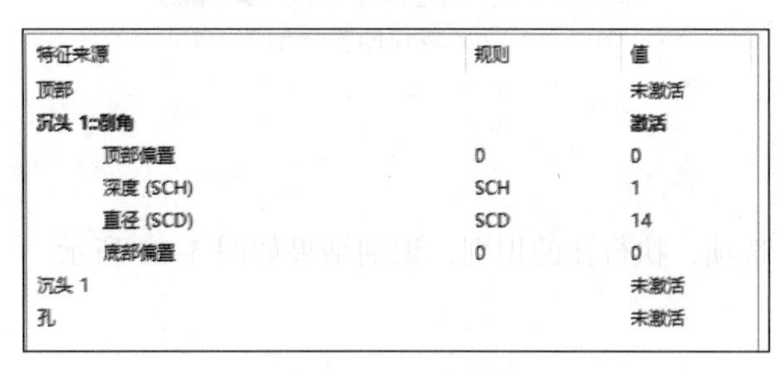

图 5-87 激活结果

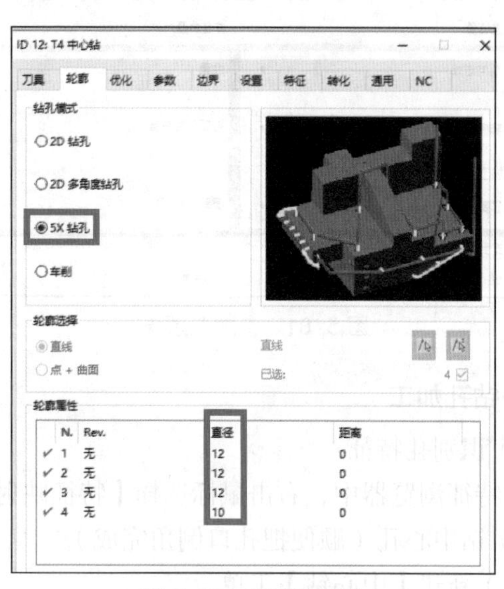

图 5-88 轮廓选项卡

（8）在【参数】选项卡中勾选【现有孔倒角】选项，在【设置】选项卡中勾选【检查打开】选项后生成刀路。

3）钻直径为 6mm 的 3 个孔

（1）复制刚生成的中心钻刀路并将其替换为啄钻刀路。

（2）新建直径为 6mm 的钻头。

（3）在【特征】选项卡中将前面 3 个特征（直径为 6mm 的孔）的【深度整体】选项激活。第四个特征的所有选项均设置为【不激活】。

（4）如图 5-89 所示，设置好【参数】选项卡后生成刀路。

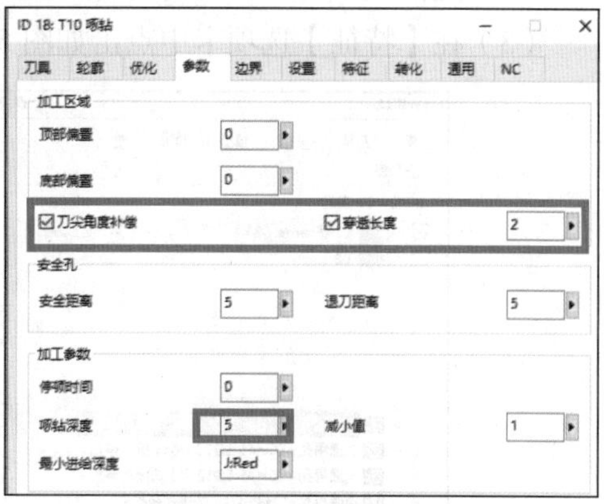

图 5-89 参数选项卡

4）钻直径为 10mm 的孔

（1）复制刚生成的啄钻刀路，并双击复制得到的刀路进行编辑。

（2）新建直径为 10mm 的钻头。

（3）在【特征】选项卡中将前面 3 个特征（直径为 6mm 的孔）的所有选项均设置为【不激活】，只第 4 个特征的【深度整体】选项激活。

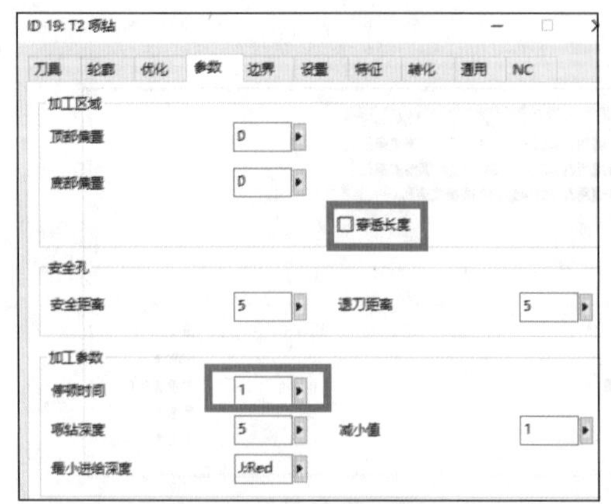

图 5-90 参数选项卡

（4）默认其他选项卡的设置生成刀路。

5）钻沉头孔

（1）复制刚生成的啄钻刀路，并双击复制得到的刀路进行编辑。

（2）选用直径为 10mm 的立铣刀。

（3）在【特征】选项卡中将前面 3 个特征（直径为 6mm 的孔）的【沉头 1】选项激活，第 4 个特征的所有选项均设置为【不激活】。

（4）如图 5-90 所示，设置【参数】选项卡。

（5）默认其他选项卡的设置生成刀路。至此完成所有孔的加工。

6. 倒角加工

（1）新建【基于3D模型的倒角加工】工单。

（2）在【刀具】选项卡中选择直径为16的倒角刀。

（3）在【轮廓】选项卡中选择如图5–91所示的轮廓进行倒角。

（4）在【策略】选项卡中选择【模型倒角】模式后生成刀路，至此完成此零件所有刀路的生成。仿真加工结果如图5–92所示。

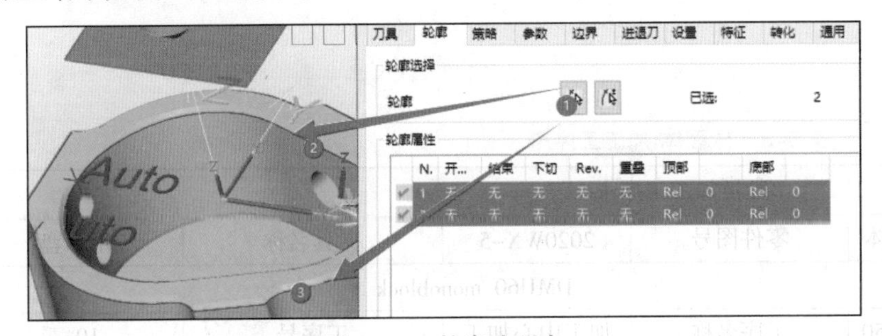

图5–91 轮廓选项卡

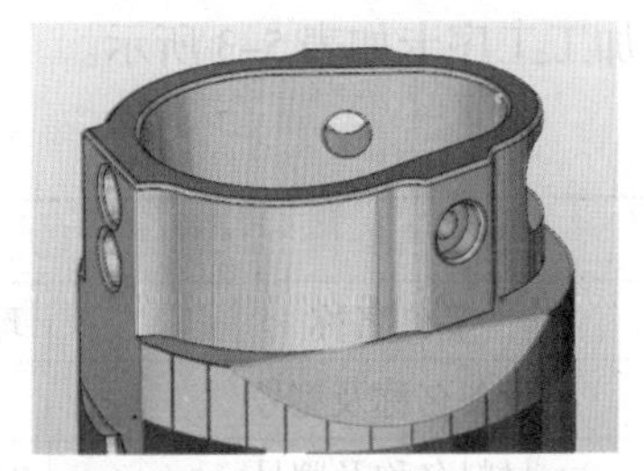

图5–92 零件上部结构仿真加工

5.3 案例3——2018年湖南省数控技能大赛实操试题零件2

本节以2018年湖南省数控技能大赛实操试题中的球面体零件为例，零件如图5–93所示，该零件与5.2节介绍的零件是一套零件，需先加工出5.2节的零件，再加工此零件的底部结构，最后将此零件装入5.2节中的底座零件进行加工其他结构。

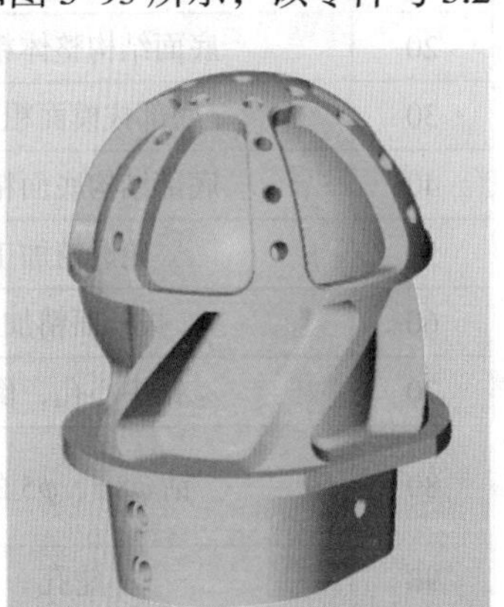

图5–93 球面体

5.3.1 工艺路线分析与刀路策略选择

我们将此零件分成底部结构、中间结构和上部结构三个部分，具体的工艺路线是：先加工底部结构，再加工上部结构和中间结构。

一、底部结构的加工路线及刀路策略

1. 粗加工

（1）用3D任意毛坯粗加工策略对底部结构做整体开粗。

（2）用5X单曲线侧刃加工对拔模面进行粗加工。

2. 精加工

（1）用3D平面加工对底面进行精加工。

（2）用基于3D模型的轮廓加工策略对型腔轮廓进行精加工。

（3）用5X单曲线侧刃加工对拔模面进行精加工。

（4）钻孔。

（5）攻丝。

二、上部结构和中间结构的加工路线及刀路策略

1. 粗加工

（1）用5X ISO端面加工策略对球面结构进行开粗。

（2）用5X形状偏置粗加工策略对球面上的型腔结构进行粗加工。

（3）用5X形状偏置粗加工策略对中间结构的圆柱面进行粗加工。

（4）用5X形状偏置粗加工策略对中间结构的型腔进行粗加工。

2. 精加工

（1）用 5X ISO 端面加工策略对球面结构进行精加工。

（2）用 5X 形状偏置粗加工策略对球面上的型腔结构进行精加工。

（3）用 5X 形状偏置粗加工策略对中间结构的圆柱面进行精加工。

（4）用 5X 形状偏置粗加工策略对中间结构的型腔底面进行精加工。

（5）使用定向加工策略用 3D ISO 加工策略对中间结构的型腔侧面进行精加工。

（6）钻孔。

加工工序卡如表 5-3 所示。

表 5-3 球面体 加工工序卡

数控加工工序卡								
零件名称		球面体	零件图号		2020WX-5	夹具名称		三爪卡盘
设备名称及型号		DMU60 monoblock						
材料名称及牌号		AL7050	工序名称		加工中心加工	工序号		10
工步号	工步内容	切削用量			刀具		量具	
		n	V_f	a_p	编号	名称	编号	名称
10	零件装夹与对刀	用三爪卡盘装夹零件，露出 60mm，工件坐标系原点设置在零件上表中心						钢直尺
20	底面结构整体粗加工	5500	1800	2	T02	D12 立铣刀		游标卡尺
30	底部拔模面粗加工	5500	1200	2	T02	D12 立铣刀		游标卡尺
40	底部结构底面精加工	4000	800	0.2	T03	D12 立铣刀		深度尺
50	轮廓精加工	4000	800	0.2	T03	D12 立铣刀		外径千分尺
60	拔模面精加工	4000	800	0.2	T03	D12 立铣刀		游标卡尺
70	钻中心孔，倒角	3500	200	1	T04	D10 倒角刀		游标卡尺
80	钻 ϕ8.5、ϕ5 的孔	800 1200	80 60	3	T05 T06	D8.5 麻花钻 D5 麻花钻		游标卡尺
90	铯孔	3500	100		T09	D8 立铣刀		
100	攻丝 M10、M6	100	150 100	1.5 1	T07 T08	M10、M6 丝锥		
110	调头装夹、对刀与打表找正	装配底座零件，装夹零件，露出 150mm，工件坐标系原点设置在零件上表中心。打表找正平面与 X 轴平行						钢直尺
120	球面结构、型腔粗加工	5500	1200	1.5	T02	D12 立铣刀		游标卡尺
130	中间结构的圆柱面、型腔粗加工	5500	1500	1.5	T02	D12 立铣刀		游标卡尺
140	球面结构精加工	5000	1200	0.2	T03	D12 立铣刀		游标卡尺
150	球面型腔精加工	6000	1000	0.2	T10	D10R1 球刀		外径千分尺
160	中间结构的圆柱面精加工	5000	1200	0.2	T03	D12 立铣刀		外径千分尺
170	中间型腔底面、侧面精加工	6500	2000	0.3	T12	D6R3 球刀		游标卡尺
180	钻中心孔，倒角	3500	100	1	T04	D10 倒角刀		游标卡尺
190	钻 ϕ4.2 孔	1500	70	3	T13	D4.2 麻花钻		游标卡尺
180	检验	检测零件模型的加工精度						游标卡尺 内外径千分尺

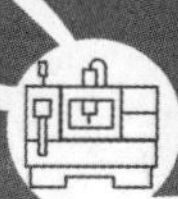

5.2.2 零件底部结构加工

一、粗加工

1. 创建工单列表

（1）打开文件“第五章\球体轴 .hmc”，创建工单列表。

（2）如图 5-94 所示在零件底面上新建一工作平面，命名为：底部，Z 轴垂直于底面，原点在中间圆柱孔的圆心上。

（3）在 hyperMILL 浏览器中点击工单选项卡，在工单选项卡中右击鼠标，从弹出的菜单中选择【新建】>【工单列表】。

（4）在【工单列表设置】选项卡中，点击坐标系设置图标，在弹出的【加工坐标系定义】对话框中点击【工作平面】按钮，即将当前工作平面的坐标系设置为 G54 坐标系。

（5）在【零件数控】选项卡中如图 5-95 所示新建毛坯模型，并选择所有曲面作为零件模型，材料选用“AL7050”。

（6）在【后置处理】选项卡中，勾选机床选项，并选择【dmg 60】后完成工单列表的设置。

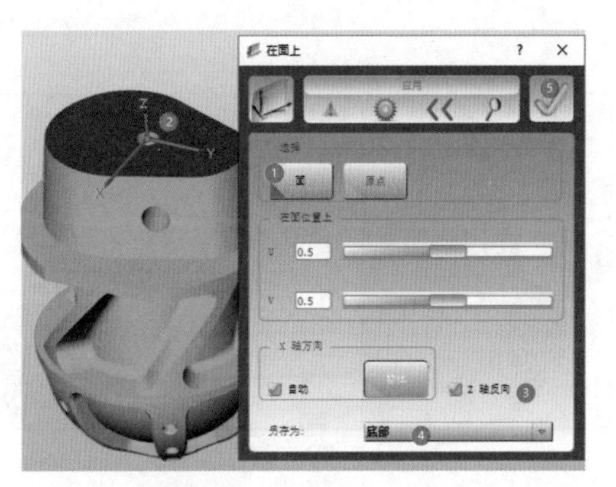

图 5-94 新建工作平面

图 5-95 新建毛坯模型

2. 底部结构整体粗加工

（1）新建【3D 任意毛坯粗加工】工单。

（2）在【刀具】选项卡中新建直径为 12mm 的立铣刀，几何参数和工艺参数自行设置。

（3）在【高性能】选项卡中勾选【高性能模式】选项。

（4）在【参数】选项卡中，按如图 5-96 所示设置参数。

（5）在【设置】选项卡中设置好毛坯并勾选【产生结果毛坯】选项。

（6）默认其他选项卡的设置生成刀路。

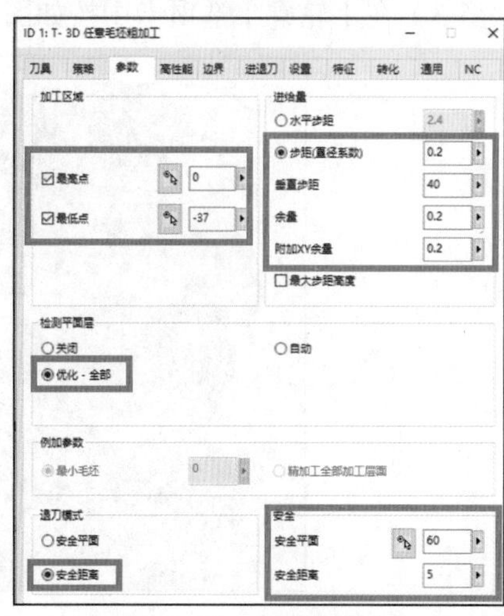

图 5-96 参数选项卡

3. 底部拔模面粗加工

（1）新建【5X 单曲线侧刃加工】工单。

（2）在【刀具】选项卡中选用直径为12mm的立铣刀。

（3）在【策略】选项卡中按如图5–97所示选择侧向曲面和轮廓曲线。

（4）在【参数】选卡中，按如图5–98所示设置参数，设置好后，侧面会分两层刀路进行粗加工，【余量】参数必须设置为0，否则会提示刀路干涉不能生成刀路。

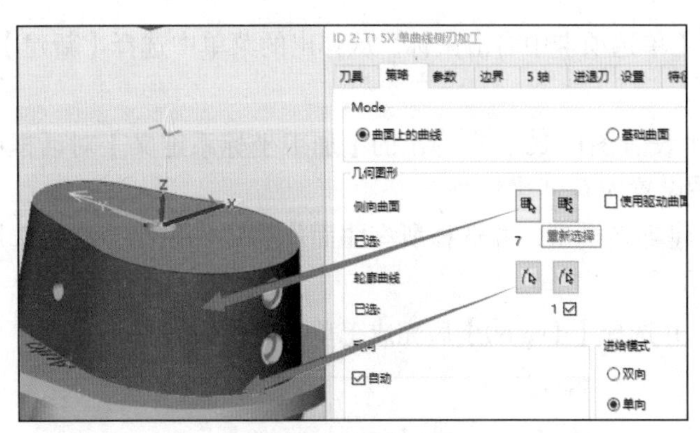

图5–97 策略选项卡

图5–98 参数选项卡

（5）在【5轴】选项卡中【倾斜角度】和【引导角】均设为0，确保刀具紧贴侧面进行加工。

（6）默认其他选项卡的设置生成刀路。

二、底部结构精加工

1. 底面精加工

（1）新建【3D平面加工】工单。

（2）在【刀具】选项卡中选用直径为12mm的立铣刀。

（3）在【边界】选项卡中按如图5–99所示选项底面。

（4）在【参数】选项卡中，余量参数均设置为0。

（5）默认其他选项卡的设置生成刀路。

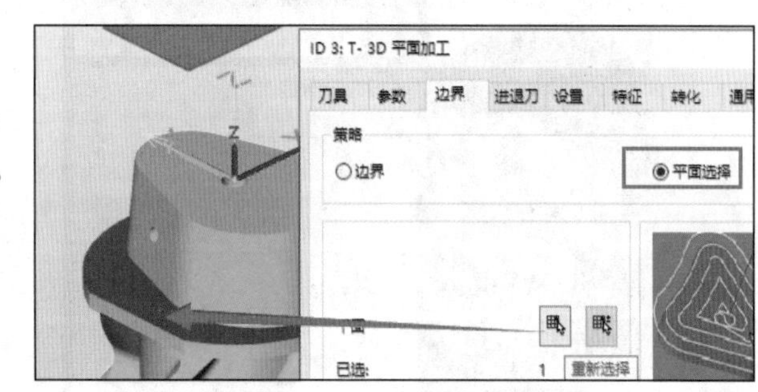

图5–99 边界选项卡

2. 轮廓精加工

（1）新建【基于3D模型的轮廓加工】工单。

（2）在【刀具】选项卡中选用直径为12mm的立铣刀。

（3）在【轮廓】选项卡中按如图5–100所示选择底部轮廓，并设置好轮廓参数。

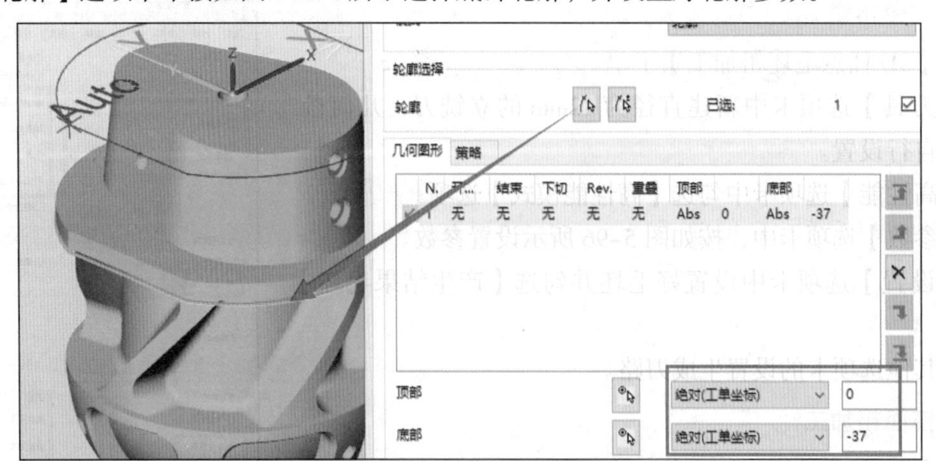

图5–100 选择加工轮廓

（4）在【参数】选项卡中，按如图 5-101 所示，设置参数。

（5）默认其他选项卡的设置生成刀路。

3. 底部拔模面精加工

（1）复制【5X 单曲线侧刃加工】工单，并对其进行编辑。

（2）在【参数】选项卡中，按如图 5-102 所示修改参数。

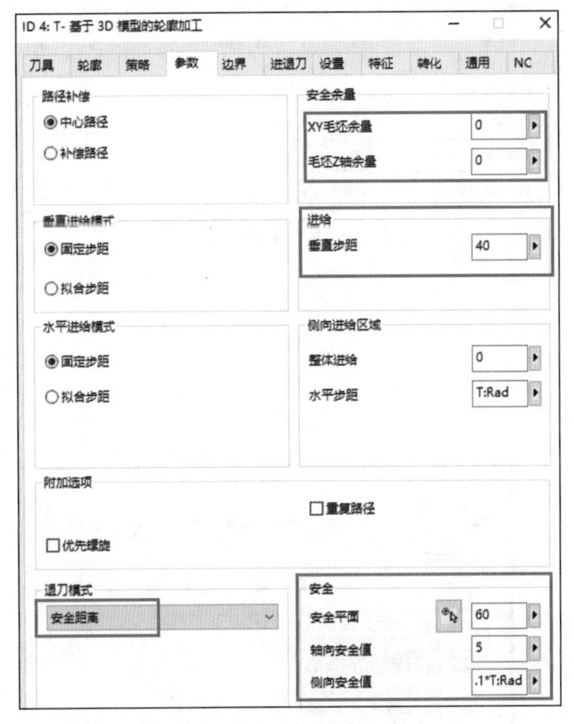

图 5-101 参数选项卡

图 5-102 参数选项卡

（3）默认其他选项卡的设置生成刀路。

4. 钻孔

1）钻中心孔

（1）在特征浏览器中使用【映射特征（孔）】命令识别出所有的孔。

（2）在工单浏览器中新建【中心孔】工单。

（3）在【刀具】选项卡中新建直径为 10mm 的倒角刀。

（4）在【特征】选项卡中选择如图 5-103 所示底部结构上的 5 个孔。

（5）在【轮廓】选项卡中选择【5X 钻孔】选项。

（6）设置【参数】选项卡。

（7）在【设置】选项卡中勾选【打开检查】选项后生成刀路。

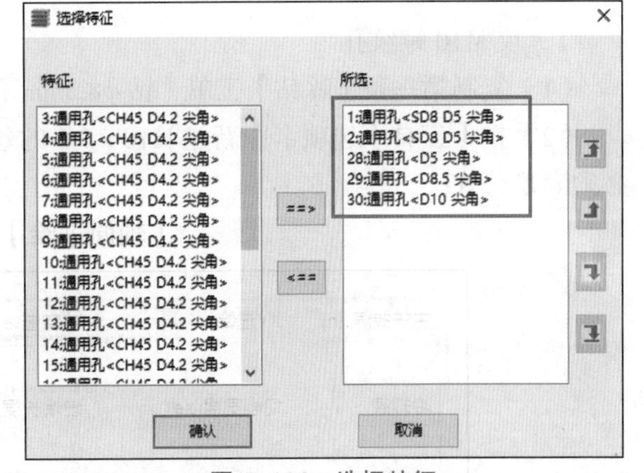

图 5-103 选择特征

2）钻直径为 8.5mm 的孔

（1）复制【中心钻】工单并进行使用快捷式菜单中的【替换为】命令变化成【啄钻】工单。

（2）在刀具选项卡中新建直径为 8.5mm 的钻头

（3）在【特征】选项卡中，按图 5-104 所示只激活直径为 8.5mm 的孔。

（4）如图 5-105 所示修改【参数】选项卡。

（5）默认其他选项卡的设置生成刀路。

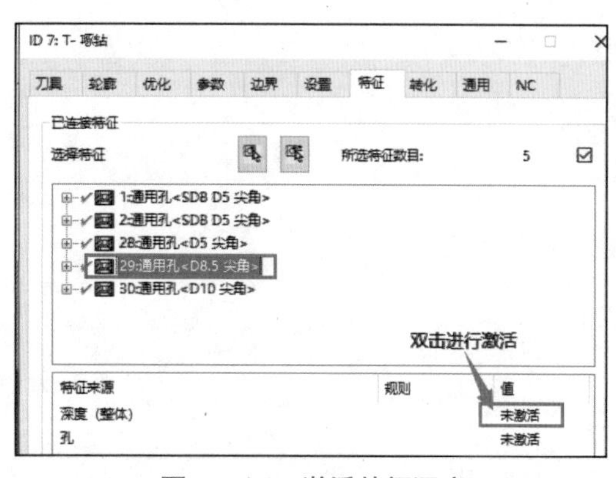

图 5-104 激活特征深度

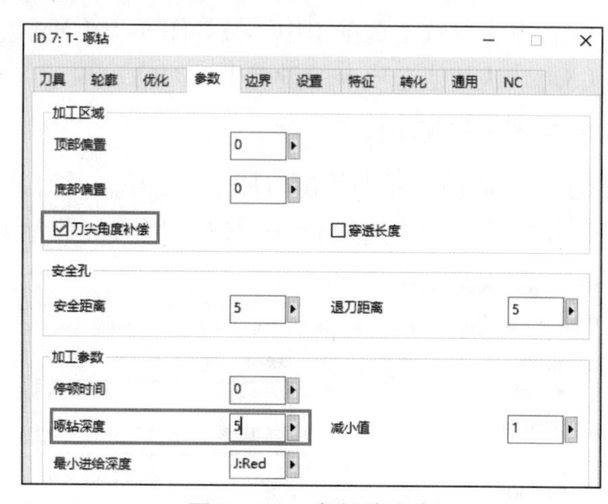

图 5-105 参数选项卡

3）钻直径为 5mm 的孔

（1）复制啄钻工单，并进行编辑。

（2）新建直径为 5mm 的钻头进行加工。

（3）在【特征】选项卡中只激活直径为 5mm 的 3 个孔。

（4）默认其他选项卡的设置生成工单。

4）钻直径为 10mm 的孔

方法同上，自行完成。

1）锪孔

（1）复制啄钻工单，并进行编辑。

（2）新建直径为 8mm 的立铣刀进行加工。

（3）在【特征】选项卡中，按如图 5-106 所示只对两个带沉头特征的孔激活其沉头特征。

（4）在【参数】选项卡中再将【停顿时间】设为 1s，其他参数默认。

（5）默认其他选项卡的设置生成工单。

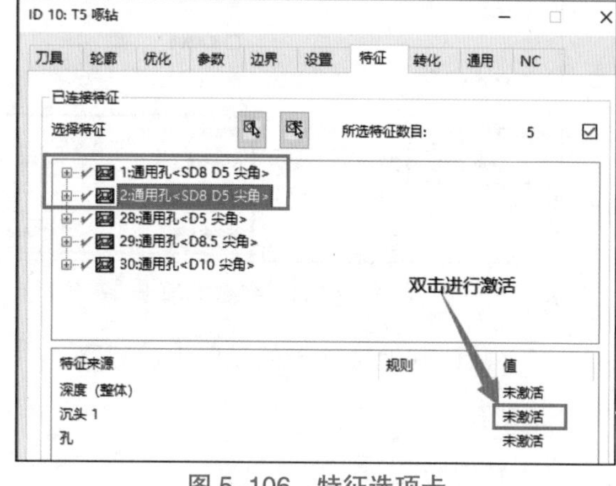

图 5-106 特征选项卡

5. 攻丝

1）攻 M10 螺纹孔

（1）复制第一条【啄钻】工单（钻 ϕ8.5mm 孔的工单），并对复制得到的工单替换为:【攻丝】工单。

（2）在【刀具】选项卡中新建 M10×1.5 的丝锥，工艺参数按图 5-107 所示设置。注意对于攻丝其参数必须满足公式:

【轴向进给】=【主轴转速】× 螺距

主轴转速 (n)	XY进给	轴向进给	减速进给	切削速度Vc	F/edge (fz)	Fz钻削(f)
600	200	900	100	10	0.5	1.5
冷却液	切削宽度(ae)	进给长度 (ap)	插入角度	最大减速进...		
1	0	0	2	15		

图 5-107 工艺参数

（3）在【参数】选项卡中将【底部偏置】设置为 5mm，使丝锥底部不会触到钻孔底面。

（4）在【设置】选项卡中不勾选【检查打开】选项，不进行干涉检查。因为模型上的孔为 ϕ8.5mm，丝锥的直径为 10mm，必与模型出现干涉。所有需关闭。

2）攻 3 × M6 螺纹孔

用同样的方法完成 3 个 M6 的螺纹孔的加工。至此完成底部结构的加工，仿真结果如图 5-108 所示。

图 5-108　底部结构加工仿真结果

5.3.3　零件上部和中间结构的加工

一、粗加工

1. 对球面结构开粗

（1）绘制半球面。

绘制如图 5-109 所示的圆弧和中心线，圆弧直径为 90mm，圆心在球心上。

对圆弧进行修剪，结果如图 5-110 所示。为方便修剪，可以将显示实体的灯泡关闭（ 实体 /1），不显示实体。

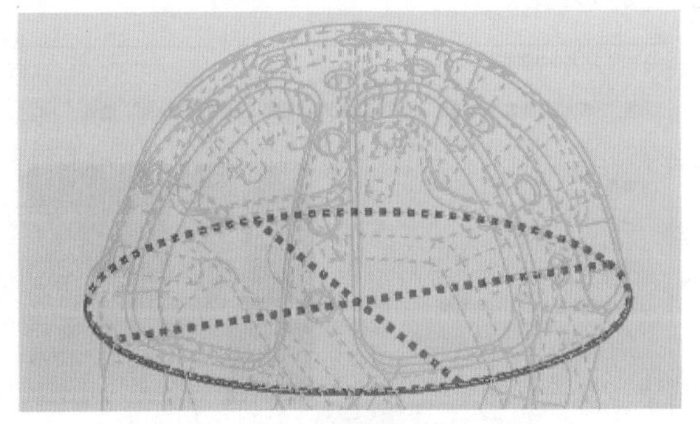

图 5-109　绘制圆与中心线

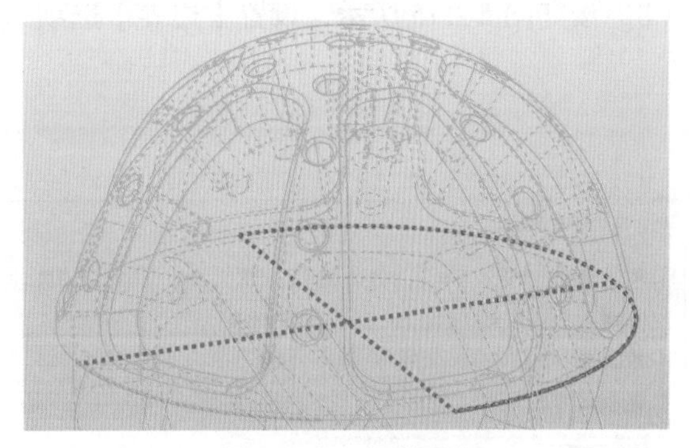

图 5-110　修剪图素

如图 5-111 所示，将圆弧旋转成半球面。

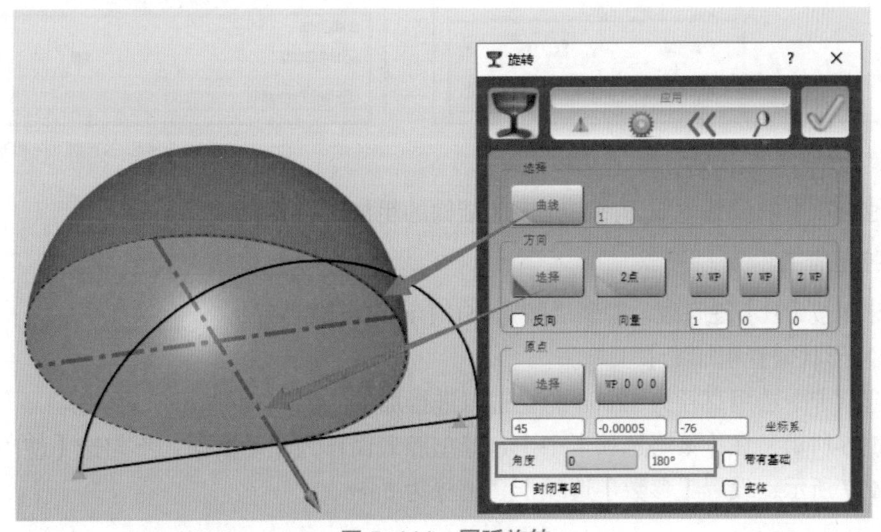

图 5-111　圆弧旋转

（2）如图 5–112 所示新建工作平面，命名为：上部，确保 Z 轴朝上，圆心在球面的顶点处。

（3）新建工单列表，坐标系使用【工作平面】，其他的选项同底部结构加工的工单列表设置一样。

（4）新建【5X ISO 端面加工】工单。

（5）在【刀具】选项卡中选用直径为 12mm 的立铣刀。

（6）按如图 5–113 所示，设置【策略】选项卡。

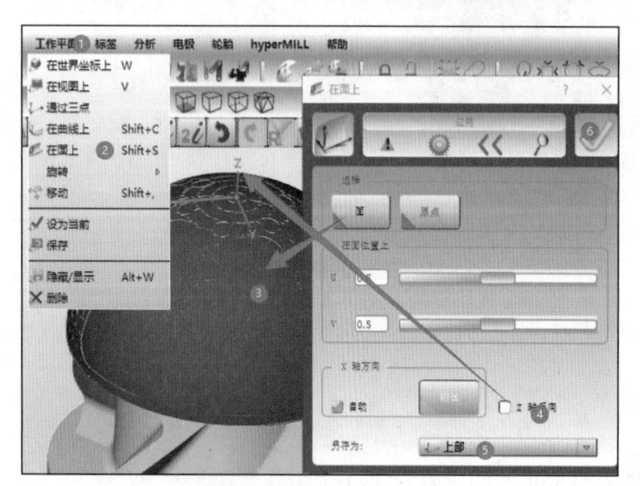

图 5–112 新建工作平面

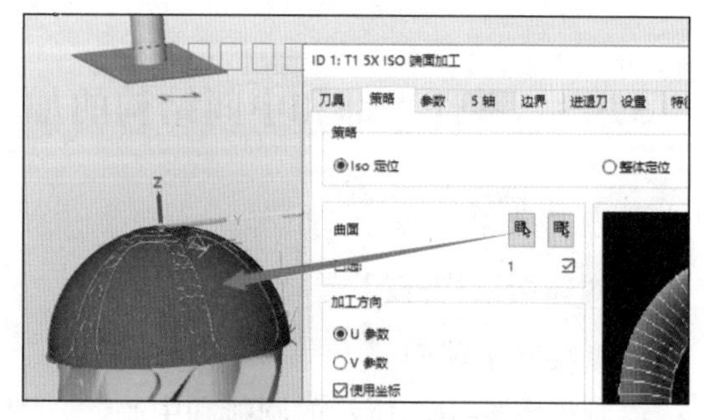

图 5–113 策略选项卡

（7）按如图 5–114 所示，设置【参数】选项卡。

（8）按如图 5–115 所示，设置【边界】选项卡，用毛坯裁剪刀路。

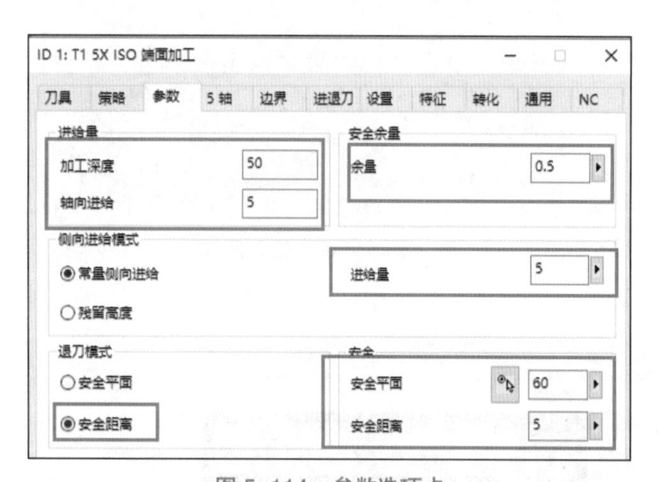

图 5–114 参数选项卡

图 5–115 边界选项卡

（9）默认其他选项卡的设置生成刀路。完成此结构的粗加工设置。

2. 球面上型腔粗加工

（1）选择半球面按【H】键隐藏，隐藏后按【ESC】键退出隐藏命令。

（2）新建【5X 形状偏置粗加工】工单。

（3）在刀具选项卡中选用直径为 12mm 的立铣刀进行加工。

（4）如图 5–116 所示，在【策略选项卡中】选择型腔底面作为驱动曲面，不勾选【使用坐标系】选项。

（5）如图 5–117 所示，设置【参数】选项卡，槽深为 6mm。

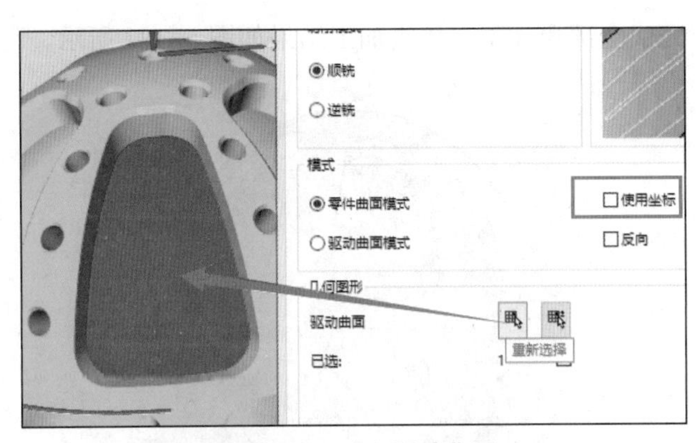
图 5–116 定义驱动曲面

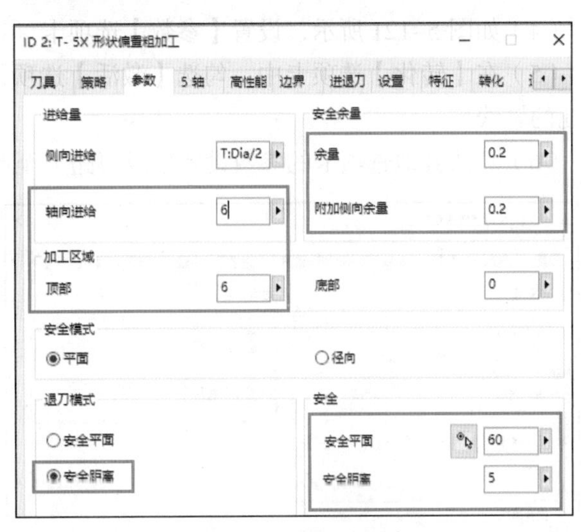
图 5–117 参数选项卡

（6）在【高性能】选项卡中，勾选【高性能模式】。

（7）在【转化】选项卡中，勾选【激活】选项，并设置圆形阵列，阵列个数为 6，阵列轴为底部小孔的轴线。

（8）默认其他选项卡的设置生成刀路。刀路如图 5–118 所示。

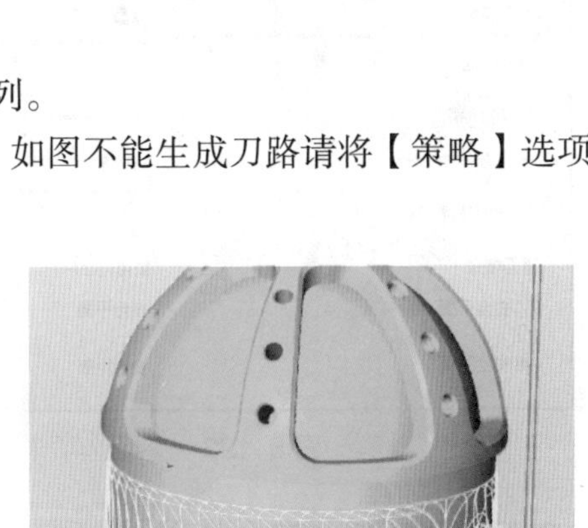
图 5–118 5X 形状偏置粗加工刀路

3. 中间结构的圆柱面粗加工

（1）新建复制圆柱面。如图 5–119 所示，绘制一个直径为 85mm 的圆。将此圆进行线性扫描成圆柱面，高度为 40mm。

（2）复制上一工单（5X 形状偏置粗加工）并对其进行编辑。

（3）在【策略】选项卡中选择刚生成的圆柱面作为驱动曲面。

（4）在【转化】选项卡中不勾选【激活】选项。这里不需要阵列。

（5）默认其他选项卡的设置生成刀路。刀路如图 5–120 所示。如图不能生成刀路请将【策略】选项卡中的【反向】选项勾选，改变曲面的法向方向即可。

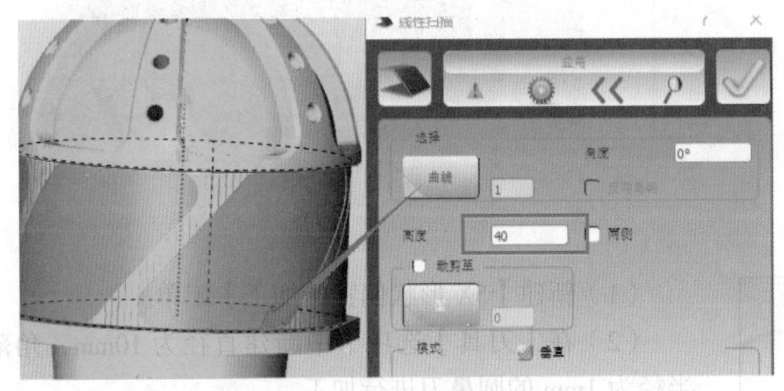
图 5–119 创建圆柱面

图 5–120 圆柱面粗加工刀路

4. 中间型腔粗加工

（1）隐藏圆柱面，露出中间的型腔结构。

（2）复制上一条工单（5X 形状偏置粗加工），并对它进行编辑。

（3）在【策略】选项卡中，选择中间的型腔底面（不需要选择圆角面）作为驱动面。不勾选【反向】选项和【使用坐标系】选项。

（4）如图 5-121 所示，设置【参数】选项卡。

（5）在【转化】选项卡中，勾选【激活】选项，并新建一个圆形阵列，数量为 5，轴线仍然是底部圆柱小孔的轴线。

（6）默认其他选项卡的参数设置生成刀路。至此，完成全部粗加工，仿真加工结果如图 5-122 所示。

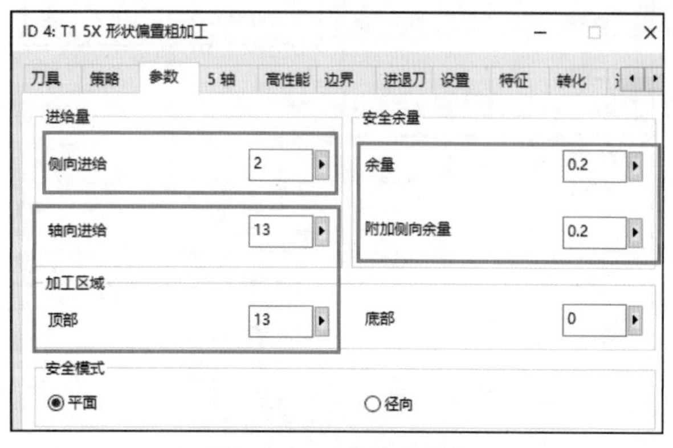

图 5-121 参数选项卡

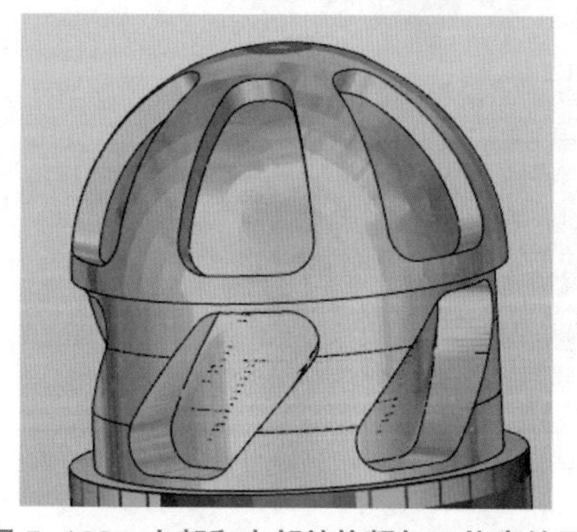

图 5-122 上部和中部结构粗加工仿真结果

二、精加工

1. 球面结构进行精加工

（1）复制第一条工单（5X ISO 端面加工），并对其进行编辑。

（2）如图 5-123 所示，修改【参数】选项卡。

（3）其他选项卡采用默认设置即可，生成的刀路如图 5-124 所示。

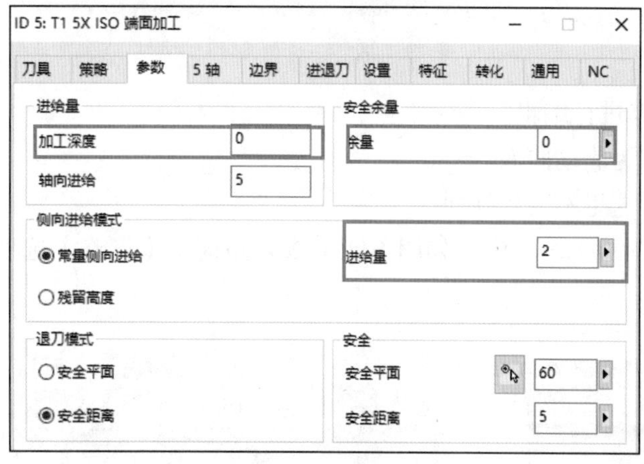

图 5-123 参数选项卡

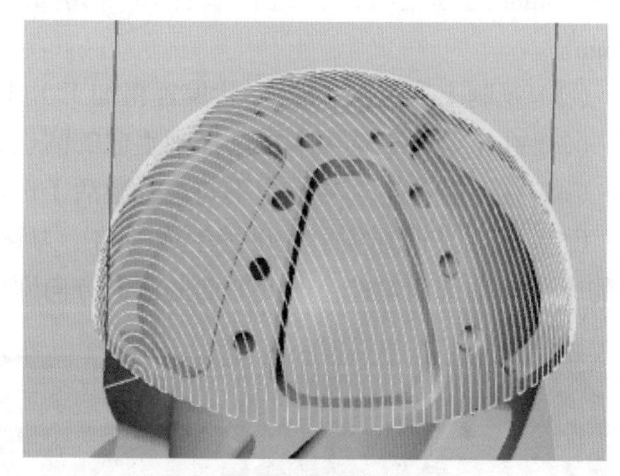

图 5-124 球面精加工刀路

2. 球面型腔精加工

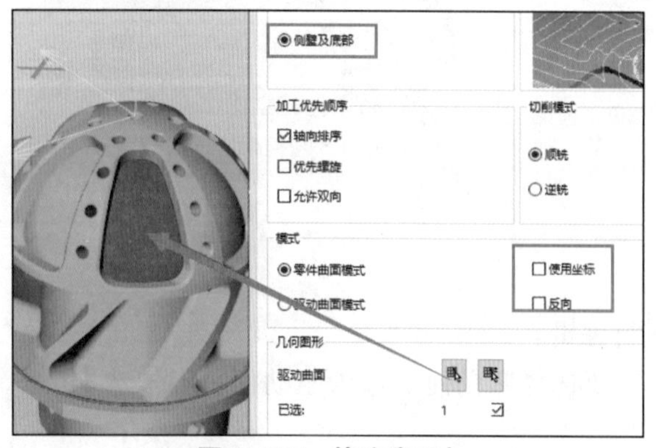

图 5-125 策略选项卡

（1）新建【5X 形状偏置精加工】工单。

（2）在【刀具】选项卡中新建直径为 10mm，角落半径为 1mm 的圆鼻刀进行加工。

（3）如图 5-125 所示，设置【策略】选项卡。

（4）如图 5-126 所示，设置参数选项卡。

（5）在【转化】选项卡中勾选【激活】选项，并选择“圆形阵列 1”作为刀路阵列设置。

（6）默认其他选项卡的设置生成如图 5-127 所示的刀路。

图 5-126 参数选项卡

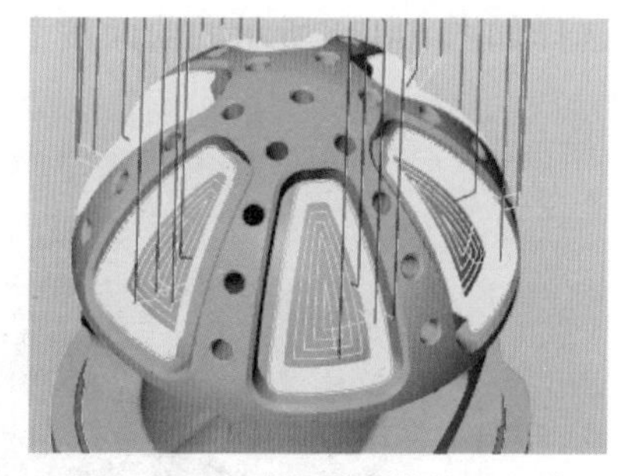
图 5-127 球面型腔精加工刀路

3. 中间结构的圆柱面精加工

（1）复制上一条精加工工单并对其进行编辑。刀具使用直径为 12mm 的立铣刀。

（2）按【Ctrl】+【H】键将圆柱面进行显示，并在【策略】选项卡中将其选择为驱动曲面，勾选【反向】选项。

（3）如图 5-128 所示，设置【参数】选项卡，其他参数默认。

（4）在【转化】选项卡中不勾选【激活】选项。

（5）默认其他选项卡的设置生成刀路。

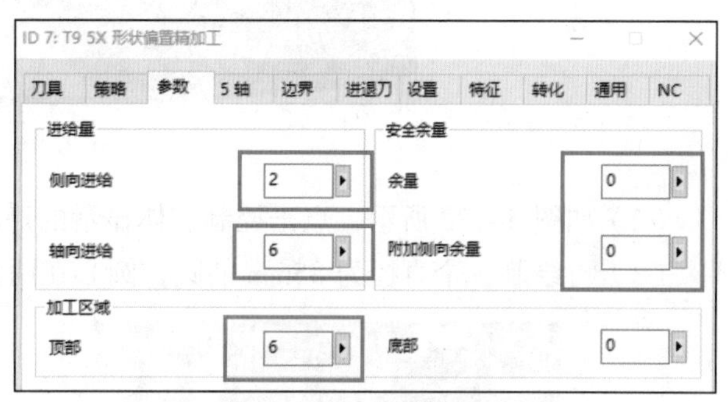

图 5-128 参数选项卡

4. 中间型腔底面精加工

（1）复制上一条精加工工单并对其进行编辑。

（2）选择圆柱面，按【H】键将进行隐藏，并在【策略】选项卡中选择型腔底面为驱动曲面，不勾选【反向】选项。

（3）如图 5-129 所示，设置【策略】选项卡。

（4）如图 5-130 所示，设置【参数】选项卡，由于加工侧壁的刀路不理想，所有这里只加工底部圆角部分和底面，侧壁加工使用其他刀路策略来完成。

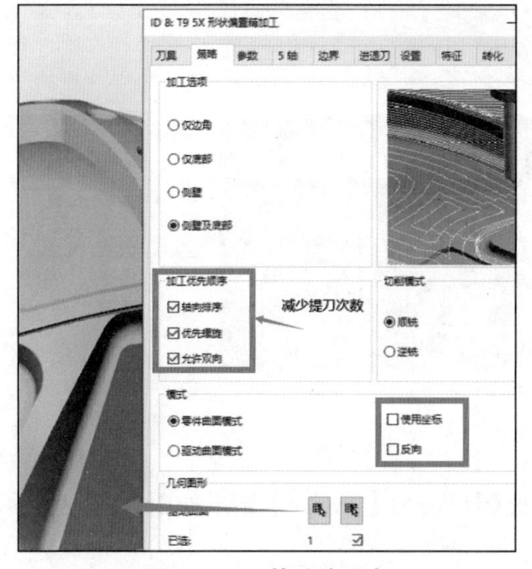

图 5-129 策略选项卡

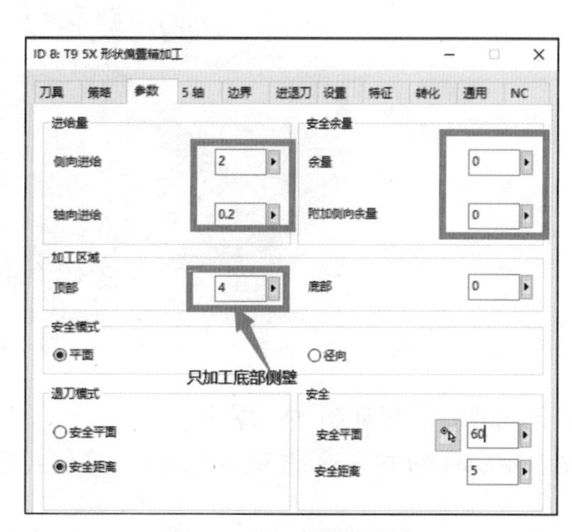

图 5-130 参数选项卡

（5）在【转化】选项卡中勾选【激活】选项，并选择“圆形阵列 2”作为刀路阵列设置。

（6）默认其他选项卡的设置生成刀路。

5. 中间结型腔侧面精加工

（1）选择如图 5-131 所示的曲面按【M】键调出【移动 / 复制】命令，按如图 5-131 所示设置复制 17 张曲面。

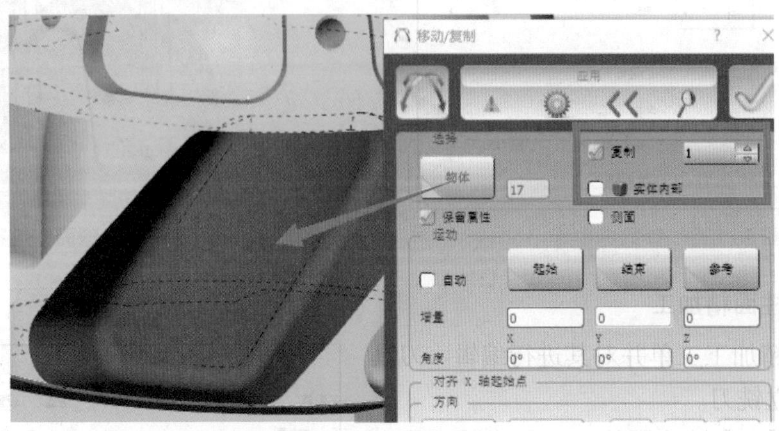

图 5-131 复制曲面

（2）如图 5-132 所示，点击控制实体显示的灯泡，使其变成灰色，不显示实体。

（3）再绘制一个直径为 85mm 的圆，圆心在两直线的交点处，如图 5-133 所示。

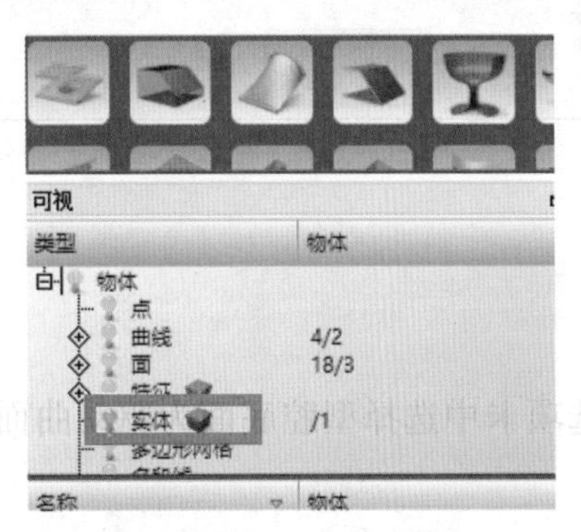

图 5-132 隐藏实体

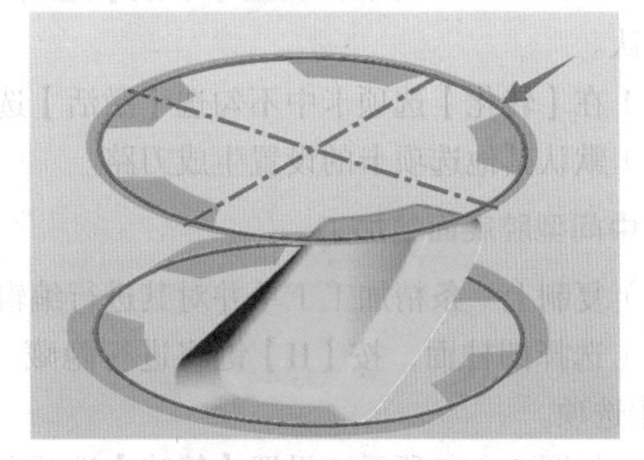

图 5-133 绘制圆

（4）如图 5-134 所示，对复制的面进行裁剪。

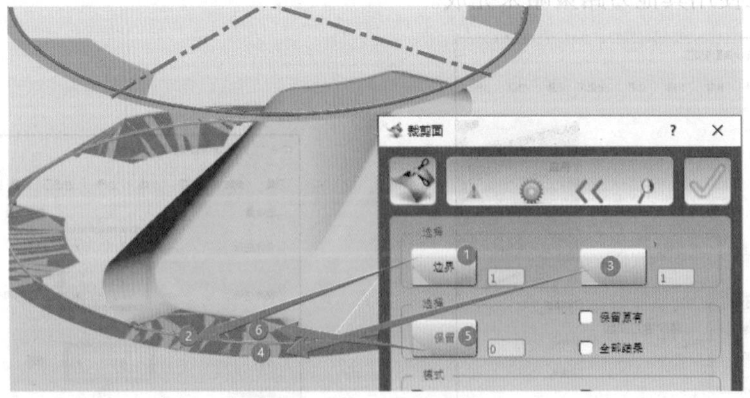

图 5-134 裁剪曲面

（5）裁剪后结果如图 5-135 所示。

（6）用同样的方法对上部的平面进行修剪，修剪后将曲面颜色设为【orange】结果如图 5-136 所示。

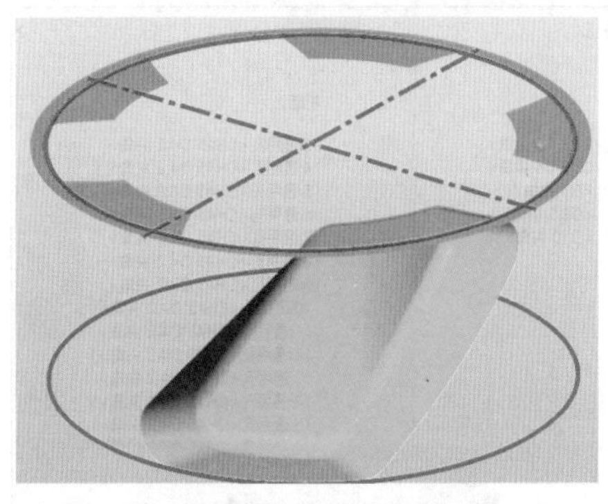

图5-135 裁剪曲面结果

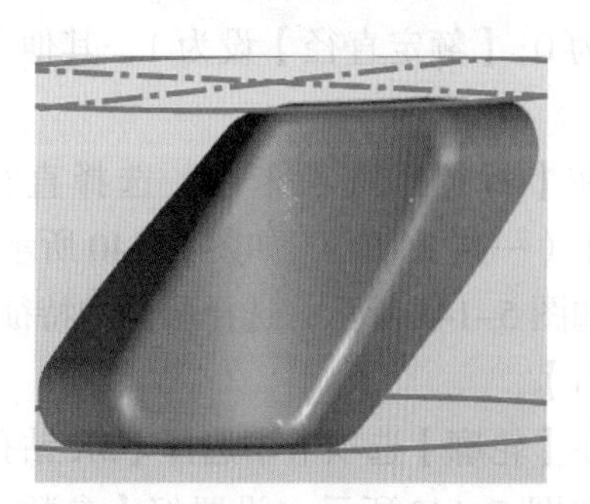

图5-136 修改曲面颜色

（7）如图5-137所示，采用【在面上】命令，选择型腔底面新建工作平面，勾选【Z轴反向】确保Z轴正向朝外。

（8）新建【3D ISO加工】工单。

（9）在【刀具】选项卡中新建直径为6mm的球刀，将加工坐标系设置为【工作平面】。

（10）在【策略】选项卡中，如图5-138所示，选择【整体定位】、【流线】、【平滑双向】选项，勾选【优先螺旋】选项，不勾选【使用坐标系】选项，选择型腔侧面（8个曲面，不要选底面和底部圆角面）。

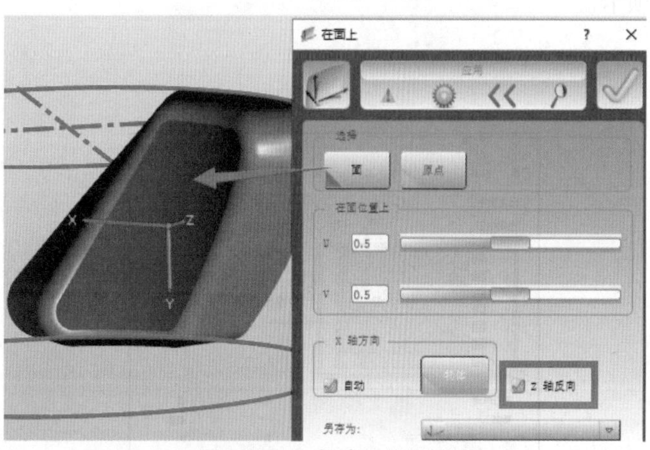

图5-137 新建工作平面

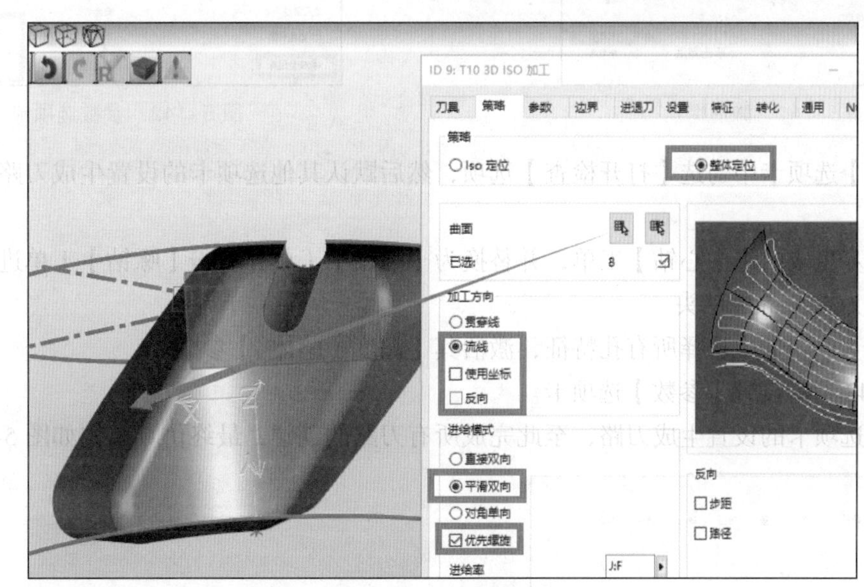

图5-138 策略选项卡

（11）设置【参数】选项卡，参数根据工艺文件自行设置。

（12）在【转化】选项卡中勾选【激活】选项，并选择“圆形阵列2”作为刀路阵列设置。

（13）默认其他选项卡的设置生成刀路，刀路如图5-139所示。

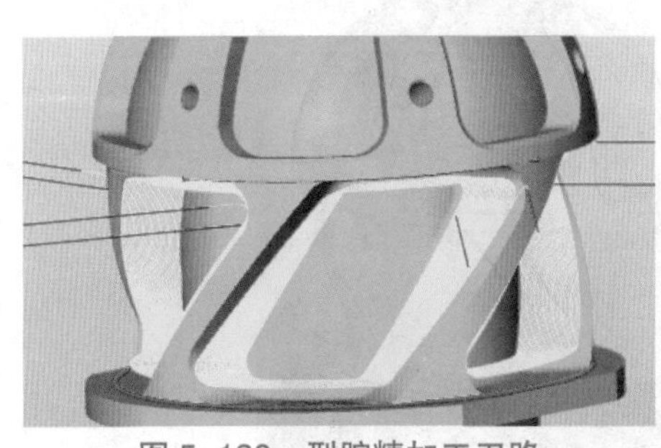

图5-139 型腔精加工刀路

6. 钻孔

1）钻中心孔（顺便把孔口倒角完成）

（1）新建【中心钻】工单

（2）新建直径为 10mm 的倒角刀，【前端直径】设为 0，【额定直径】设为 1，其他参数自定。

（3）在【特征】选项卡中，选择直径为 4.2mm 的孔（一共 25 个），如图 5-140 所示。

（4）如图 5-141 所示，选择所有的特征孔，激活【倒角】。

（5）在【轮廓】选项卡中选择【5X 钻孔】。

（6）如图 5-142 所示，设置好【参数】选项卡。

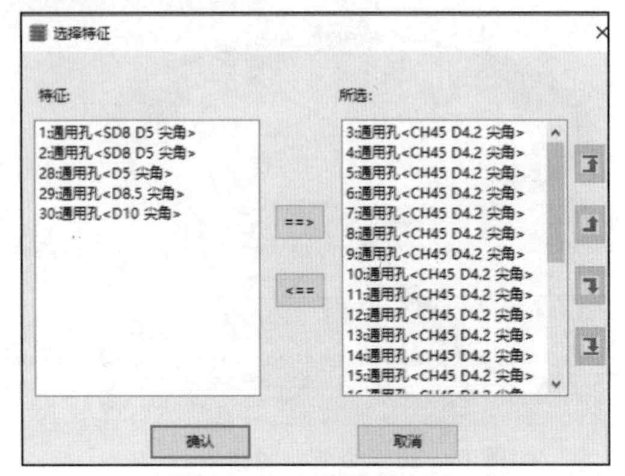

图 5-140 选择特征孔

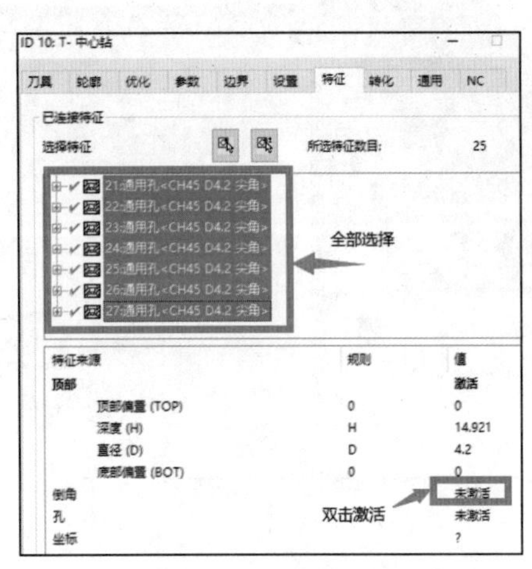

图 5-141 激活倒角

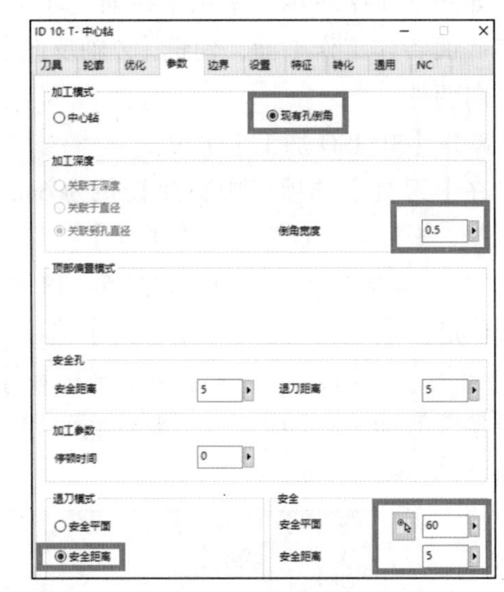

图 5-142 参数选项卡

（7）在【设置】选项卡中勾选【打开检查】选项，然后默认其他选项卡的设置生成刀路。

2）钻 $\phi 4.2$ 孔

（1）复制上一步生成的【中心钻】工单，并替换为【啄钻】工单并双击【啄钻】工单进行编辑。

（2）新建直径为 4.2mm 的钻头。

（3）在【特征】选项卡中选择所有孔特征，激活其【深度（整体）】参数。

（4）如图 5-143 所示设置【参数】选项卡。

（5）默认其他选项卡的设置生成刀路，至此完成所有刀路的创建，最终仿真结构如图 5-144 所示。

图 5-143 参数选项卡

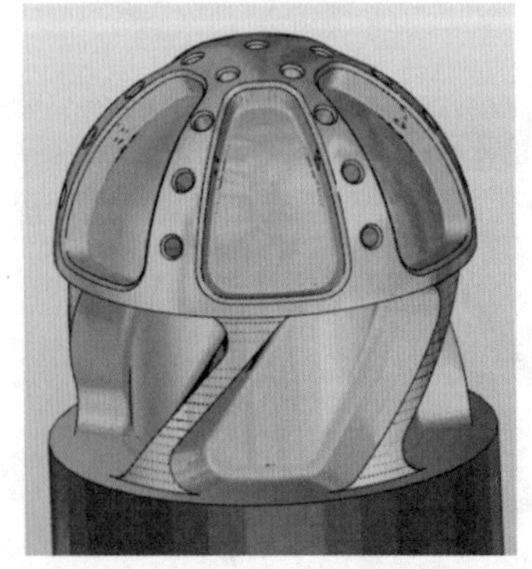

图 5-144 上部和中部结构仿真结果

5.4 案例 4——叶轮的加工

5.4.1 叶轮及其加工策略介绍

从图 5-145 可以看出，一个叶轮包含轮毂、包覆、叶片、叶根圆角和分流叶片。叶轮的加工可以使用 hyperMILL 中的叶轮加工模块完成，该加工模块主要包含 5X 叶轮粗加工、5X 叶轮流道精加工、5X 叶轮点铣削、5X 叶轮侧刃铣削、5X 叶轮边缘加工、5X 叶轮圆角加工等加工策略。

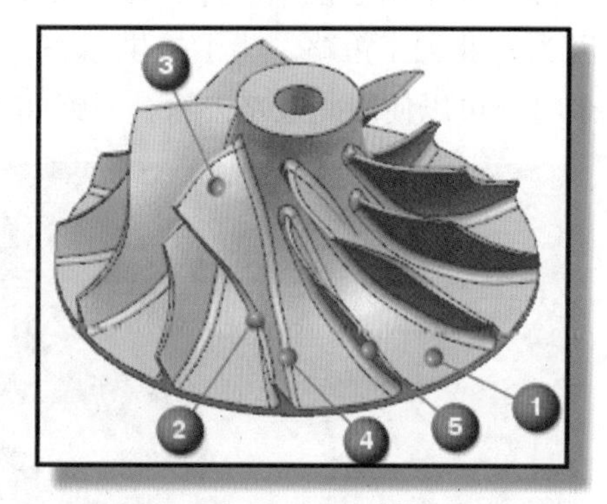

图 5-145 叶轮

1—轮毂; 2—包覆; 3—叶片; 4—叶根圆角; 5—分流叶片

1. 5X 叶轮粗加工

此加工策略是用于从预制的毛坯或半成品部件开始，对各个叶片间的型腔进行粗加工，刀路如图 5-146 所示。

2. 5X 叶轮流道精加工

此加工策略是用于对叶轮轮毂曲面进行精加工，刀路如图 5-147 所示。

图 5-146 5X 叶轮粗加工

图 5-147 5X 叶轮流道精加工

3. 5X 叶轮点铣削

此加工策略是通过点接触模式对叶片曲面（叶片和分流叶片）进行螺旋状环状加工。如果叶片曲面扭曲度过大，而无法进行侧刃加工或在直纹曲面部分使用高速切削（HSC）技术，则应使用此加工策略，而不必非要使用侧刃加工。刀路如图 5-148 所示。

4. 5X 叶轮叶侧刃铣削

此加工策略用于对叶片曲面进行环状、叶根加工。当刀具跟曲面弯曲部分足够贴合时，最好使用这种加工策略。该加工策略所需的加工时间比点加工短。刀路如图 5-149 所示。

图 5-148 5X 叶轮叶点铣削

图 5-149 5X 叶轮叶侧刃铣削

5. 5X 叶轮叶边缘加工

此加工策略用于叶片前缘与后缘的加工。如果在侧刃加工时，不能与叶身部位同时加工这部分几何体，则需采用边缘加工策略。刀路如图 5–150 所示。

6. 5X 叶轮圆角加工

这种铣削策略用于铣削叶片和轮毂曲面间的倒圆角。还可以用于产生可变的圆角或除去剩下的残余材料。正因为有此加工策略，为了提供效率，我们可以用较大刀具铣削叶片和榫头曲面，由此产生的在圆角处的残余材料可以使用此策略去除。刀路如图 5–151 所示。

图 5–150 5X 叶轮叶边缘加工

图 5–151 5X 叶轮圆角加工

5.4.2 叶轮粗加工

1. 新建工单列表

打开文件“第五章 \ 叶轮 .hmc”，新建工单列表。

（1）坐标系选用【工作平面】。

（2）毛坯模型如图 5–152 所示设置。

（3）零件模型选择整个零件曲面。

（4）机床选用【DMG 60】。

2. 新建叶轮特征

1）新建叶轮特征

如图 5–153 所示，在 hyperMILL 浏览器的特征选项卡中新建叶轮特征。

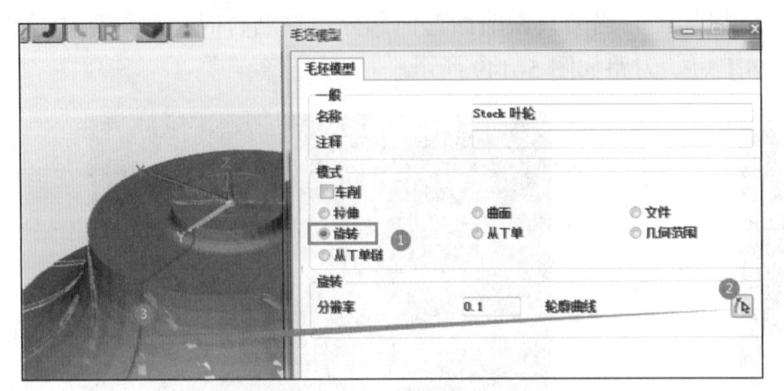

图 5–152 新建毛坯模型

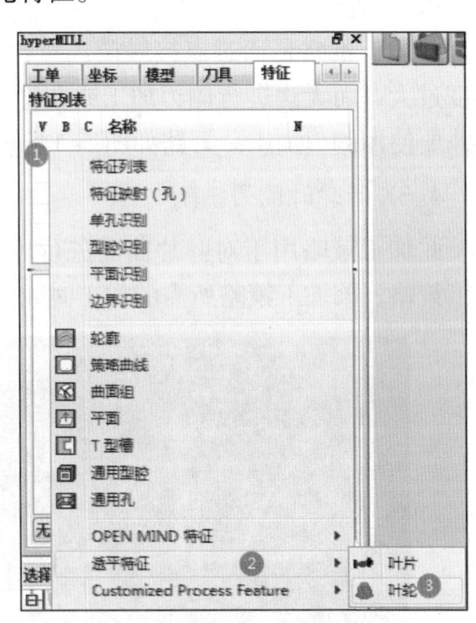

图 5–153 新建叶轮特征

2）设置叶轮特征

（1）【长叶片数量】设置为 5。

（2）如图 5-154 所示，选择长叶片曲面（可不选圆角面，总数为 5）。

（3）以类似的方法选择短叶片曲面，如图 5-155 所示。

（4）如图 5-156 所示选择流道面。

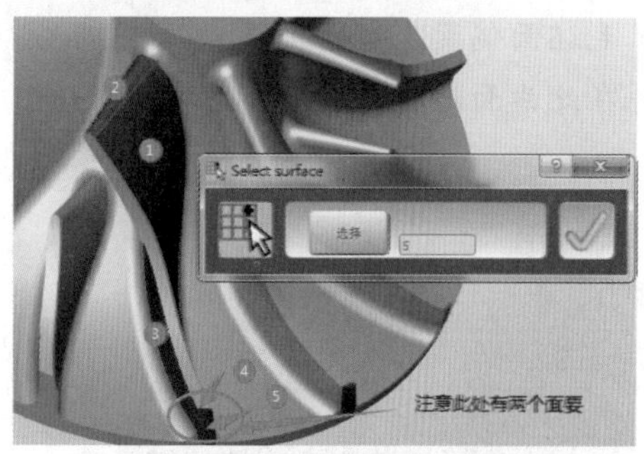

图 5-154 定义长叶片曲面

图 5-155 定义短叶片曲面

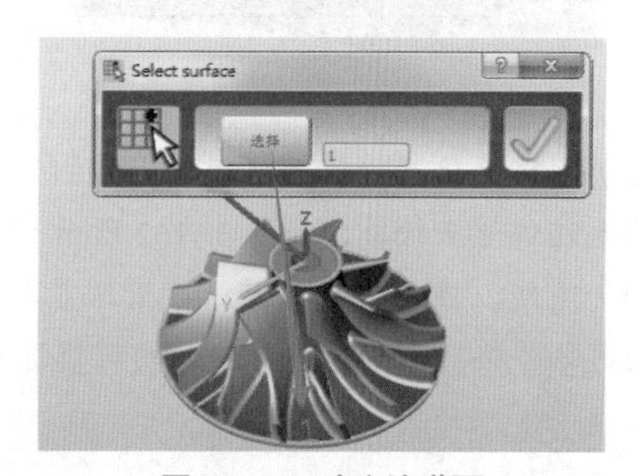

图 5-156 定义流道面

（5）如图 5-157 所示，点亮【shroud】图层，选择图中曲面作为【毛坯曲面】。

（6）关闭【shroud】图层，如图 5-158 所示，选择【裁剪曲线】，完成叶轮特征的设置。只在使用边缘加工和 / 或侧刃加工循环时，才需要定义裁剪曲线。

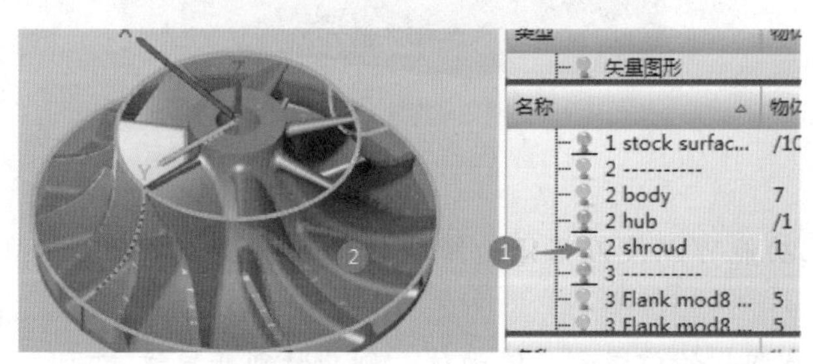

图 5-157 定义毛坯曲面

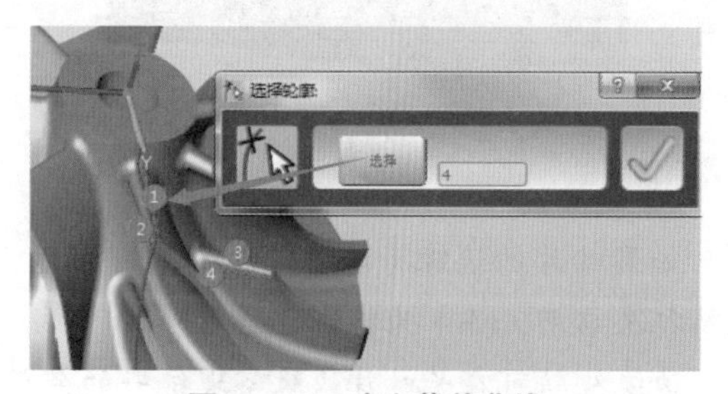

图 5-158 定义裁剪曲线

3. 新建【叶轮粗加工】工单

4. 在【刀具】选项卡中选择直径为 4mm 的锥度球刀

5. 如图 5-159 所示，设置【策略】选项卡

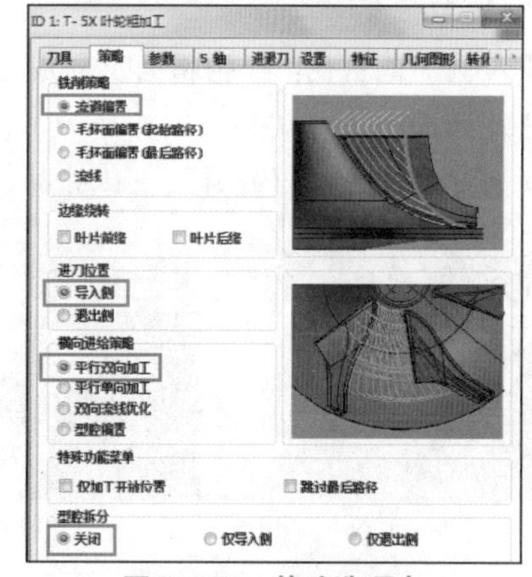

图 5-159 策略选项卡

策略选项卡中参数介绍

1）铣削策略

所选择的铣削策略决定了刀具倾角和轴向轨迹分布。

（1）流道偏置。刀具倾角是根据流道的矢量信息确定的。切削部分作为从流道开始的偏置计算，如图 5-160 所示。

（2）毛坯面偏置（起始轨迹）。切削部分从起始轨迹开始就是以毛坯偏置来计算。路径根据流道曲面来修整，并在此曲面延展到下一最高路径，如图 5–161 所示。

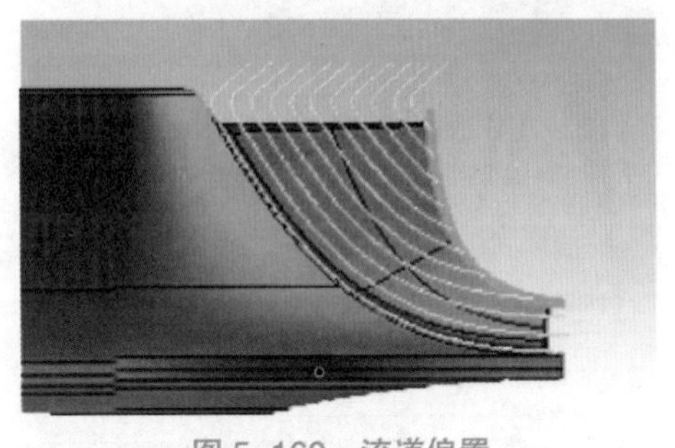

图 5–160 流道偏置

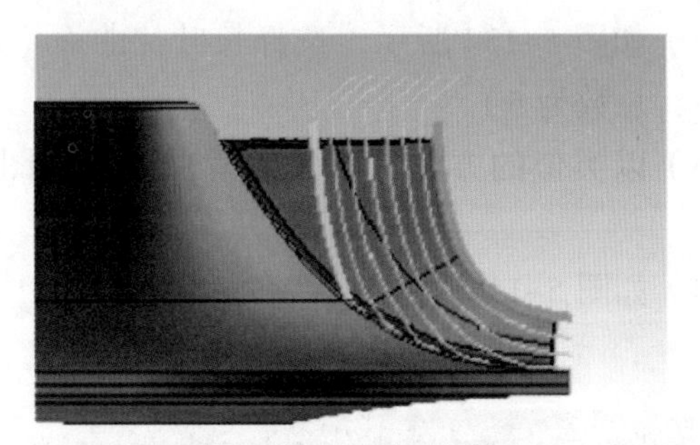

图 5–161 毛坯偏置

（3）毛坯面偏置（最后路径）。切削部分作为从最终路径开始的偏置进行计算。切削部分从流道曲面所裁剪的毛坯偏置来计算，如图 5–162 所示。

（4）流线。在此策略中，深度进给量与使用点铣削流线选项时相同。粗加工和后续的精加工操作采用相同的进给策略。当加工叶片曲面的理想过程要求交替进行粗 / 精加工时采用该程序，如图 5–163 所示。

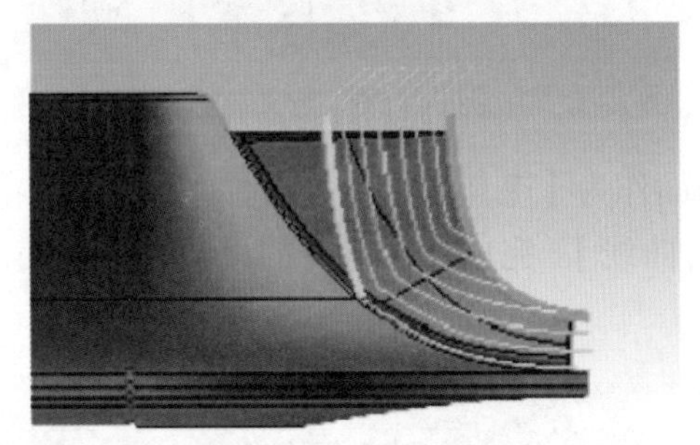

图 5–162 毛坯面偏置

图 5–163 流线轮廓

2）边缘绕转

如果叶片的边缘（前缘 / 后缘）有圆角，开启此功能可以使刀路沿边缘绕转。如图 5–164 中所示：（a）为特征未启用，（b）为特征已启用。

边缘绕转可在长叶片边缘实现统一的余量。如果有圆化的前缘和后缘边线，则应特别开启该选项。

3）进刀位置

导入侧 / 退出侧：叶轮槽的上部成为导入侧，下部成为退出侧。

叶轮的加工既可从导入侧开始加工，如图 5–165（a）所示，也可从退出侧加工，如图 5–165（b）所示。在用双向策略加工时，最好从上边开始。加工方向不变时，进入位置一般取决于最佳的引导角度。

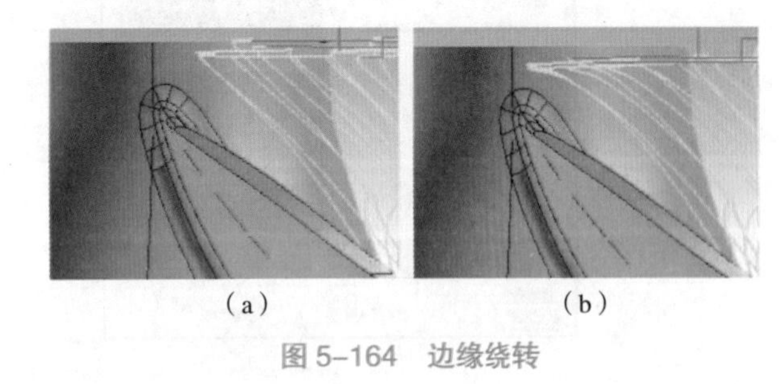

（a） （b）

图 5–164 边缘绕转

（a） （b）

图 5–165 导入侧 / 退出侧

4）横向进给策略

叶轮的粗加工总是在长叶片之间流畅地进行，路径轮廓跟随流动流线，加工以顺铣方式进行。

（1）平行双向加工：切削方向在两长叶片之间变化的加工。如图 5–166 所示。

（2）平行单向加工：两长叶片之间切削方向相同的加工。如图 5–167 所示。

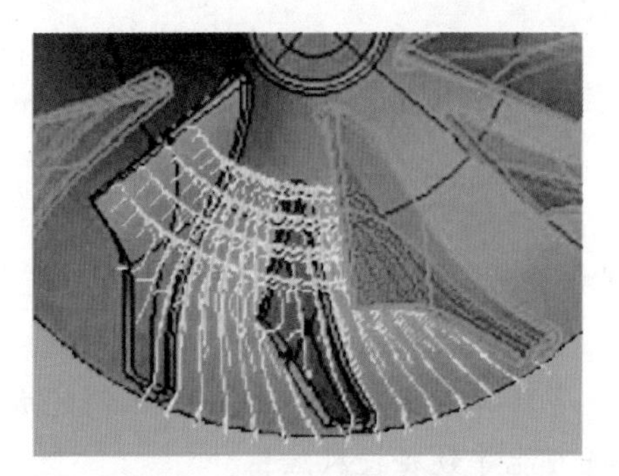
图 5-166 平行双向加工

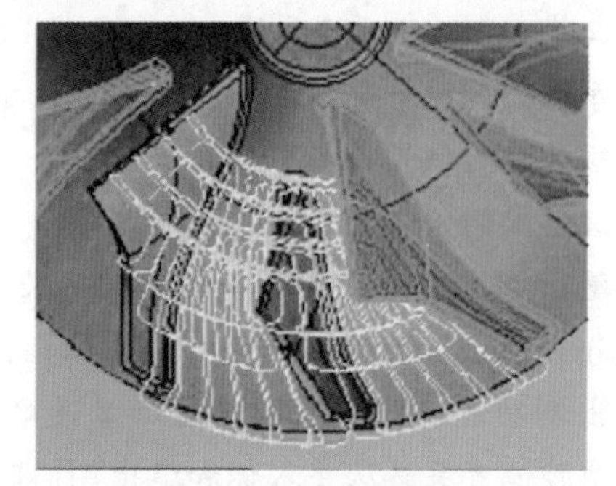
图 5-167 平行单向加工

（3）双向流线优化：在此方法中，刀具轨迹按照流线方向，刀具轨迹顺序则越过型腔从一个叶片前进到相邻的叶片。其主要优势是：过渡运动中的旋转台运动较少，切削之间加工时间短。

（4）型腔偏置。

型腔形状材料去除处理时会考虑参数标记中定义的偏置值（流道曲面 / 毛坯曲面）。hyperMILL 会自动产生沿型腔的外型轮廓的偏置路线。如图 5-168 所示。

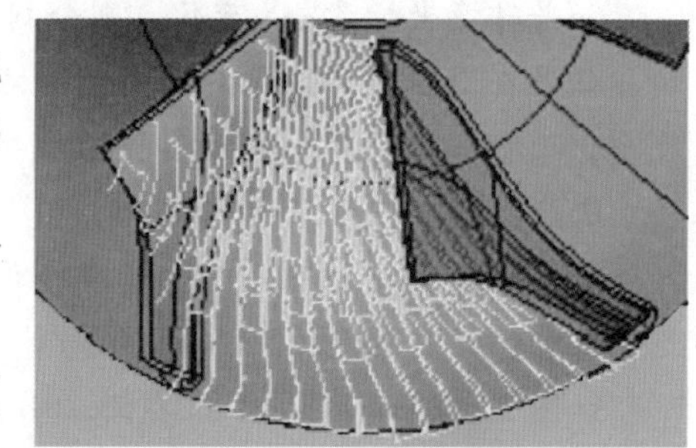
图 5-168 型腔偏置

含有或没有短叶片的叶轮都可以使用型腔偏置功能。但是含有短叶片的叶轮，它只能与在型腔拆分功能中使用仅退出侧选项合用。

如果型腔偏置应用在不含短叶片的叶轮时，同时型腔拆分功能打开，则应用流线策略对导入侧区域首先进行清除加工。这将确保导入侧区域内无任何材料残余，它们在使用型腔偏置进给策略对退出侧进行加工过程中可能会导致刀具碰撞。

5）特殊功能菜单

（1）仅加工开放位置。如果该选项启用，作为后续精加工处理的准备措施，hyperMILL 只进行开放切削，而不侧向清理型腔。开放切削的轴向进给在参数选项卡中定义。

（2）跳过最后轨迹。如果在叶片附近进行路径加工后再进行精加工（要求：叶片和刀具都足够稳定），该选项将跳过最后加工路径（靠近叶片处），从而相应缩短加工时间。

6）型腔拆分

在对叶片之间的型腔进行加工时，可使用较小的刀具对较狭窄的区域进行加工（如图 5-169（a）所示的退出侧的加工），而较宽阔的区域则可使用较大的刀具进行加工（如图 5-169（b）所示的导入侧的加工）。型腔拆分处理显著缩短加工时间，从而提高加工效率。

对于有短叶片的叶轮，hyperMILL 自动根据短叶片尺寸指定上下加工区域间定界的 Z 轴值。短叶片上方的其余区域用较大刀具进行加工，而长叶片和短叶片之间的两个较小区域要用较小刀具进行加工。

对于没有短叶片叶轮，使用分割 Z 轴值将指定应在何处将型腔分割成上（导入侧）、下（退出侧）两部分。 导入侧：用较小刀具加工，如图 5-169（c）所示，退出侧：用较大刀具加工，如图 5-169（d）所示。

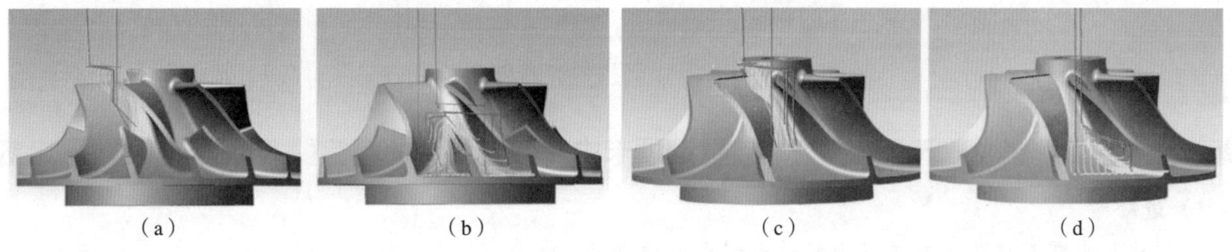

图 5-169 型腔拆分

型腔拆分下提供下列加工选项供使用。

（1）关闭：不进行型腔分割处理。导入和退出两侧都进行加工。如果定义了短叶片，加工将同时在短叶片（= 导入侧）上方以及长叶片和短叶片之间（退出侧）进行。

（2）仅导入侧（Only Lead）。

只有导入侧区域将得到加工。如果定义了短叶片，加工将在短叶片上方进行。将加工区域由 hyperMILL 自动根据短叶片的位置指定。

（3）仅退出侧（Only Trail）。

只有退出侧区域将得到加工。如果定义了短叶片，加工则相应地将在长叶片和短叶片之间进行。将加工区域由 hyperMILL 自动根据短叶片的位置指定。

仅退出侧功能可以与型腔偏置加工策略配合使用，但条件是只有当粗加工已经在导入侧完成才可以。这是因为型腔偏置策略从导入侧和退出侧同时进刀，如不那样将可能导致碰撞风险！

（4）分割 Z 轴值。

该选项只有在未定义短叶片时才可供使用，即只有在未定义短叶片时，才会在图 5–159 中显示此参数及其设置内容。它根据已定义工单的加工坐标系指定用于加工区域和不加工区域型腔分割的适用 Z 轴高度。

如果转换坐标系发生变化，则分割 Z 轴值必须得到相应适当调整。

如果在退出侧，短叶片的左侧和右侧型腔有不同的尺寸，则可分别使用仅左侧和仅右侧功能和不同的刀具尺寸进行加工。这可以缩短加工时间。

使用完全加工选项，将加工整个退出侧，换言之就是短叶片的左右两侧。

如图 5–170 所示：（a）仅左侧，（b）仅右侧，（c）整个工件，

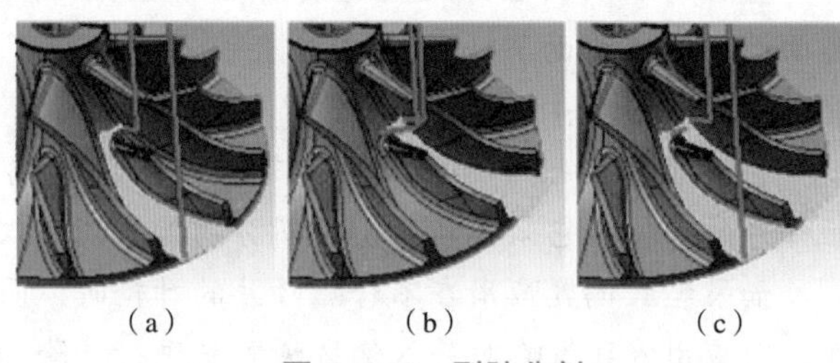

图 5–170 型腔分割

6. 如图 5–171 所示，设置【参数】选项卡

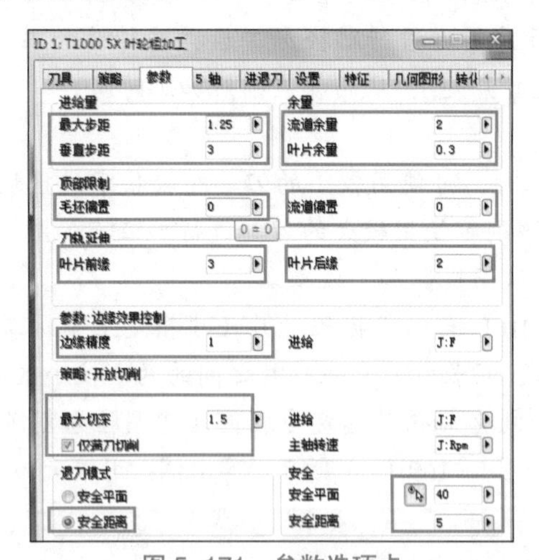

图 5–171 参数选项卡

参数选项卡中参数介绍

1）进给量

（1）最大步距：定义粗加工层内的最大横向轨迹距离。

（2）垂直步距：此值定义单个粗加工层（可与偏置曲面相比）之间的距离。

2）余量

流道余量 / 叶片余量：定义曲面上的剩余最小余量。

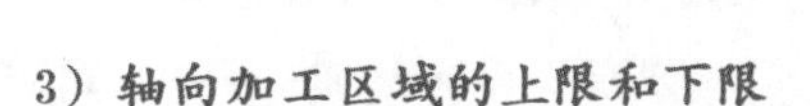

3）轴向加工区域的上限和下限

根据所选进给策略而有不同定义。

（1）以流道为基础的策略：切削部分作为从流道开始的偏置计算。两个偏置值都可考虑已经执行过的粗加工工单。

轴向的加工区域上限：

毛坯偏置：相对毛坯面的偏置值，数值 >0，定义了先前执行的以毛坯为基础的加工工单的深度。因此，第一次开粗时该值应设为 0，第二次开粗时应该对应于前一操作的加工深度。

流道偏置：相对流道曲面的偏置值，此值代表了前一粗加工工单的剩余毛坯高度。此毛坯高度即是流道余量。因此，第一次开粗时该值应设为 0，第二次开粗时此值应该对应于前一工单的余量。

如果输入了一个小于或等于当前余量的值，此加工区域极限将被忽略。在此情况下，应该对应默认值输入数值 0。

轴向的加工区域下限：

①完全加工，未指定限制（两值均 =0），结果如图 5-172（a）所示。

②前一加工并未使用毛坯偏置作为下限，而是在流道上留出了一个很大的余量（例如：毛坯偏置 =0，流道偏置 =10）。这对以流道为基础的预加工而言非常典型，如图 5-172（b）所示。

③前一加工工单使用毛坯偏置作为下限，流道上没有带很大余量的预加工（例如：毛坯偏置 =10，流道偏置 =0）。这对以毛坯为基础的预加工而言非常典型，如图 5-172（c）所示。

④此处执行预加工工单。此工单既有作为叶冠偏置的下限，又有一个较大的流道余量（例如：毛坯偏置 =10，流道偏置 =10）。这对由数个粗加工操作组成的序列非常典型，如图 5-172（d）所示。

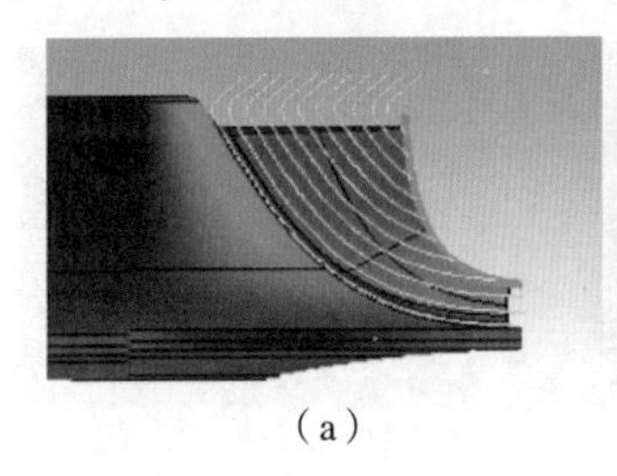

（a）

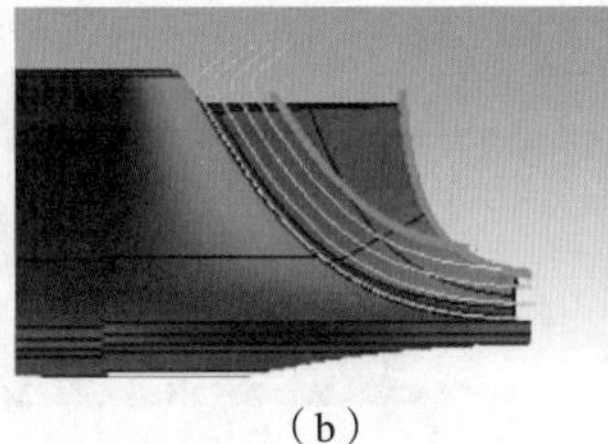

（b）

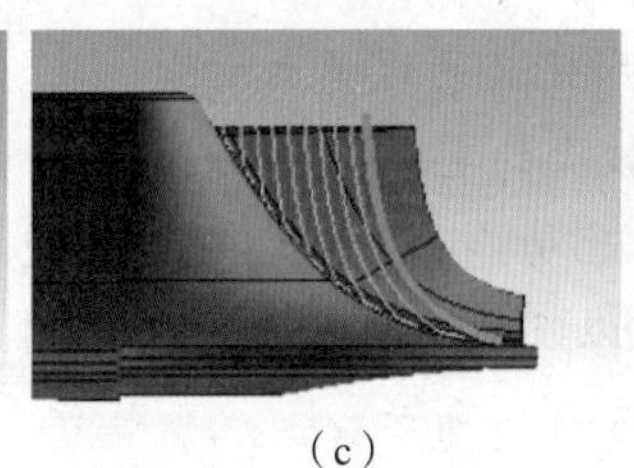

（c）

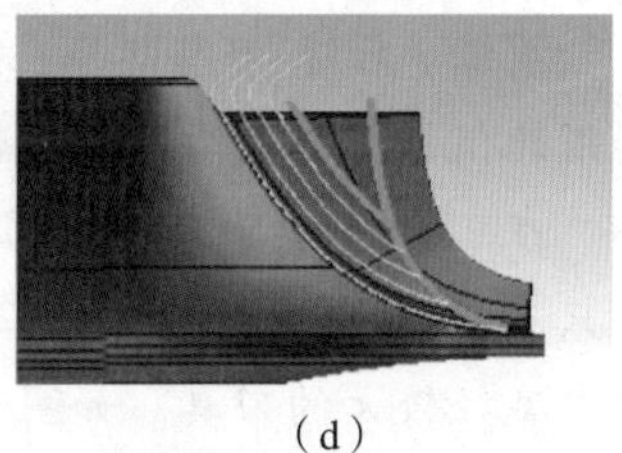

（d）

图 5-172　毛坯偏置

（2）以毛坯面偏置为基础的策略。

轴向的加工区域：

毛坯偏置（起始轨迹）：切削部分从起始轨迹开始就是以毛坯偏置来计算。路径根据流道曲面来修整，并在此曲面延展到下一最高路径。

毛坯偏置（最终路径）：在这种方法中，轨迹轮廓以加工区域（下限）的最后一层为基础，该区域由相对于流道的加工深度和裁剪来确定。接着将进给作为毛坯方向上的最后一层偏置来计算。这表明未指定下限的操作（输入值 = 0）会产生一些轨迹，这些轨迹与用以流道为基础的方法而取得的轨迹相对应。

铣削区域限制：

顶部限制：毛坯偏置。此值应与前一项以毛坯为基础的操作的深度相对应。因此，此值亦应与此操作的加工深度（底部限制）相匹配。

底部限制：毛坯偏置。数值 0 包含一个特殊情况。这里假设没有深度限制。

对于采用【毛坯面偏置（起始路径）】策略：

①两值均 =0 时，刀路如图 5-173（a）所示，进行完全加工。

②使用【底面限制】的情况，如图 5-173（b）所示。

③使用顶部限制的情况，如图 5-173（c）所示。

④同时使用【顶部限制】和【底面限制】的情况，如图 5-173（d）所示。

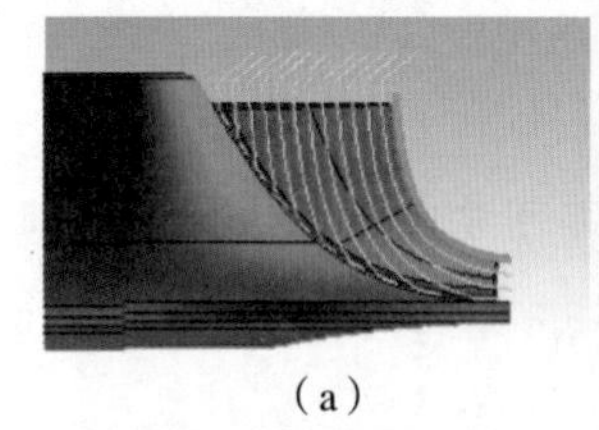
(a)
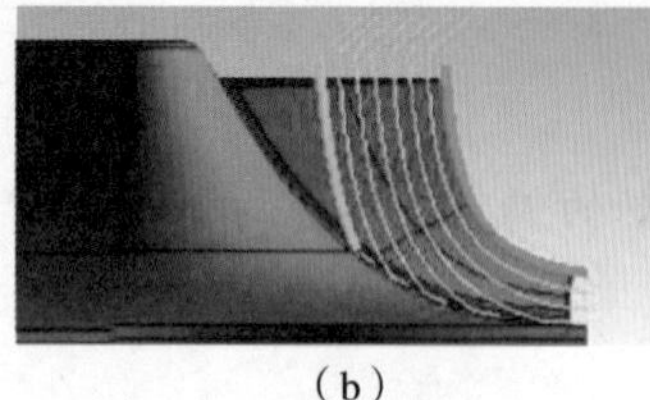
(b)
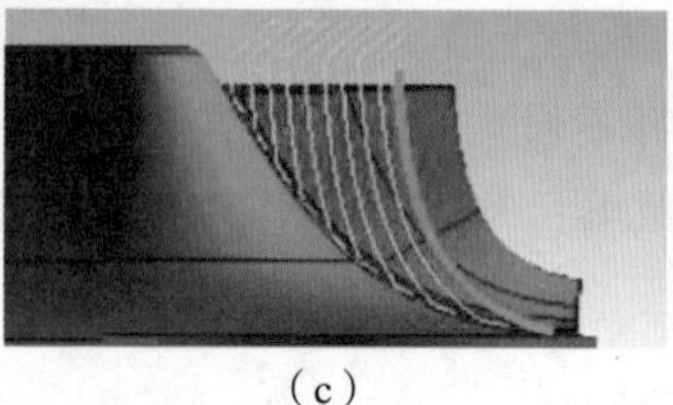
(c)
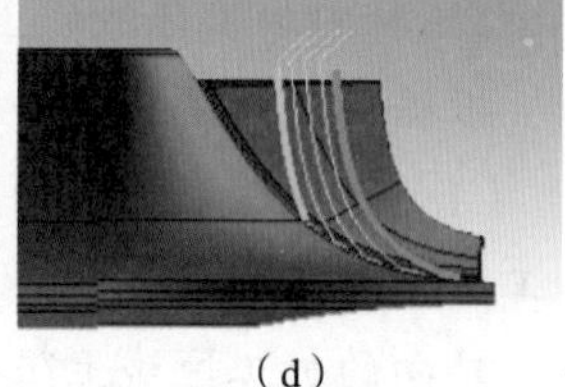
(d)

图 5-173 毛坯面偏置（起始路径）

对于采用【毛坯面偏置（最终路径）】策略：

①两值均 =0 时，刀路如图 5-174（a）所示，进行完全加工。

②使用【底面限制】的情况，如图 5-174（b）所示。

③使用顶部限制的情况，如图 5-174（c）所示。

④同时使用【顶部限制】和【底面限制】的情况，如图 5-174（d）所示。

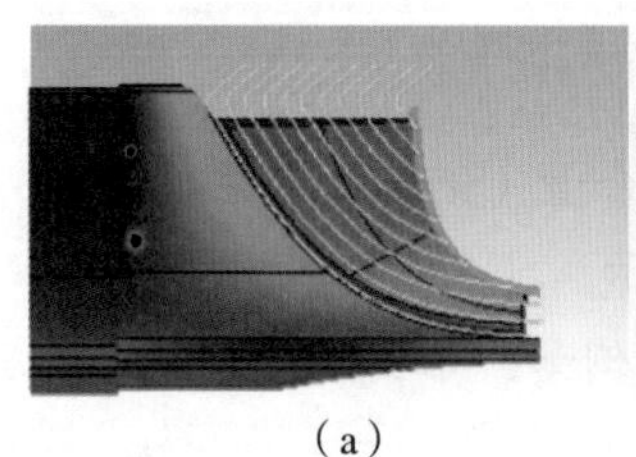
(a)
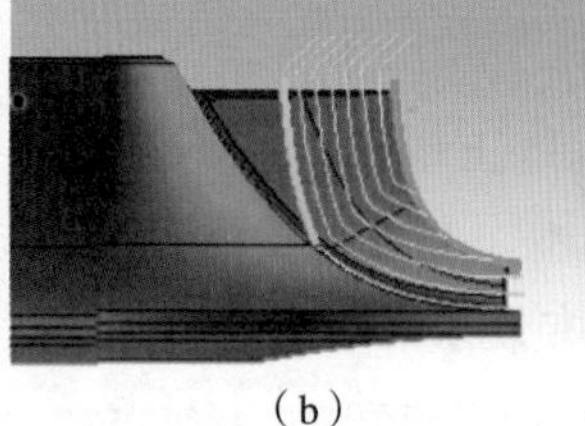
(b)
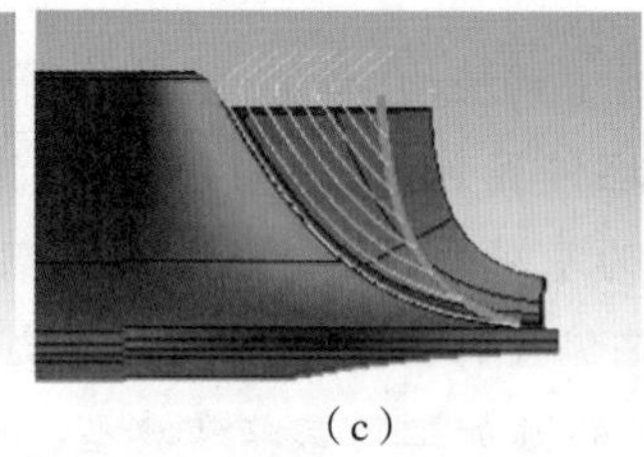
(c)
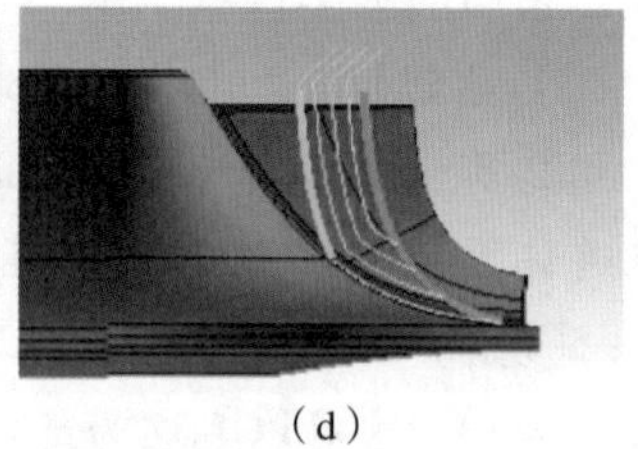
(d)

图 5-174 毛坯面偏置（最终路径）

4）刀轨延伸

前缘 / 后缘:刀具路径在所定义的边缘上切向伸展。利用此值，可在边缘上容纳较大的毛坯余量。

在下列情况下，应启用此功能：上限设置过深使得只有流道的一部分被加工以及前一粗加工工单使用刀尖直径较大的刀具。如图 5-175 所示。

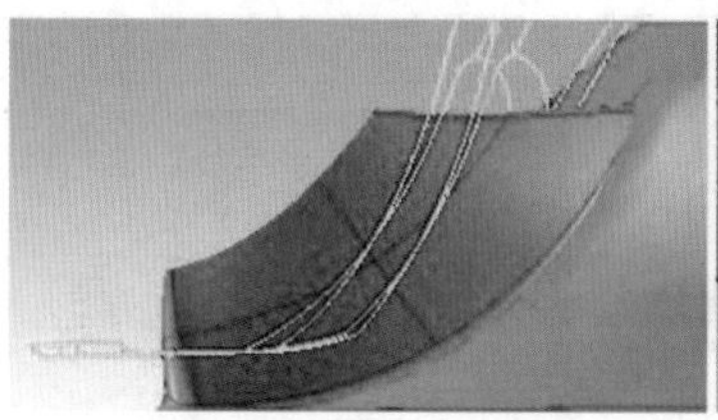
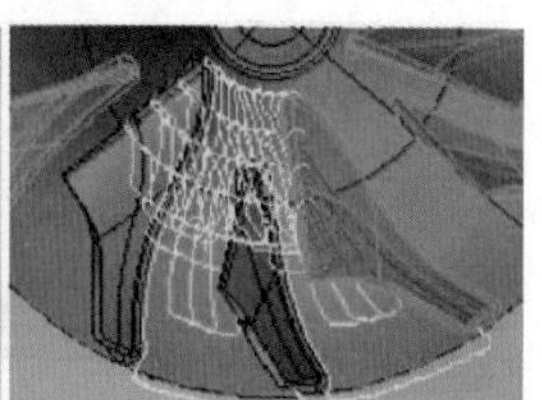

图 5-175 刀轨延伸

5）边缘效果控制

边缘精度：控制短叶片边缘处刀路的流畅性。如果输入不等于零的边缘，就可对轨迹进行圆化以产生更圆滑和流顺的轨迹。此值越大，刀路越流畅，如图 5-176（a）图所示，这时可以采用大的进给速度进行加工；此值越小，刀路会沿短叶片边缘进行精确横越，造成明显的方向变化，如图 5-176（b）所示，这时应减小进给速度。

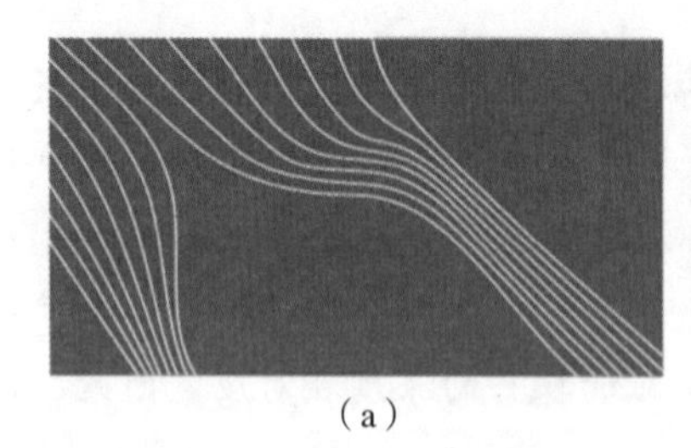
(a)
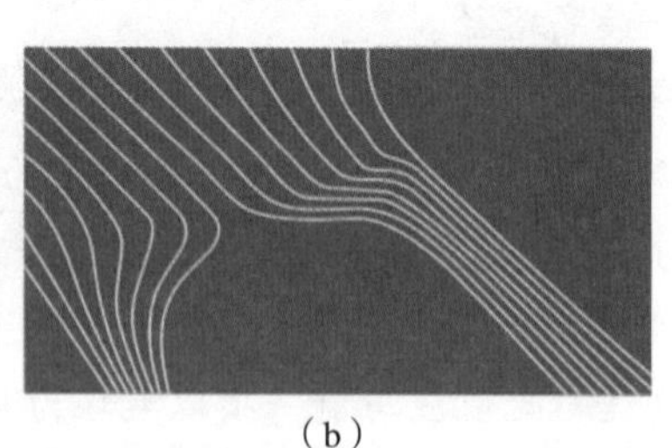
(b)

图 5-176 边缘精度

6）策略：开放切削

要避免使铣削工具负荷过高，可在满刀切削中限制最大轴向切削量。另一种解决办法是：调整进给率和主轴转速，以适合满刀切削的条件。

仅满刀切削：如果最大轴向步距 >0，仅满刀切削选项可供平行双向加工、平行、平行单向加工和双向流线优化等进给策略使用。

6. 如图 5–177 所示，设置【5 轴】选项卡

5 轴选项卡中参数介绍

1）倾斜策略

4X 加工：根据叶片几何图形的不同，可以计算第二旋转轴的固定倾角角度。然后仅通过绕 Z 轴旋转让刀具进入。从 2011 版起，叶轮粗加工和流道精加工循环中针对第 5 轴的 4 轴加工策略不再只限于 90 度。相反，用户可以为倾斜角度输入任何介于 0 至 90 之间的十进制值。通过该功能所允许的更快插值处理可实现更高的进给率，从而大幅缩短加工时间。

图 5–177 5 轴选项卡

2）避免策略

（1）绕 Z 轴。

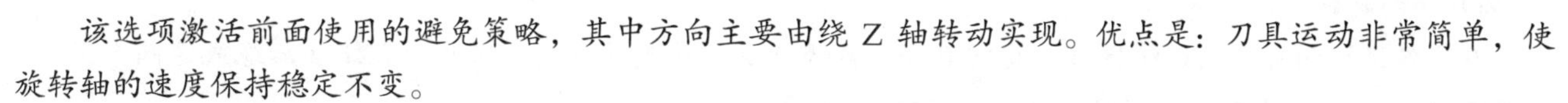

该选项激活前面使用的避免策略，其中方向主要由绕 Z 轴转动实现。优点是：刀具运动非常简单，使旋转轴的速度保持稳定不变。

（2）绕叶片面。

该选项激活新的方向策略，主要以垂直于叶片的中心线实现。某些情况下，使用该方法可对小型腔内的切刀更好控制。这能够提高工艺参数，进而减少加工时间。

3）侧刃模式

如果叶片曲面适合，则可从叶片几何体获取规则曲面。这些将采用侧刃铣削循环的刀具定位进行加工，以在粗加工期间实现均一叶片余量。

这种恒定的切削条件将省去预精加工并缩短加工时间。侧刃模式下的加工可定义为完全加工或仅针对最后（叶片旁）轨迹。侧刃模式还适用 4X 加工。侧刃切削定位仅适用于叶片旁的最后路径，以便去除剩余的残留毛坯。

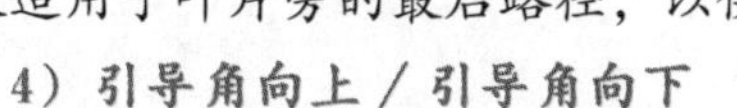

4）引导角向上 / 引导角向下

引导角度的定义与轨迹上加工刀具的垂直定位相关。正值造成前拉切削（刀尖背离轨迹方向）。如图 5–178 所示。

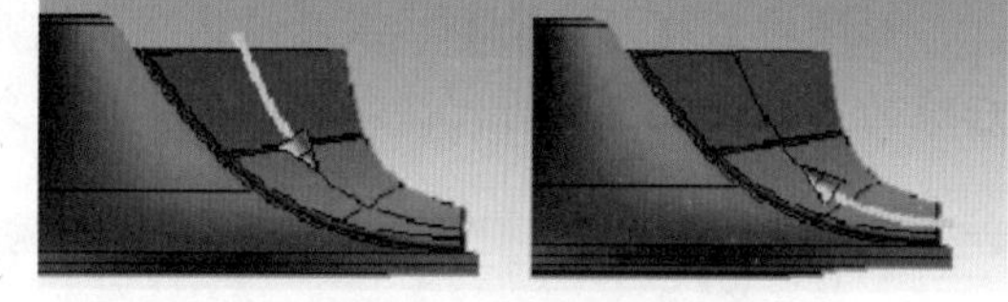

图 5–178 引导角

负值造成插式切削（刀尖指向动作方向）。引导角度的值可为向上或向下运动单独定义。

（1）整体。整体值为整个加工区域都应实现的默认值。

（2）局部引导角度。可以为长叶片的前缘、短叶片的前缘、后缘使用局部定义的引导角度。在各自所选位置的环境中，系统会在局部和全局引导角度间进行插值。方向可自动改变全局和局部角度。

5）坐标角度限制

最大 Z 轴角度：加工坐标系角度限制可防止系统计算出机床无法执行的刀具方向。

7. 如图 5–179 所示，设置【进退刀】选项卡

进退刀选项卡中参数介绍

1）进刀 / 退刀

（1）圆角：刀具进刀 / 退刀动作的圆角半径。

（2）附加轴向距离：增加刀具轴向进退刀设置的进刀及退刀轨迹。

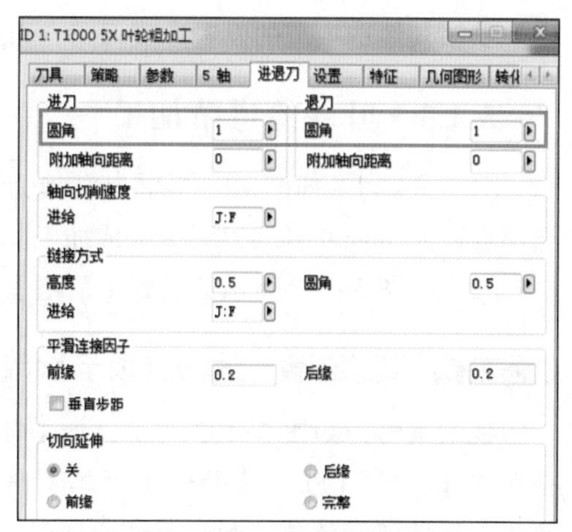

图 5–179 进退刀选项卡

2）轴向进给速率

可以分别定义轴向进退刀设置动作的进给率。一般而言此处采用较高的进给率比较可行。

3）链接方式

对于采用双向策略，进刀宏和退刀链接路径都是经过防碰撞检查的。

圆角、高度：半径定义进入横向动作的平滑过渡。高度定义加工刀具在过渡到下一轨迹时的轴向退刀。为保护刀尖，高度必须大于所生成的残留高度。

4）平滑连接因子

使用水平刀具步距的平滑过渡将在前缘和后缘区域建立更大的曲线半径。这可减少加工时间，并降低机床磨损。

（1）前缘 / 后缘：可分别控制前缘和后缘的平滑过渡，可采用介于 0 和 1 之间的值。也可采用介于 0.2 和 0.3 度之间的值。值越大，过渡半径就越大。值为 0 将禁用此功能。

（2）垂直步距：可平滑地连接垂直过渡。会根据几何图形和定义的设置自动计算可能的最佳连接。

5）切向延伸

刀具路径切向延伸至边缘区域。将回避那些会降低加工速度的圆角。可用于前缘 / 后缘或这两个区域。如图 5-180 所示，图中（a）功能未启用；图中（b）功能已启用。

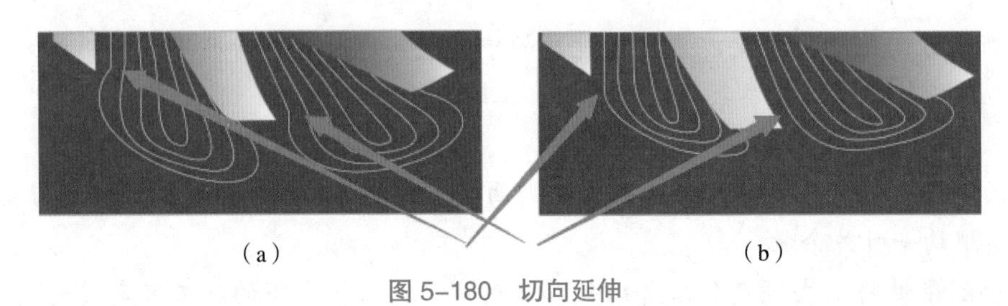

（a）　　　　（b）

图 5-180　切向延伸

如果对后缘（完全和 / 或后缘选项）启用了切向延伸，则必须选择后缘的裁切曲线，因为此循环需要这些参数来计算切向延伸的起点。

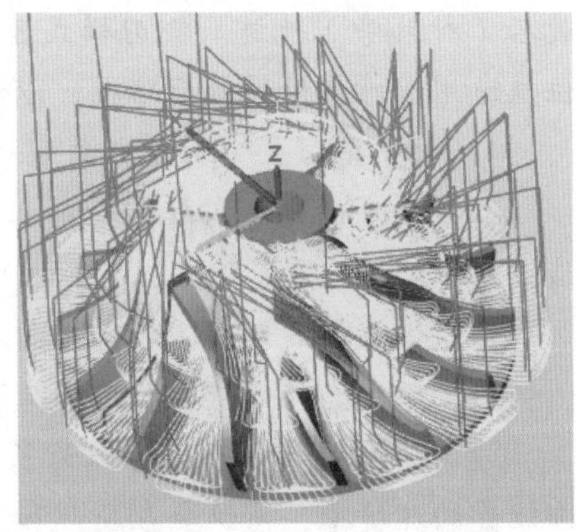

图 5-181　叶轮粗加工刀路

8. 在【特征】选项卡中添加创建好的“叶轮”特征

9. 设置转化选项卡

在【转化】选项卡中勾选【激活】选项，并创建一个绕 Z 轴旋转的圆形阵列，阵列数量为 7。

10. 生成刀路

默认其他选项卡的设置生成刀路，刀路如图 5-181 所示。

5.4.3　叶轮流道精加工

（1）复制上一道工单，并将其替换为【叶轮流道精加工】工单，选用直径为 3mm 的锥度球刀来完成加工。

（2）如图 5-182 所示，设置【策略】选项卡。

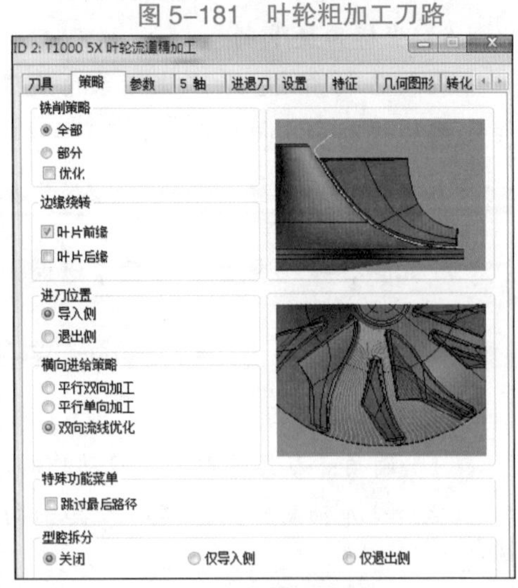

图 5-182　策略选项卡

策略选项卡参数介绍

铣削策略：如图 5-183 所示，加工时，可选择对流道进行【完全加工】（图（a））或【局部】加工（图（b））。在这两种情况下，轨迹都跟随流动流线。如果是部分切削，起始轨迹的输出就会被限制为指定的数值。此功能可用于执行为流道限制的剩余材料加工。

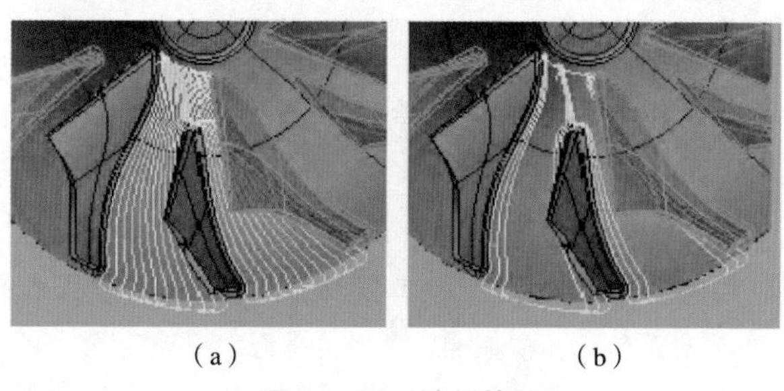

（a）　　　　　　　　　（b）

图 5–183　铣削策略

优化：提供给有或无短叶片的工单加工操作使用。如果该选项启用，退出侧上的每第二个轨迹将在计入最小距离这一因素下相应缩短。

（3）如图 5–184 所示，设置【参数】选项卡。

（4）在【设置】选项卡中将【加工公差】设为 0.01（精加工此参数应设小值）。

（5）默认其他选项卡的设置生成刀路。刀路如图 5–185 所示。

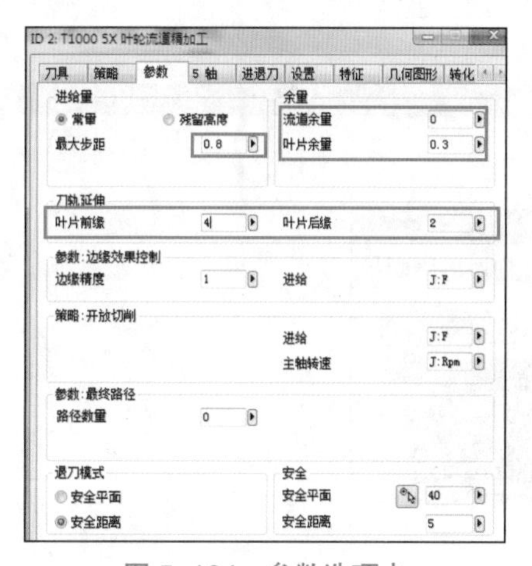

图 5–184　参数选项卡

图 5–185　叶轮流道精加工刀路

5.4.4　叶轮叶片精加工

（1）复制上一道工单，并将其替换为【叶轮侧刃加工】工单，选用直径为 3mm 的锥度球刀来完成加工。

（2）如图 5–186 所示，设置【策略】选项卡，加工长叶片。

（3）如图 5–187 所示，设置【参数】选项卡。

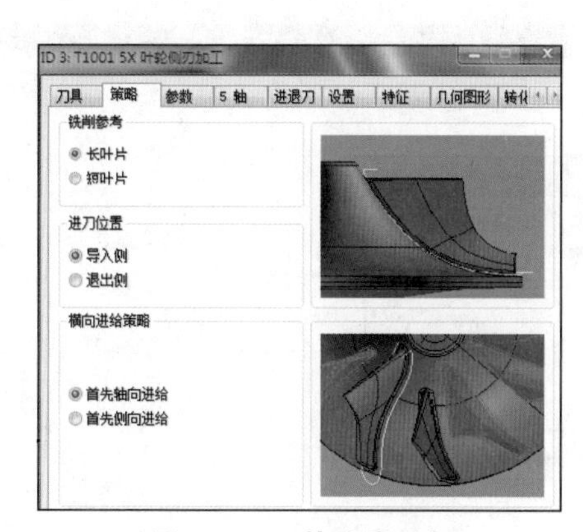

图 5–186　策略选项卡

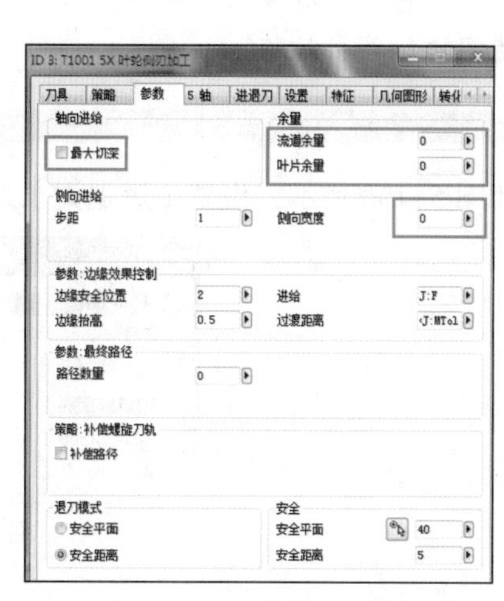

图 5–187　参数选项卡

参数选项卡中参数介绍

①轴向进给。

最大切深：如果未指定，系统会自动计算轴向进给值且不会进行分层切削。如果指定了最大的轴向垂直步距，轴向步距的数目可从叶片的高度计算出来。

②侧向进给。

步距，侧向宽度：毛坯的厚度在横向上定义了加工区域。轨迹的数量从水平步距得出。

③边缘效果控制。

边缘安全位置 ：如果无法通过单一步骤加工叶片和边缘曲面，则刀具在边缘（如图 5–188 中的 ❶ 所示）上的移动应具有一段安全间隙。

边缘抬高：可以在边缘区域（如图 5–188 中的 ❷ 所示）输入一个相对于流道面的附加安全间隙，以防损坏此曲面。

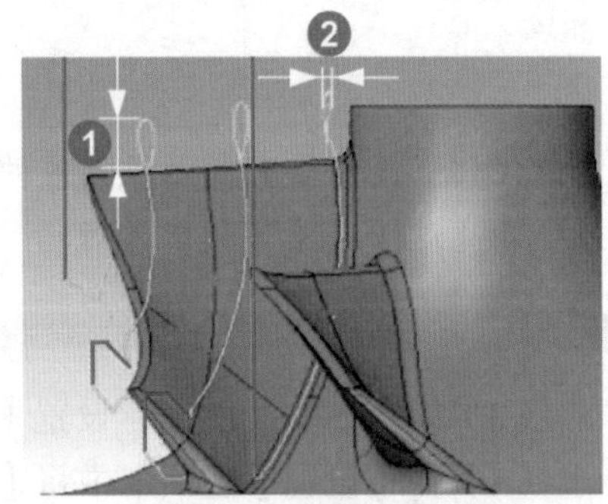

图 5–188　边缘效果控制

④补偿螺旋刀轨。

补偿路径：加工所用的力可能使刀具和叶片产生弯曲变形，造成形状上的瑕疵。补偿螺旋轨迹的方法之一是重复加工最终轨迹。如果此功能启用，该操作可自动重复。可以分别定义此刀具轨迹的进给速度和主轴转速。

（4）如图 5–189 所示，设置【5 轴】选项卡。

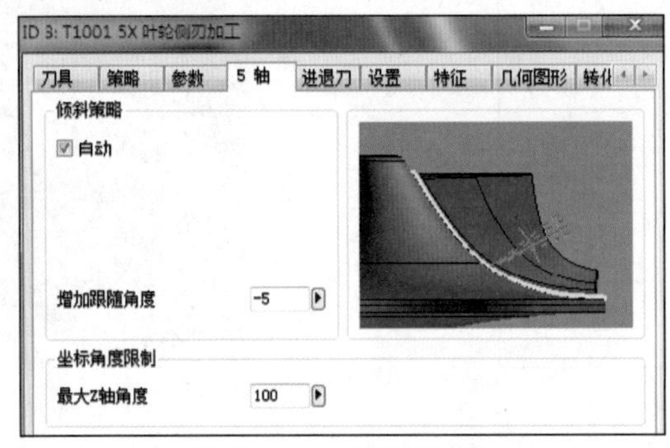

图 5–189　5 轴选项卡

5 轴选项卡中参数介绍

①自动：系统自动计算刀具偏离叶片曲面上的参数线，与叶片曲面的最佳贴合值。

②前缘附加角度 / 后缘附加角度：利用前缘 / 后缘手动定义刀具的引导角度。将在相对于叶片曲面参数线的两个值间执行线性插值。

（5）如图 5–190 所示，设置【进退刀】选项卡。

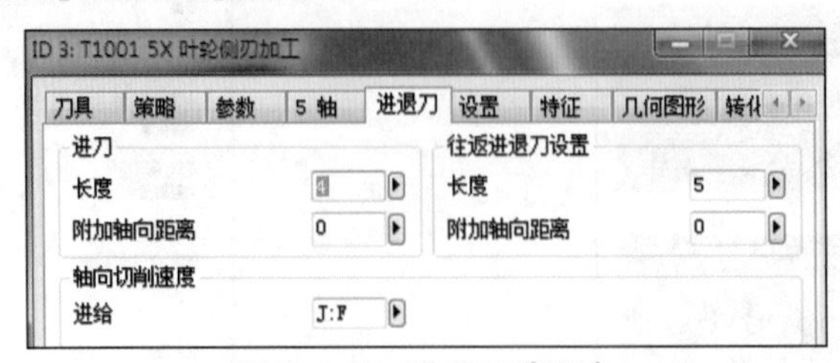

图 5–190　进退刀选项卡

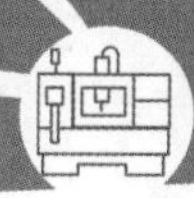

进退刀选项卡中的参数介绍

①长度：进刀和退刀动作的长度。

②附加轴向距离：增加刀具轴向进退刀设置的进刀及退刀轨迹。

③轴向进给速率：可以分别定义轴向进退刀设置动作的进给速度。一般而言此处采用较高的进给速度比较可行。

（6）默认其他选项卡的设置生成刀路。

（7）将刚生成的工单进行复制，并在【策略】选项卡中选择【短叶片】。其他选项卡采用默认设置即可。然后生成刀路，完成短叶片的精加工。

5.4.5 叶轮边缘加工

（1）复制上一道工单，并将其替换为【叶轮边缘加工】工单，选用直径为 3mm 的锥度球刀来完成加工。

（2）如图 5-191 所示，设置【策略】选项卡，加工长叶片。

（3）如图 5-192 所示，设置【参数】选项卡。

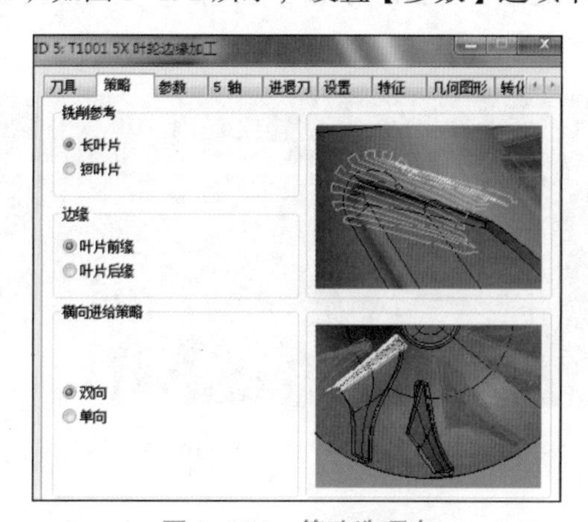

图 5-191 策略选项卡

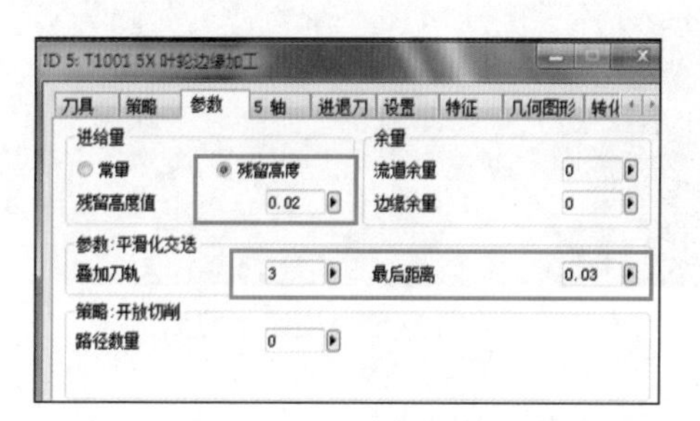

图 5-192 参数选项卡

参数选项卡中的参数介绍

①参数：平滑化交迭。

叠加刀轨，最后距离：根据指定的数值，系统会在向侧面曲面过渡时在每侧生成额外的路径。这些额外路径用相对于这些侧面曲面而增加的横向距离来创建。这可减少切削载荷，进而减少刀具偏转。

如果是连续工单，光滑撤出功能可防止叶片曲面上出现不同的偏斜及刀具容差。

一般需要输入很小的重叠路径数值和最终距离，如图 5-193 所示。

②策略：开放切削。

路径数量：如果边缘还存留大量材料，可以进行额外的开放切削以避免使刀具过载。

材料高度：开放切削间的进给值由指定的（毛坯）材料高度计算得出。

工艺参数：可以调整进给值和主轴速度以适应全部切削条件，如图 5-194 所示。

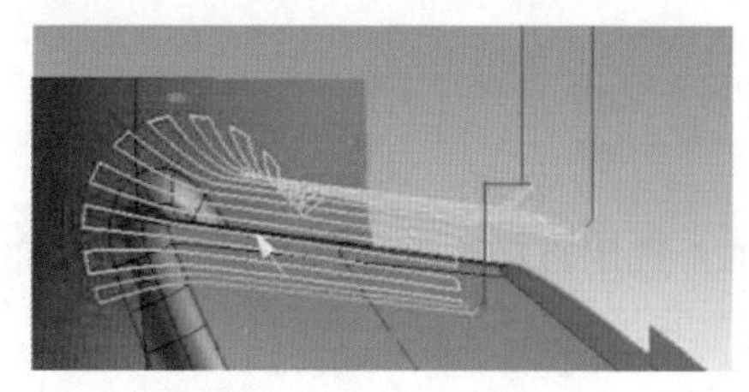

图 5-193 平滑化交迭

图 5-194 开放切削

（4）如图 5-195 所示，设置【5 轴】选项卡。

（5）如图 5-196 所示，设置【进退刀】选项卡。

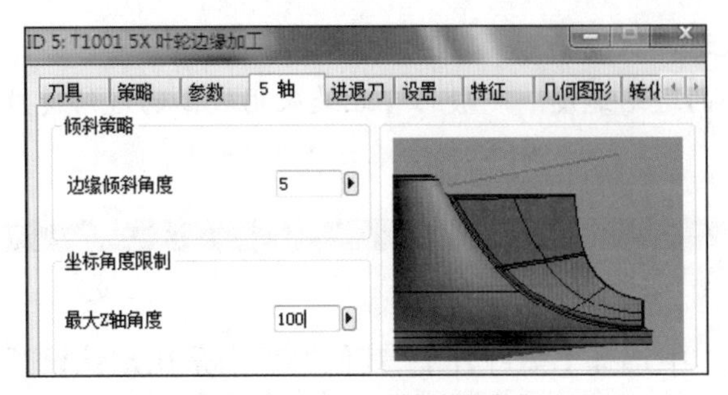

图 5-195 5 轴选项卡

图 5-196 进退刀选项卡

进退刀选项卡中的参数介绍

①毛坯进退刀设置。

附加切入距离：进入动作的切向延伸，如图 5-197 所示。

链接扩展：链接延伸定义了往相邻刀具轨迹的进给（侧向进给）发生时与毛坯的距离。多数情况下，设置极小的值就已足够，如图 5-198 所示。

图 5-197 附加切入距离

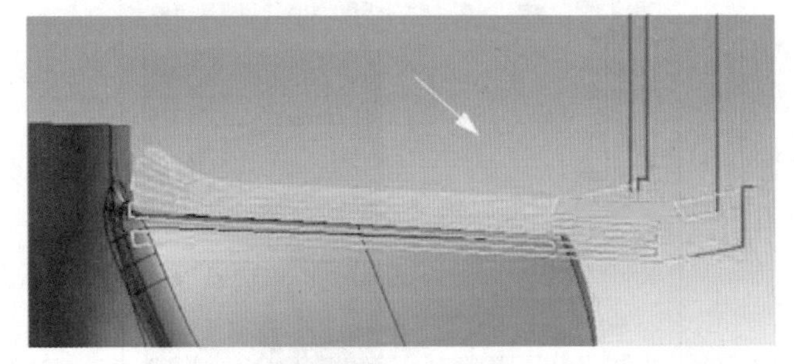

图 5-198 链接扩展

②流道加工方式

起始距离，边缘安全位置：要将榫头圆角和榫头曲面从加工中排除，可以将圆角区域中的路径提高到定义的安全区域，如图 5-199 中的❶所示。

路径从给定的起始距离（如图 5-199 中的❷所示）连续提高。

通过降低进给率，可以避免因过渡区域内残余材料数量的增长造成潜在的刀具过载。

抬升路径：空抬升路径在边缘安全水平上与刀具路径平行。可以调整这些轨迹的进给值以适应“空切削”条件。

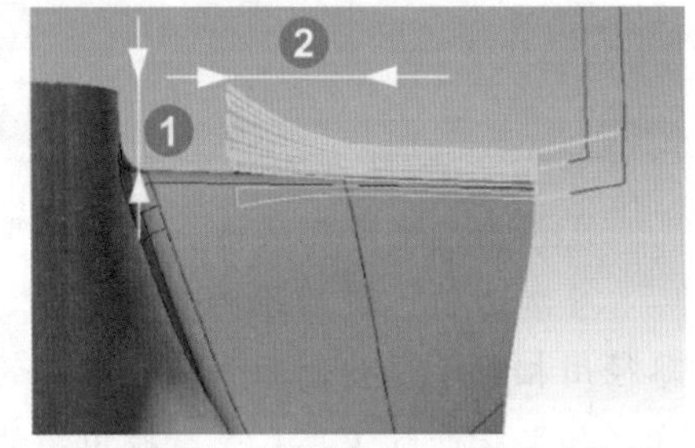

图 5-199 起始距离，边缘安全位置

（6）默认其他选项卡的设置生成刀路。

（7）复制刚生成的工单，在【策略】选项中选择【短叶片】，默认其他选项卡的设置生成短叶片边缘加工刀路。

5.4.6 叶轮圆角加工

（1）复制上一道工单，并将其替换为【叶轮圆角加工】工单，选用直径为 3mm 的锥度球刀来完成加工。

（2）如图 5-200 所示，设置【策略】选项卡，加工长叶片。

（3）如图 5-201 所示，设置【参数】选项卡。

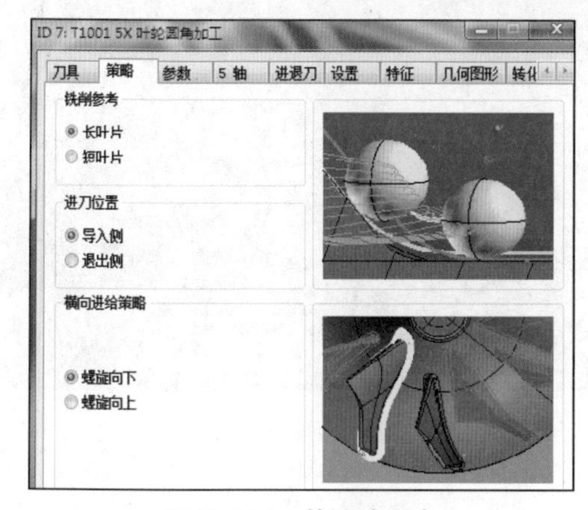

图 5-200 策略选项卡

图 5-201 参数选项卡

（4）默认其他选项卡的设置生成刀路。

（5）将刚生成的工单进行复制，在【策略】选项中选择【短叶片】，默认其他选项卡的设置生成短叶片圆角加工刀路。刀路如图 5-202 所示。

（6）叶轮仿真加工结果如图 5-203 所示。

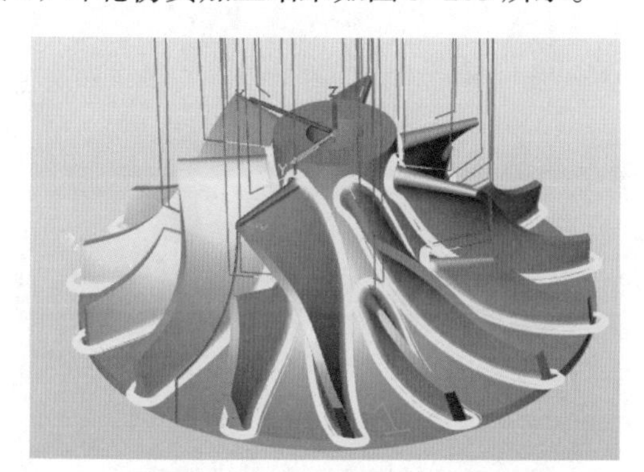

图 5-202 叶轮圆角加工刀路

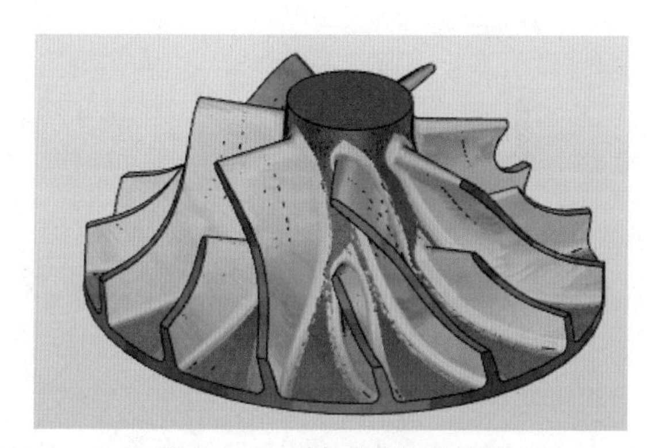

图 5-203 叶轮仿真加工结果

参考文献

[1] hyperCAD-S 2017.2. 软件文档.

[2] hyperMILL 2018.1 SoftWare documentation.

[3] hyperMILL 手册 2018.1.